软件技术系列丛书

高等职业技术教育"十三五"规划教材

SQL Server 2012
数据库应用开发与管理实务

SQL Server 2012
SHUJUKU YINGYONG KAIFA
YU GUANLI SHIWU

主　编／单光庆
副主编／李　芳
参　编／赵　敏　朱儒明　罗　粮
朱广福　王　敏

西南交通大学出版社
·成　都·

内容简介

本书全面讲述了Microsoft SQL Server关系型数据库管理系统的基本原理和技术。全书共分为13章，深入介绍了Microsoft SQL Server 2012系统的基本特点、安装和配置技术、Transact-SQL语言、安全性管理、数据库和数据库对象管理，以及索引、数据更新、规则与完整性约束、数据库备份和恢复、系统数据库备份和恢复、视图、存储过程、触发器、分区管理、事务锁和游标等内容。

本书中所使用到的人名、电话号码、通讯地址等均为解析所用的虚托，如有雷同，纯属巧合，敬请原谅。

本书内容丰富、结构合理、思路清晰、语言简练流畅、事例翔实。主要面向数据库初学者，适合作为各种数据库培训班的培训教材、高等院校计算机、电子、信息等专业学生的数据库教材，也可以作为数据库工作者，尤其是大型关系数据库初学者的参考资料，还可作为Microsoft SQL Server应用开发人员的参考资料。

图书在版编目（CIP）数据

SQL Server 2012数据库应用开发与管理实务 / 单光庆主编. —成都：西南交通大学出版社，2016.2

高等职业技术教育“十三五”规划教材

ISBN 978-7-5643-4468-9

Ⅰ. ①S… Ⅱ. ①单… Ⅲ. ①关系数据库系统－高等职业教育－教材 Ⅳ. ①TP311.138

中国版本图书馆CIP数据核字（2015）第314010号

高等职业技术教育“十三五”规划教材

SQL Server 2012数据库应用开发与管理实务

主编　单光庆

责任编辑　李芳芳

特邀编辑　黄庆斌

封面设计　墨创文化

出版发行　西南交通大学出版社（四川省成都市二环路北一段111号西南交通大学创新大厦21楼）

发行部电话　028-87600564　028-87600533

邮政编码　610031

网址　http://www.xnjdcbs.com

印刷　四川森林印务有限责任公司

成品尺寸　185 mm × 260 mm

印张　17.75

字数　443千

版次　2016年2月第1版

印次　2016年2月第1次

书号　ISBN 978-7-5643-4468-9

定价　38.00元

课件咨询电话：028-87600533

图书如有印装质量问题　本社负责退换

前　言

一、关于本书

信息技术飞速发展大大推动了社会的进步，已经逐渐改变了人类的生活、工作和学习方式。数据库技术和网络技术是信息技术中最重要的两大支柱，而数据库技术是计算机技术领域中发展最快的技术之一，也是应用最广泛的技术之一，它已经成为计算机信息系统的核心技术和重要基础。

SQL Server 是 Microsoft 公司的关系型数据库管理系统产品，于 20 世纪 80 年代后期开始开发，先后经历了多个版本，目前 SQL Server 2012 日趋成熟，且具有众多的新特性，现已成为数据库管理系统领域的引领者，为企业解决数据爆炸和数据驱动的应用提供了有力的技术支持。一经推出就以其易用性得到了很多用户的青睐，它使用 SQL 语言在客户机与服务器之间发送请求。SQL Server 2012 是微软公司于 2011 年继 SQL Server 2008 之后发布的版本。从 SQL Server 2008 到 SQL Server 2012，不仅仅使数据库系统具有更高的性能、更强的处理能力，新版本的系统还带来了许多新的、在旧版本中从未出现的特性。SQL Server 2012 作为已经为云技术做好准备的信息平台，能够快速构建相应的快速解决方案来实现本地和公有云之间的数据扩展。

数据库应用与开发是普通高等院校计算机专业及相关专业的一门应用型专业基础课程，它的主要任务是研究数据的存储、使用和管理，学生通过学习数据库的基本原理、方法和应用技术，能有效地使用现有的数据库管理系统和软件开发工具设计、开发数据库应用系统。目前，我国技能型人才短缺，而技能型人才的培养核心是实践能力，学生应该从在校期间就开始接受实践能力的培养，以便在毕业后能很快适应社会需求。为了满足当前高职高专院校人才培养的要求和当今社会对人才的需求，很多学校的相关专业均开设了有关数据库技术的课程，而在众多数据库系统中，SQL Server 因其兼具大型数据库技术的要求和易于实现等特点被许多院校列为必修课程。本书正是结合这一实际需要以及最新的数据库技术知识编写而成的。

二、本书结构

全书共 13 章，可分为三个部分。具体结构如下：

第一部分为数据库以及 SQL Server 2012 基础知识，由第 1 ~ 2 章组成。

第 1 章：数据库原理概述。主要介绍了数据库的基本概念，包括 E-R 概念模型、关系数据模型、基本关系运算、关系的完整性规则等。

第 2 章：SQL Server 2012 的安装知识。主要介绍了 SQL Server 2012 新特性、SQL Server

2012 的安装和配置、SQL Server 2012 工具和实用程序等。

第二部分以 SQL Server 2012 为基础操作数据库，由第 3 ~ 10 章组成。

第 3 章：数据库的创建和管理。主要介绍了 数据库的存储结构、数据库及表的创建、修改以及删除等。

第 4 章：数据表的创建与管理。主要介绍了表中数据的更新、表记录的插入、数据更新、删除等操作以及表中数据的相关操作。

第 5 章：数据查询。主要介绍 Select 语句的基本简单查询、汇总查询、子查询和连接查询等，本章为本书最主要的重点。

第 6 章：T-SQL 编程。主要介绍 T-SQL 基础、T-SQL 语句、T-SQL 表达式等，此章为本书重点。

第 7 章：使用视图和索引优化查询。主要介绍视图的基本概念，视图与表的区别和联系，视图的创建、修改和删除等操作，视图的应用，以及索引的概念、类型和对索引的操作。

第 8 章：事务、锁、游标。主要介绍了事务处理、锁的加锁与释放、游标的操作和应用。

第 9 章：规则、默认和完整性约束。主要介绍了规则和默认值的创建和使用等。

第 10 章：存储过程与触发器。主要介绍了 SQL Server 2012 中触发器的基础知识，创建触发器，修改、删除触发器，触发器的工作原理等。

第三部为 SQL Server 2012 的管理服务，由第 11 ~ 13 章组成。

第 11 章：SQL Server 的安全机制。主要介绍 SQL Server 2012 登录账号、权限管理、角色管理以及管理架构等。

第 12 章：数据的备份与恢复。主要介绍数据的导入、备份及还原内容。

第 13 章：分区管理及系统数据库的备份和恢复。主要介绍了数据库表的分区、管理分区及拆分分区等。

三、本书特点

本书由易到难，层次结构清晰，实用性较强，强调理论与实践的结合，让读者动脑的同时动手，动手的同时动脑，从而得到真正质的飞跃。本书的主要特点如下。

（1）案例贯穿。以“教务管理系统”为课堂教学引导的贯穿案例，以“学生成绩管理系统”为上机教学的贯穿案例。

（2）图文并茂。本书配备大量的图片，可读性强，能激发学生学习的兴趣，可供高职学生使用。

（3）方便教与学。每章都有案例训练营，并配备大量课堂例题，方便教师教授和学生学习。

（4）任务驱动。为了完成课程案例，设计了很多任务。通过任务驱动的方法，学生亲历真实任务的解决过程，在解决实际技术问题的过程中掌握相应的知识点，做到“做中学”。

（5）案例贴近生活。在案例的选取上力争贴近学生的生活，让学生有亲切感。

（6）完整的课程资源。提供教学课件、理论及上机源代码、教学例题及答案。

为了方便读者自学，编者尽可能详细地讲解 SQL Server 2012 和各主要部分的内容，并附有大量的屏幕图例供读者学习参考，使读者有身临其境的感觉。

本书由重庆城市管理职业学院教师和行业、企业相关人员参与编写。具体分工如下：第 1 章、第 2 章、第 3 章、第 5 章、第 6 章、第 7 章和第 11 章由重庆城市管理职业学院单光庆编写，第 4 章由重庆宜特公司赵敏编写，第 8 章由重庆城市管理职业学院朱广福编写，第 9 章由重庆城市管理职业学院李芳编写，第 10 章由重庆城市管理职业学院罗粮编写，第 12 章由重庆城市管理职业学院王敏编写，第 13 章由重庆城市管理职业学院朱儒明编写。全书由单光庆策划和统稿。

四、适用对象

本书既可作为高职高专计算机专业和非计算机专业的数据库基础教材，又可供广大计算机爱好者自学使用。

由于编者水平有限，加之时间仓促，书中难免存在疏漏与错误之处，希望广大读者多提宝贵意见。

编 者

2015 年 9 月

目　录

模块 1　数据库概述

本章学习目标

熟悉数据、数据管理和数据库的基本概念；掌握数据库技术特点、应用及发展趋势；了解数据库系统的组成及数据库体系结构；掌握 DBMS 的工作模式、主要功能和组成；理解概念模型和数据模型。

任务 1.1　工作场景导入

为了提高教务管理工作水平，满足学校日常管理工作信息化、智能化的要求，教务处要求信息管理员创建一个学生成绩管理系统。学生成绩管理系统所涉及的信息包括校内所有的系、班级、学生、课程和学生成绩。学生成绩管理系统的具体实施步骤分成两步：

第一步，创建一个学生成绩数据库，将系统所有的标准化信息存储在数据库中。

第二步，以学生成绩数据库为基础，创建学生成绩管理系统，通过 Windows 应用程序或浏览来完成系统信息的修改和查询。

根据上述要求，诱导我们思考，产生如下疑问：

（1）什么是数据库？数据库的发展历史是怎样的？

（2）怎样完成需求分析？

（3）怎样完成概念模型设计？

（4）怎样完成逻辑模型设计？

（5）怎样完成物理模型设计？

（6）怎样完成数据库实施、运行和维护？

（7）什么是 SQL Server 2012？

任务 1.2　数据库的概念

1.2.1　信息和数据的概念

1. 信息的概念

信息（Information）是人们对客观事物状态和特征的反映，是对现实事物的状态和特征的描述，是进行决策的重要依据。

信息是实际客观事物的存在方式、运动形态和特征，及其之间相互联系等要素在人脑中的反映，通过人脑的抽象后形成的概念及描述。

2. 数据的概念

数据（Data）是信息的表达方式和载体，是人们描述客观事物及其活动的抽象表示，是描述事物的符号记录，是利用信息技术进行采集、处理、存储和传输的基本对象。

数据的概念包括两方面含义：一是数据的内容即含义（实质）是信息，二是数据的表现形式是符号（记录）。

数据分为数值数据和非数值数据两大类，可以是数字、文字、符号、图形、表格、图像、声音、录像、视频等形式。

数据是数据库中存储与管理的基本对象。

特性：（1）整体性；（2）共享性。

3. 信息与数据的区别

（1）数据是信息的具体表示形式和载体，一种符号化表示方法。信息反映数据含义。

（2）信息来源于数据，信息以数据的形式存储、管理、传输和处理，数据经过处理后可得到更多有价值的信息。

（3）信息是概念性的，数据是物理性的。

（4）信息可用数据的不同形式来表示，数据的表示方式可以选择，而信息不随数据表现形式而改变。

下面参看我院顶岗实习管理监控平台的数据、信息和数据管理等，如图 1.1 所示。

图 1.1　顶岗实习管理监控平台

1.2.2　数据库与数据库管理系统

1. 数据处理与管理

数据处理（Data Processing）是对数据进行加工的过程。加工是对数据进行的查询、分类、修改、变换、运算、统计、汇总等，其目的是根据需要从大量的数据中抽取出有意义、有价值的数据（信息），以作为决策和行动的依据，其实质是信息处理。

数据管理（Data Management）以对原有基本数据进行管理为目的。在数据处理过程中，数据收集、存储、检索、分类、传输等基本环节统称为数据管理。

数据处理与数据管理的区别：狭义上一般使数据发生较大根本性变化的数据加工称为数据处理，其他称为数据管理。而广义上时常不加区别地统称为数据处理。

【例 1-1】从植物信息管理系统的"植物价格数据表"中，查找价格最高的植物、按价格从高到低排序、修改价格或打印等操作都属于数据管理，而进行价格统计汇总或制作植物数据图则属于数据处理，如图 1.2 所示。

编号

项目名称	3#还房小区	工程名称	园林景观植物	材料/设备询价清单 审批单编号：			
提出单位：	中冶建工集团有限公司			甲方项目部名称			
序号	材料	材料	规格、型号	单位	单价	备注	
	品牌	名称	等特征描述			造价信息	使用部位
1	重庆宏远苗木经营部	朴树	ø10	株	2350.00		绿化地带
2	万双苗木个体户	朴树	ø10	株	2478.00		绿化地带
3	重庆红梅苗木公司	朴树	ø10	株	2465.00		绿化地带
4	重庆宏远苗木经营部	桢楠	ø8	株	980.00		绿化地带
5	万双苗木个体户	桢楠	ø8	株	997.00		绿化地带
6	重庆红梅苗木公司	桢楠	ø8	株	993.00		绿化地带
7	重庆宏远苗木经营部	鸡爪槭	ø6	株	987.00		绿化地带
8	万双苗木个体户	鸡爪槭	ø6	株	997.00		绿化地带
9	重庆红梅苗木公司	鸡爪槭	ø6	株	989.00		绿化地带
10	重庆宏远苗木经营部	黄金间碧竹	ø3	株	82.00		绿化地带
11	万双苗木个体户	黄金间碧竹	ø3	株	85.00		绿化地带
12	重庆红梅苗木公司	黄金间碧竹	ø3	株	84.00		绿化地带
13	重庆宏远苗木经营部	红继木球	P120	株	320.00		绿化地带
14	万双苗木个体户	红继木球	P120	株	336.00		绿化地带
15	重庆红梅苗木公司	红继木球	P120	株	367.00		绿化地带
16	重庆宏远苗木经营部	龟甲冬青球	P80	株	280.00		绿化地带

图 1.2　植物价格数据表

2. 数据库与数据库系统

数据库（DataBase，DB）是存储在计算机上结构化的相关数据集合。它可被理解为“按一定结构存管数据的仓库”，是在计算机内的、有组织（结构）的、可共享、长期存储的数据集合。数据库中的数据可按一定的数据模型（结构）进行组织、描述和存储，具有较高的数据独立性和易扩展性，较小的冗余度，并可共享。数据库还具有集成性、共享性、海量性和持久性等特点。数据库技术主要用于根据需求自动处理、管理和控制大量业务数据。

数据库系统（DataBase System，DBS）是具有数据库功能特点的计算机系统，是实现有组织地、动态地存储大量关联数据、方便多用户访问的计算机软硬件和数据资源组成的系统。

特性：实现数据共享，减少数据冗余度；保持数据一致性和独立性；提高系统安全性，并发控制及故障恢复。

3. 数据库管理系统

数据库管理系统（DataBase Management System，DBMS）是建立、运用、管理和维护数据库，并对数据进行统一管理和控制的系统软件。它便于用户定义和操纵数据，并能保证数据的安全性、完整性、多用户对数据同时并发使用及发生意外时的数据库恢复等。DBMS 是整个数据库系统的核心，对数据库中的各种数据进行统一管理、控制和共享。DBMS 的功能和结构将在 1.5 中介绍，其地位如图 1.3 所示。常见的大型关系型 DBMS 有 SQL Server、DB2、Oracle、Sybase、Informix 等。常见的桌面单机型有 FoxPro、Access 等。

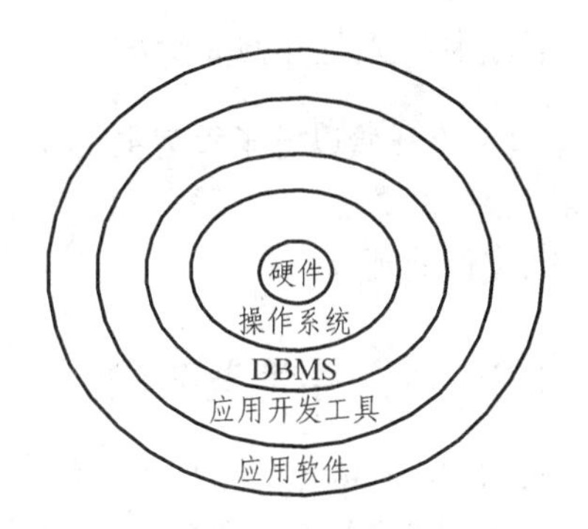

图 1.3　DBMS 的地位作用

1.2.3　数据库技术的主要特点及应用

1. 数据库技术的主要特点

数据高度集成；数据广泛共享；数据独立冗余低；实施统一的数据标准；提高数据安全性和完整性；保证数据一致性；应用程序开发与维护效率高。

2. **数据库技术的应用**

随着IT技术的快速发展，数据库技术的应用从数据处理与管理，扩展到了计算机网络应用、决策支持系统、商务智能和计算机辅助设计等新领域。在21世纪现代信息化社会，由于信息（数据）无处不在，数据库技术的应用非常广泛，遍布各个领域、行业、业务部门和各个层面。网络数据库系统及数据库应用软件已成为信息化建设和应用中的重要支撑性信息产业，并得到广泛应用。

【例1-2】数据库技术应用行业。

销售业、金融业、制造业、电信业、航空业、教育系统等。

数据库技术是数据管理的最新技术，新的应用领域包括：

（1）多媒体数据库。

（2）空间（云）数据库。

（3）移动数据库。

（4）信息检索系统。

（5）决策支持系统。

讨论思考

（1）什么是数据管理？与数据处理有何区别。

（2）数据库系统与数据库管理系统的区别有哪些？

（3）数据库技术的主要特点有哪些？

任务1.3　数据库技术的发展

1.3.1　人工管理阶段

1946年开始以电子管为主要元器件，主要依靠硬件系统，工作效率极低，只能计算并输入输出很少的数据。人工管理数据的特点：计算机不存储数据；数据面向应用；数据不独立；无数据文件处理软件。

1.3.2　文件管理阶段

从20世纪50年代中期到60年代中期，计算机以晶体管取代了运算器和控制器中的电子管，出现了操作系统、汇编语言和一些高级语言。计算机不仅限于科学计算，还大量用于管理等，在操作系统中有专门的数据管理软件，称为文件系统。

1. **文件系统管理数据的特点**

数据可长期保存；数据共享性差；数据的独立性弱；具有简单的数据管理功能。

2. **文件系统的不足**

文件系统的缺陷数据冗余大；数据不一致；数据联系弱。

文件管理阶段的应用和数据文件间的关系如图1.4所示。

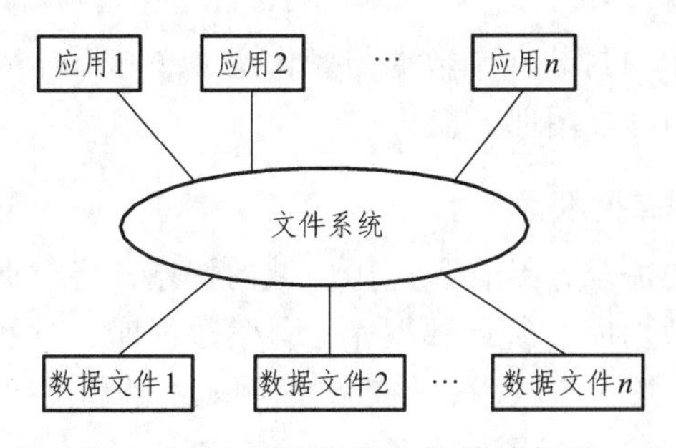

图 1.4　应用和数据文件间的关系

1.3.3　数据库管理阶段

从 20 世纪 60 年代中期以来，CPU 向超大规模集成电路发展，操作系统得到了发展，而且随着各种 DBMS 软件不断涌现，数据库管理技术得到不断发展和完善，成为计算机领域中最具影响力和发展潜力、应用范围最广、成果最显著的技术之一，形成了“数据库时代”。主要特点：数据的集成性强；数据高度共享冗余低；数据独立性高；数据统一进行管理和控制。

1.3.4　高级数据库管理阶段

从 20 世纪 80 年代以后，数据库技术在商业领域取得巨大成功，激发了其他领域对其需求的快速增长，开辟了新的应用领域。

1. 分布式数据库技术

分布式数据库技术主要有 5 个特点：

（1）大部分数据在本地进行分布处理，提高了系统处理效率和可靠性。数据复制技术是分布式数据库的重要技术。

（2）解决了中心数据库的不足，减少了数据传输代价。

（3）提高系统的可靠性，局部系统发生故障时，其他部分仍可继续工作。

（4）各地终端由数据通信网络相连。

（5）数据库位置透明，方便系统扩充。

分布式数据库系统兼顾集中管理和分布处理两项任务，具体结构如图 1.5 所示。

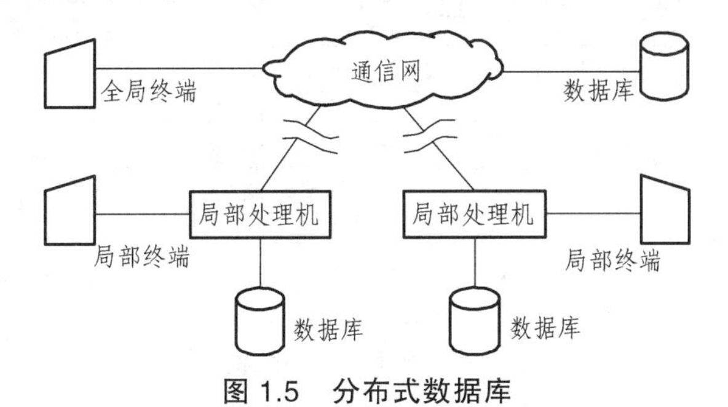

图 1.5　分布式数据库

2. 面向对象数据库技术

面向对象数据库技术主要有两个特点：

（1）对象数据模型能完整地描述现实世界的数据结构，表达数据间嵌套、递归的联系。

（2）具有面向对象技术的封装性（数据与操作定义一起）和继承性（继承数据结构和操作）的特点，提高了软件的可重用性。

3. 面向应用领域的数据库技术

为了适应应用多元化的需求，结合各应用领域的特点，将数据库技术应用到特定领域，产生了工程数据库、地理数据库、统计数据库、科学数据库、空间数据库等多种数据库，同时也出现了数据仓库和数据挖掘等技术，使数据库领域中的新技术不断涌现。

SQL Server 2012 为云计算做好平台准备。

1.3.5 数据库技术的发展趋势

混合数据快速发展；数据集成与数据仓库倾向内容管理；主数据管理；数据仓库将向内容展现和战术性分析方面发展；基于网络的自动化管理；PHP 将促进数据库产品应用；数据库将与业务语义的数据内容融合。

🕮 讨论思考

（1）数据管理技术经历了哪几个阶段？其特点如何？
（2）分布式数据库的主要特点有哪些？
（3）数据库技术的发展趋势是什么？

任务 1.4 数据库系统的构成及结构类型

1.4.1 数据库系统的构成

数据库系统是一个采用数据库技术的计算机系统，是按照数据库方式存储、管理、维护并可提供数据支持的系统。一个典型的数据库系统包括数据库、DBMS、应用程序、用户和数据库管理员（DBA）五个部分，如图 1.6 所示。

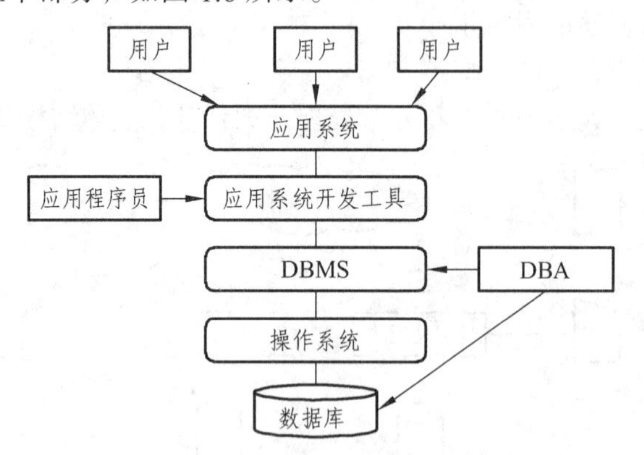

图 1.6 数据库系统的构成

用户（User）是指使用数据库的人员。用户可分为终端用户和应用程序员。终端用户（End User）是指在终端按权限使用数据库的各类人员。应用程序员（Application Programmer）负责为终端用户设计和编制数据库应用程序，以便终端用户对数据库进行操作。

数据库管理员（DataBase Administrator，DBA）是数据库所属机构的专职管理员。DBA

主要职责为：

（1）参与数据库分析设计或引进的整个过程，决定数据库的结构和数据内容。

（2）定义（建立-设置）数据的安全性和完整性，负责分配用户对数据库的使用权限和口令管理。

（3）监督控制数据库的使用和运行，改进和重新构造数据库系统。当数据库受到意外破坏时，负责进行恢复；当数据库的结构需要改变时，负责对其修改。

现代数据管理的主要方式是将数据库作为数据库系统的中心。

数据库与应用程序的关系如图 1.7 所示。

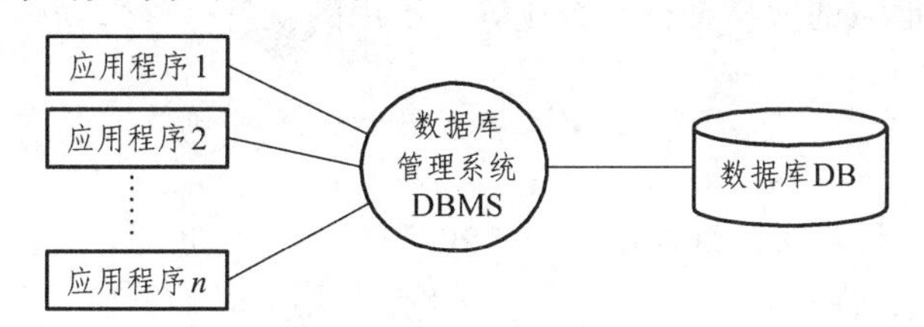

图 1.7　数据与应用程序的关系

1.4.2　数据库系统的结构类型

1. 集中式系统

集中式（Centralized）结构是指一台主机带有多个用户终端的数据库系统。终端一般只是主机的扩展（如显示器），并非独立的计算机。终端本身并不能完成任何操作，完全依赖主机完成所有的操作。其结构如图 1.8 所示。

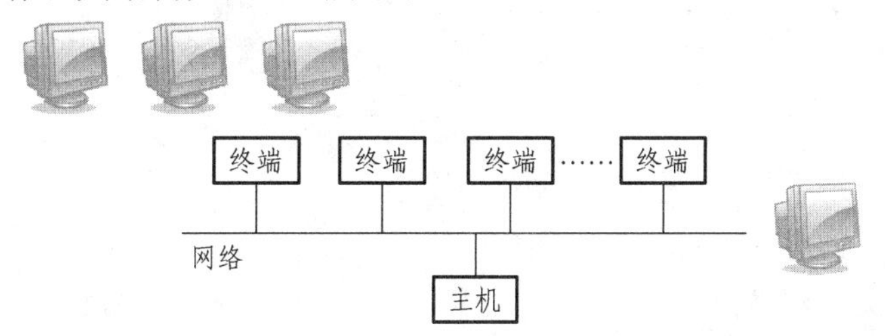

图 1.8　集中式数据库系统结构

2. 客户机/服务器系统

在客户机/服务器（Client/Server，C/S）结构中，将计算机应用任务分解成多个子任务，由多台计算机分工完成，即采用“功能分布”原则。客户端完成数据处理、数据表示和用户交互功能，服务器端完成 DBMS 的核心功能。C/S 系统的一般结构如图 1.9 所示。

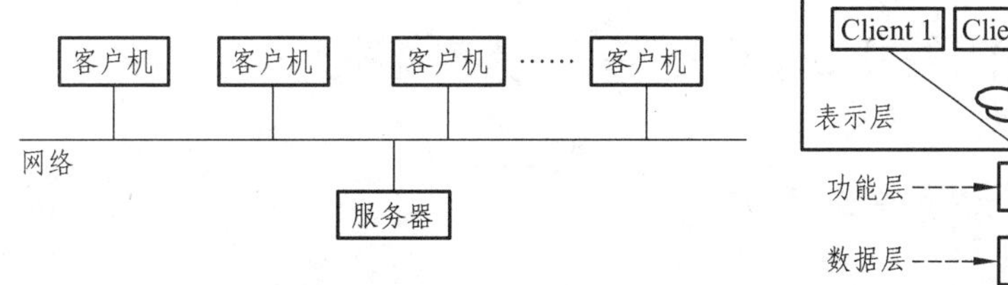

图 1.9　C/S 系统的一般结构

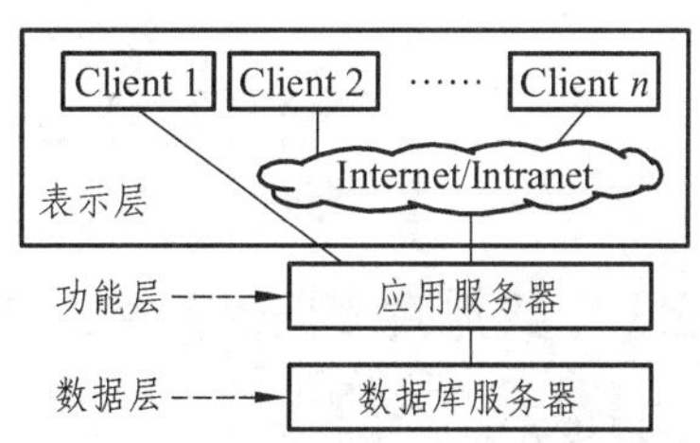

图 1.10　三层 C/S 体系结构

三层结构的 C/S 体系结构比二层结构增加一个应用服务器层，如图 1.10 所示。

三层 C/S 结构优点主要包括：整个系统被分成不同的逻辑块，层次清晰，一层的改动不会影响其他层次，可减轻客户机负担，开发和管理工作向服务器端转移，使得分布的数据处理成为可能，管理和维护变得相对简单。

3. 分布式系统

分布式（Distributed）数据库的数据具有“逻辑整体性”，分布在各地（结点）的数据逻辑上是一个整体，由计算机网络、数据库和多个结点构成，用户使用起来如同一个集中式数据库。如分布在不同地域的大型银行和企业等，采用的就是这种数据库。分布式数据库结构如图 1.11 所示。

4. 并行式系统

并行式（Parallel）计算机系统使用多个 CPU 和多个磁盘进行并行操作，提高数据处理和 I/O 速度。并行处理时，许多操作同时进行，而不是采用分时的方法。其结构如图 1.12 所示。

并行 DBS 有两个重要的性能指标：

（1）吞吐量。

（2）响应时间。

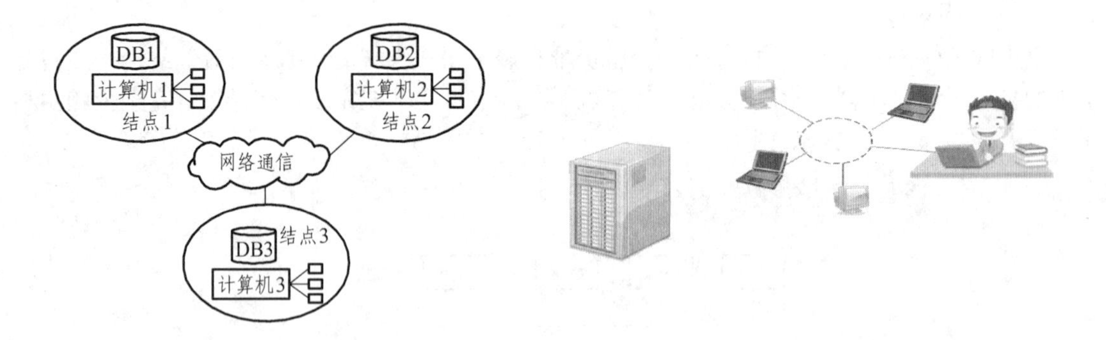

图 1.11 ` 分布式数据库系统结构　　　　图 1.12　并行式计算机系统结构

讨论思考

（1）数据库系统是如何构成的？

（2）数据库系统的外部系统结构有哪几种类型？

（3）什么是 C/S 系统的一般结构？画图表示。

任务 1.5　数据库的模式结构

1.5.1　数据库的三级模式结构

1. 数据模式

数据模式（Data Schema）是数据库中所有数据的逻辑结构和特征的描述。型（Type）是对某一类数据的结构和属性的具体描述说明，而值（Value）是型的一个具体值。如货物记录的型定义为（货物编号，名称，种类，型号，颜色，产地，价格）称为记录型，而（K01101，服装，西服，XXL，黑色，上海，2800）则是该记录型的一个记录值。

模式只涉及型的描述，而不涉及具体的值。某数据模式下的一组具体的数据值称为数据模式的一个实例（Instance）。

2. 数据库的三级模式结构

数据库系统的三级模式结构，从逻辑上主要是指数据库系统由内模式、模式（概念模式）和外模式三级构成，且在这三级模式之间还提供了外模式/模式映像、模式/内模式映像，分别反映看待数据库的三个角度。

（1）外模式（External Schema）也称子模式（Subschema）或用户模式、外视图，用于描述数据库数据的局部逻辑结构和特征。

（2）模式（Schema）也称逻辑模式（Logic Schema）、概念模式（Conceptual Schema）或概念视图，是数据库中所有数据的逻辑结构和特征的描述，如关系型。

（3）内模式（Internal Schema）也称内视图或存储模式（Storage Schema），是三级模式结构中的最内层，是靠近物理存储的一层，即与实际存储的数据方式有关的一层，是数据在数据库内部的表示方式，详细描述了数据复杂的物理结构和存储方式，由多个存储记录组成，不必关心具体的存储位置，如数据表。

（4）三级模式结构的优点。

① 三级模式结构是数据库系统最本质的系统结构。

② 数据共享。

③ 简化用户接口（交互）。

④ 数据安全。

1.5.2 数据库的二级映像

数据的独立性由 DBMS 的二级映像功能实现，一般分为物理独立性和逻辑独立性两种。

物理独立性是指数据的物理结构（包括存储结构、存取方式等）的改变，如更换存储设备或物理存储、改变存取方式等都不影响数据库的逻辑结构，从而不致引起应用程序的改变。

逻辑独立性是指数据的总体逻辑结构改变时，如修改数据模式、改变数据间的联系等，不需要修改相应的应用程序。

1. 外模式/模式映像

外模式/模式映像位于外部级和概念级之间，用于定义外模式和概念模式之间的对应性。外模式描述数据的局部逻辑结构，模式描述数据的全局逻辑结构。数据库中的同一模式可以有任意多个外模式，对于每一个外模式，都存在一个外模式/模式映像。

2. 模式/内模式映像

模式/内模式映像介于概念级和内部级之间，用于定义概念模式和内模式之间的对应性。数据库中的模式和内模式都只有一个，所以模式/内模式映像是唯一的。确定了数据的全局逻辑结构与存储结构之间的对应关系。

📖 **讨论思考**

（1）什么是数据模式？请举例说明。

（2）什么是数据库系统的三级模式结构？并画图表示。

（3）数据的独立性如何由 DBMS 的二级映像功能实现？

任务 1.6　数据库管理系统

1.6.1　DBMS 的工作模式

数据库管理系统（DBMS）是对数据库及其数据进行统一管理控制的软件系统，是数据库系统的核心和关键的组成部分，用于统一管理控制数据库系统中的各种操作，包括数据定义、查询、更新及各种管理与控制，都是通过 DBMS 进行的。DBMS 的查询操作工作示意图如图 1.13 所示。

DBMS 的查询操作工作模式如下：

（1）接收用户通过应用程序的查询数据请求和处理请求。

（2）将用户的查询数据请求转换成复杂的机器代码。

（3）实现对数据库的操作。

（4）从对数据库的操作中接收查询结果。

（5）对查询结果进行处理。

（6）将处理结果返回给用户。

【例 1-3】为了对数据库系统工作有个整体的概念，现以查询为例，概述访问数据库的主要步骤，其过程如图 1.14 所示。

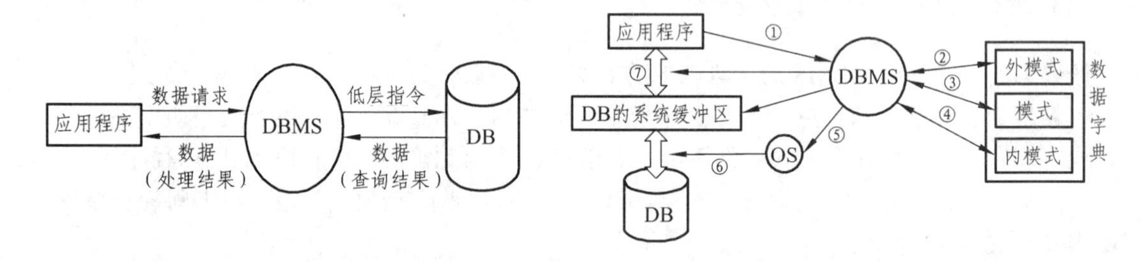

图 1.13　DBMS 的查询工作示意图　　　　图 1.14　用户访问数据的过程

① 当用户执行应用程序中一条查询数据库的记录，如“数据库”书名时，就向 DBMS 发出读取相应记录的命令，并指明外模式名。

② DBMS 接到命令后，调出所需的外模式，并进行权限检查。若合法，则继续执行，否则向应用程序返回出错信息。

③ DBMS 访问模式，并根据外模式/模式映像，确定所需数据在模式上的有关信息（逻辑记录型）。

④ DBMS 访问内模式，并根据模式/内模式映像，确定所需数据在内模式上的有关信息（读

取的物理记录及存取方面）。

⑤ DBMS 向操作系统发出读取相应数据的请求（读取记录）。

⑥ 操作系统执行读取命令，将有关数据从外存调入到系统缓冲区上。

⑦ DBMS 将数据按外模式的形式送入用户工作区，返回正常执行的信息。

1.6.2 DBMS 的主要功能和机制

1. DBMS 的主要功能

（1）数据定义功能。数据定义语言 DDL，定义库、表、视图等。

（2）数据操作功能。数据操作语言 DML、数据查询语言 DQL。

（3）事务与运行管理（核心）。数据控制语言 DCL、事务管理语言 TML、系统运行控制程序。

（4）组织、管理和存储数据。分类、管理、数据字典、存取路径/方式。

（5）数据库的建立和维护功能。数据载入、存储、重组、恢复、维护。

（6）其他功能。与其他系统通信、互访、互操作、转换。

2. DBMS 的工作机制

DBMS 的工作机制是将用户对数据的操作转化为对系统存储文件的操作，有效地实现数据库三级模式结构之间的转化。

数据库管理系统的主要职能有数据库的定义和建立、数据库的操作、数据库的控制、数据库的维护、故障恢复和数据通信。

1.6.3 DBMS 的模块组成

（1）按程序实现的功能，DBMS 的模块可分为以下四部分：

① 语言编译处理程序。

② 系统运行控制程序。

③ 系统建立与维护程序。

④ 数据字典。

（2）按照模块结构，可将 DBMS 分成查询处理器和存储管理器两大部分：

① 查询处理器有四个主要成分：DDL 编译器、DML 编译器、嵌入式 DML 的预编译器及查询运行核心程序。

② 存储管理器有四个主要成分：权限和完整性管理器、事务管理器、文件管理器及缓冲区管理器。

讨论思考

（1）DBMS 的工作模式有哪些？

（2）请概述 DBMS 的主要功能？

（3）DBMS 的模块组成有哪几方面？

任务 1.7　数据模型

1.7.1　数据模型的概念和类型

1. 数据模型的基本概念

数据从现实生活进入数据库实际经历了三个阶段：现实世界阶段、信息世界阶段和机器世界阶段，也称为数据的三个范畴。其关系如图 1.15 所示。

（1）现实世界。现实世界是客观存在的事物及联系。

（2）信息世界。是对现实世界的认识和抽象描述，按用户的观点对数据和信息进行建模（概念模型——实体与联系）。

（3）机器世界。机器世界是建立在计算机上的数据模型，以计算机系统的观点进行数据建模（逻辑模型）。

数据模型（Data Model）是一种表示数据特征的抽象模型，是数据处理的关键和基础。专门用于抽象、表示和处理现实世界中数据（信息）的工具，DBMS 的实现都是建立在某种数据模型基础上的。数据模型通常由数据结构、数据操作和完整性约束（数据的约束条件）三个基本部分组成，称为数据模型的三要素。

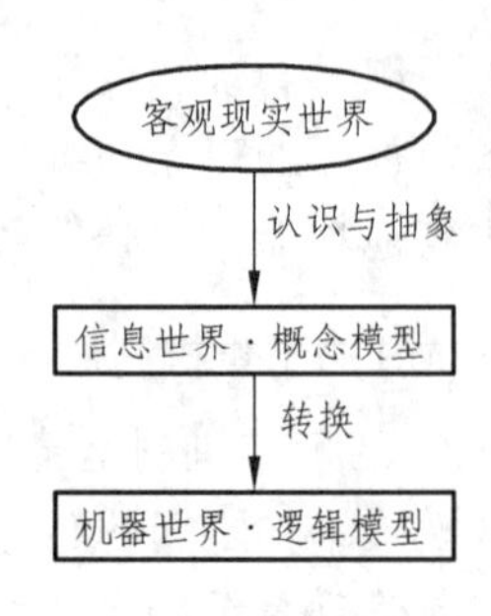

图 1.15　模型的抽象

2. 数据模型的类型

根据模型的不同应用，可将模型分为两类。

（1）概念模型。概念模型也称信息模型，位于客观现实世界与机器世界之间。它只用于描述某个特定机构所关心的数据结构，实现数据在计算机中表示的转换，是一种独立于计算机系统的数据模型。

（2）逻辑（结构）模型。逻辑模型包括网状模型、层次模型和关系模型等。它是以计算机系统的观点对数据建模，是直接面向数据库逻辑结构，是对客观现实世界的第二层抽象。这类模型直接与 DBMS 有关，称为“逻辑数据模型”，简称为逻辑模型，又称为“结构模型”。

1.7.2　概念模型

1. 概念模型的基本概念

1）实体

实体（Entity）是现实世界中可以相互区别的事物或活动。如一个文件或一项活动等。

实体集（Entity Set）是同一类实体的集合。如一个班级的全部课程、一个图书馆的全部藏书、一年中的所有会议等都是相应的实体集。

实体型（Entity Type）是对同类实体的共有特征的抽象定义。

实体值（Entity Value）是符合实体型定义的对一个实体的具体描述。

【例 1-4】客户的实体型可用（姓名，年龄，地区，职业，学历）等特征定义，则（单光庆，43，重庆，教师，本科）就是一个实体值，描述的是一个具体的人员。在表 1.1 中，第一行规定了客户的实体型，以下各行称为该实体型的一次取值（当前值）。

表 1.1　实体型描述表

姓名	年龄	地区	职业	学历
乐明于	45	北京	教师	研究生
赵敏	28	上海	商人	研究生
王云洪	32	广东	公务员	本科
单光庆	43	重庆	教师	本科
程书红	42	天津	教师	本科
朱儒明	55	山东	医生	本科
⋮	⋮	⋮	⋮	⋮

🔔 **注意：**实体、实体集、实体型、实体值等概念有时很难区分，在以后叙述中经常统称为实体，可根据上下文知其具体含义。

2）联系

联系（Relationship）是指实体之间的相互关系，通常表示一种活动。

联系集（Relationship Set）是同一类联系的集合。

联系型（Relationship Type）是对同类联系的共有特征的抽象定义。

【例 1-5】对于学生选课联系，联系型可以包括（选课序号，学号，课程号，上课时间，上课地点，考试成绩）等特征，其中学号和课程号分别对应学生实体和课程实体中的相应学生和课程。表 1.2 中的第一行为选课联系的型，其后各行为选课记录，即选课联系型的值。

表 1.2　学生选课表

选课号	学号	课程号	上课时间	上课地点	考试成绩
1	040150101	101	周一 1-2	F403	
2	040160108	103	周三 3-4	F401	
3	040150217	105	周五 5-6	A308	
4	040170129	109	周二 7-8	D402	
5	040160211	107	周四 9-10	H305	
6	040170221	106	周一 11-12	B210	

与实体的有关概念类似，联系、联系集、联系型、联系值等概念也常统称为联系。联系元数是指一个联系中所涉及的实体型的个数。若涉及两个实体型则称为二元联系，若涉及三个实体型则称为三元联系等。特殊地，若涉及的两个实体型对应同一个实体则为一元联系。在选课联系中，涉及学生和课程两个实体，被称为二元联系。

学生——学号

3）属性、键和域

属性（Attribute）是描述实体或联系中的一种特征（性）。一个实体或联系通常具有多个（项）特征，需要多个相应属性来描述。实体选择的属性由实际应用需要决定，并非一成不变。如学生（学号，姓名，专业）。

键（Key）或称码、关键字、关键码等，是区别实体的唯一标识。如学号、身份证号、工号、电话号码等。

实体中用于键的属性称为主属性（Main Attribute），否则称为非主属性（Non Main Attribute）。如在职工实体中，职工号为主属性，其余为非主属性。

域（Domain）是实体中相应属性的取值范围。如性别属性的域为（男，女）。

4）联系分类

联系分类（Relationship Classify）是指两个实体型（含联系型在内）之间的联系的类别。

（1）1对1联系，简记为1∶1。

（2）1对多联系，简记为1∶n。

（3）多对多联系，简记为m∶n。

【例1-6】1对1联系的两个实体型可以相同也可不同，若相同则来自同一个实体型。如在同一个网站注册客户登记表实体中，注册登记次序是1对1联系，即一个报名者的后面只有一个直接后继者，但最后一个无后继。同样，每个后继者的前面只有一个直接前驱者，但第一个没有前驱。表1.3是一个员工注册登记表，注册登记次序联系图如图1.16（a）所示，其中每个注册登记者用姓名代替。若要从表1.3中得到按年龄从大到小的排列次序，则注册登记者之间也是1对1的联系，如图1.16（b）所示.

表1.3　员工注册登记表

姓名	性别	年龄	姓名	性别	年龄
马东	男	27	刘丽	女	46
周红	女	52	李涛	男	39
王凯	男	31	张强	男	28

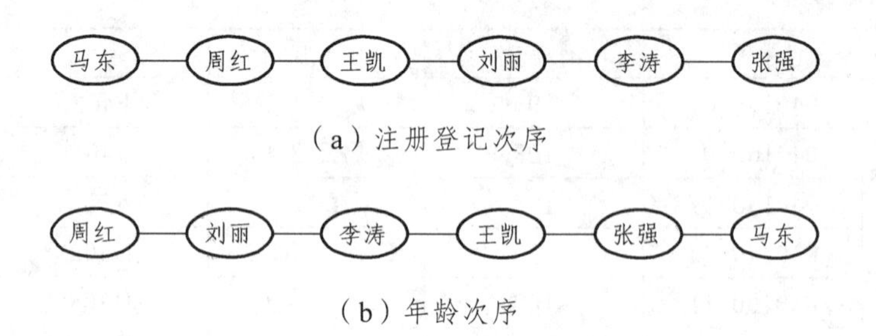

（a）注册登记次序

（b）年龄次序

图1.16　1对1联系图

【例1-7】学生与所选课程之间为多对多联系，每个学生允许选修多门课程，每门课程允许由任何学生选修。表1.4为学生实体，表1.5为课程实体，选课联系如图1.17所示。

表1.4　学生表

学号	姓名	性别	专业
4051	马东	男	经管
4052	周红	女	经管
4061	王凯	男	计算机
4062	刘丽	女	机械制造
4063	李涛	男	计算机
4071	张强	男	电子

表 1.5　课程表

课程号	课程名	学分
C001	高等数学	6
C002	大学英语	5
C003	图像处理技术	4
C004	程序设计基础	3
C005	计算机网络	4

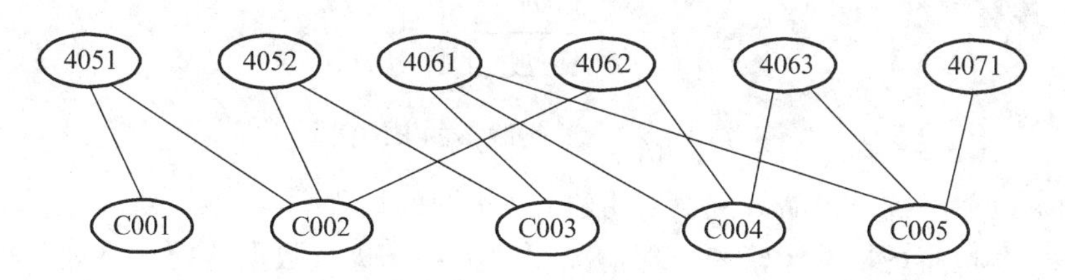

图 1.17　选课联系图

2. **概念模型及其表示方法**

实体联系模型（Entity Relationship Model）也称 ER 模型或 ER 图（E-R 模型或实体-联系方法），是描述事物及其联系的概念模型，是数据库应用系统设计者与普通用户进行数据建模和交流沟通的常用工具，非常直观易懂、简单易用。

1）ER 模型的基本构件

ER 模型是一种用图形表示数据及其联系的方法，所使用的图形构件（元件）表示包括矩形、菱形、椭圆形和连接线。矩形表示实体，矩形框内写上实体名；菱形表示联系，菱形框内写上联系名；椭圆形表示属性，椭圆形框内写上属性名；连接线表示实体、联系与属性之间的所属关系或实体与联系之间的相连关系。

2）各种联系的 ER 图表示

实体之间的三种联系包括：1 对 1、1 对多和多对多，对应的 ER 图如图 1.18 所示。其中每个实体或联系暂时没画出相应的属性框和连线。

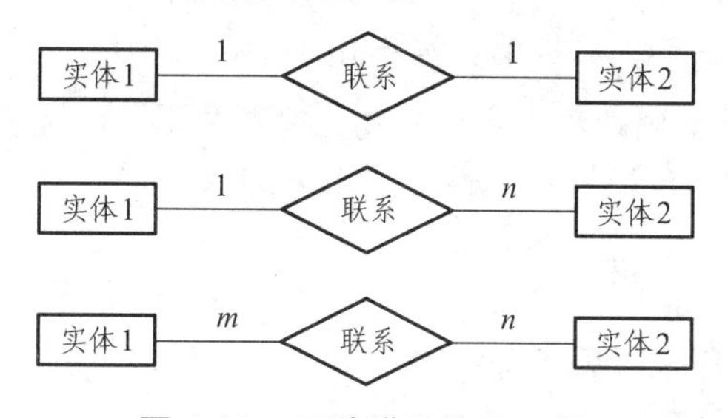

图 1.18　三种联系的 E-R 图

若每种联系的两个实体均来自于同一个实体，则对应的 ER 图如图 1.19 所示。

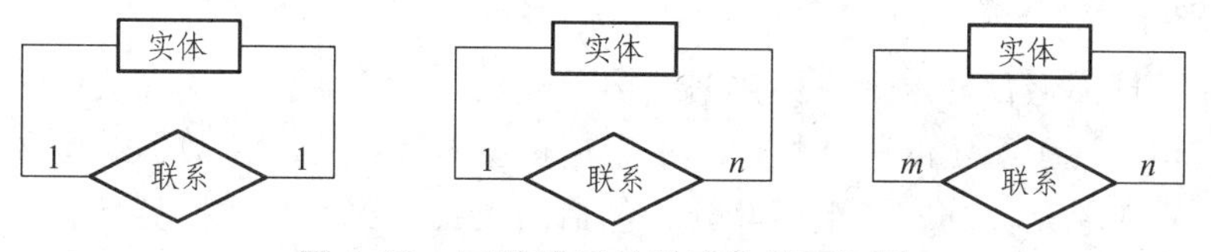

图 1.19　三种联系的单实体的 ER 图

在实际业务中，经常出现三个或更多实体相互联系的情况。如在顾客购物活动中，涉及顾客、售货员和所售商品之间的三者关系。某个顾客通过某个售货员购买某件商品，其中每两个实体间都是多对多的联系。购物联系所对应的 ER 图如图 1.20 所示。

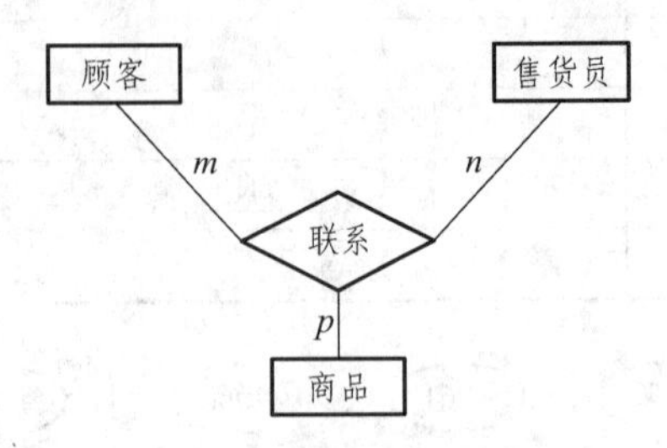

图 1.20 购物联系的 ER 图

【例 1-8】以一个批发商品案例，说明建立 ER 图的过程。

经过对某大型商场批发运营和管理情况实地考察，进行数据的搜集整理分析。假定某客户的一次批发购物（网购）活动为：先到某个柜台（或购物网站）向某个售货员订购某种货物，得到售货员开具的订货单；客户拿着订货单到收款柜台（处）向某个收款员交款，得到收款员开具的收款单；客户凭此收款单到库房换为提货单，并找到提货员提取货物。

批发购物（网购）管理所对应的 ER 图如图 1.21 所示。

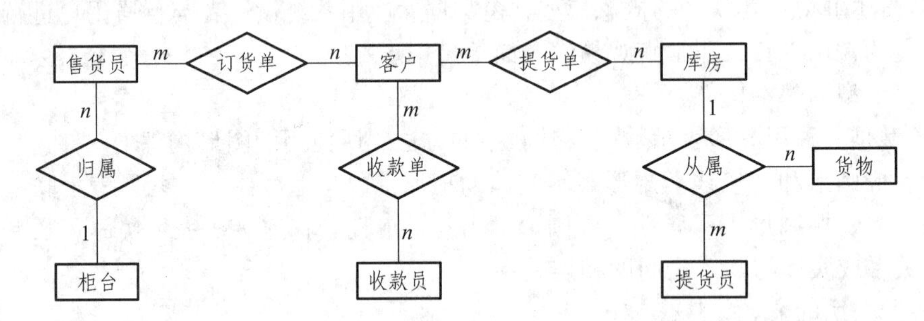

图 1.21 购物过程的 ER 图

该商场批发运营管理涉及客户、柜台、售货员、收款员、提货员、货物（商品）、库房、归属、从属、订货单、收款单、提货单等实体和联系，其中前 7 个为实体，后 5 个为联系。

注意：① 应该全面正确地刻画客观事物，要清楚明了，易于理解。② 实体中的码应确保唯一。③ 实体之间的联系可以通过属性的关系来表达。④ 某些属性是实体之间的联系的反映。⑤ 多个实体之间的联系可能有多种。

1.7.3 数据模型的组成要素

数据模型通常由数据结构、数据操作和完整性约束三要素组成。

1. 数据结构

对于各种数据模型都规定了一种数据结构，即信息世界中的实体和实体之间联系的表示方法。数据结构描述了系统的静态特性，是数据模型本质的内容。数据结构是所研究的对象类型的集合。其对象是数据库的组成部分，包括两类：一类是与数据类型、内容、性质有关的对象；另一类是与数据之间联系有关的对象。

2. **数据操作**

数据操作描述了系统的动态特性，是对于数据库中的各种对象（型）的实例（值）允许执行的操作的集合，包括操作及有关的操作规则。对数据库的操作主要有数据维护和数据检索两大类，是数据模型都必须规定的操作，包括操作符、含义和规则等。

3. **数据的约束条件**

数据的约束条件是一组完整性规则的集合。完整性规则是给定的数据模型中的数据及其联系所具有的制约和依存规则（条件和要求），用于限定符合数据模型的数据库状态以及状态的变化，以保证数据的正确、相容和有效。

1.7.4 层次模型

数据库的逻辑模型又称数据库的逻辑结构模型。

1. **层次模型的结构**

层次模型（Hierarchical Model）是一个树状结构模型，有且只有一个根节点，其余节点为其子孙；每个节点（除根节点外）只能有一个父节点（也称双亲节点），却可以有一个或多个子节点，当然也允许无子节点，此时被称为叶；每个节点对应一个记录型，即对应概念模型中的一个实体型，每对节点的父子联系隐含为 1 对多（含 1 对 1）联系。

2. **层次模型的特点**

在这种模型的数据库系统中，要定义和保存每个节点的记录型及其所有值和每个父子联系。层次模型示例如图 1.22 所示。

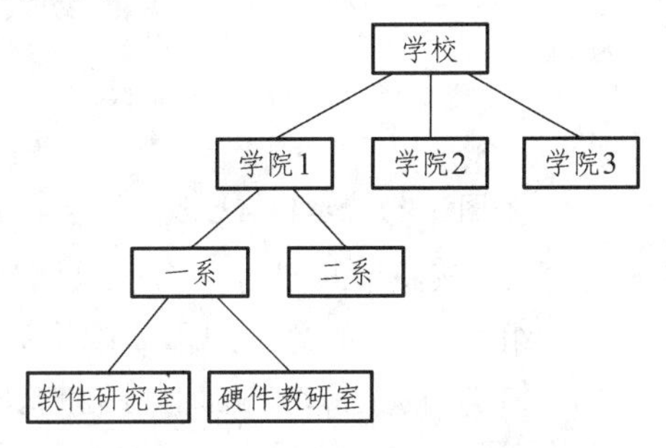

图 1.22　学校组织结构的层次模型

1.7.5 网状模型

1. **网状模型的结构**

网状模型（Network Model）是一个网状结构模型，是对层次模型的扩展，允许有多个节点无双亲，同时也允许一个节点有多个双亲。层次模型为网状模型中的一种最简单的情况。如图 1.23 所示为几个工厂和生产零件的网状模型。

2. **网状模型的特点**

网状模型也有型和值的区别。模型是抽象的、静态的、相对稳定不变的。而值是具体的、动态的且需要经常变化的。

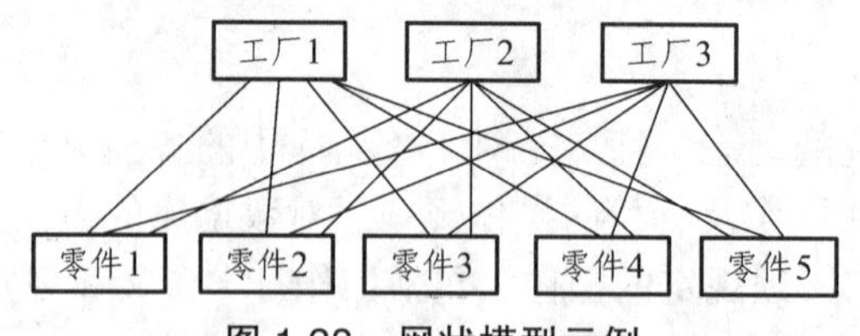

图 1.23　网状模型示例

由于经常需要对数据库中的业务数据（值）进行插入、删除和修改等实际操作，改变具体实际的数据值；而逻辑数据结构模型一经建立后一般不会被轻易修改。以网状数据模型实现的数据库系统中，同样需要建立和保存所有节点的记录型、父子联系型，以及所有数据值。

1.7.6　关系模型

1. 关系模型的定义

关系模型（Relational Model）是一种简单的二维表结构。概念模型中的每个实体和实体之间的联系都可以直接转换为对应的二维表形式。每个二维表称作一个关系，一个二维表的表头称为关系的型（结构），其表体（内容）称作关系的值。关系中的每一行数据（记录）称作一个元组，其列数据称作属性，列标题称作属性名。学生信息表如图 1.24 所示。

属性（字段）

元组（记录）

学号	姓名	性别	出生日期	所在系	专业名
0303101	谢永川	男	1992-03-09 0...	信息工程	软件技术
0404102	任波	男	1993-10-06 0...	电子工程	微电子
0202103	邹德强	男	1987-06-12 0...	社会工作	社区康复
0101104	罗小秋	女	1995-03-12 0...	国际教育	涉外英语
0505105	张新	女	1996-07-18 0...	文产系	诛游
0606106	曹毅	男	1995-08-10 0...	会计贸易	会计
0707107	杨寿康	男	1994-07-13 0...	工商管理	物流
0808108	袁国	男	1995-09-02 0...	工程管理	楼宇控制

图 1.24　学生信息表

【例 1-9】表 1.6 为一个学生关系。该关系的型为（学号，姓名，性别，出生日期，所在系，专业名），值为表中 8 个记录（元组），表中的每一列称为该关系的一个属性。性别属性的当前全部取值为（男，女），一个属性的当前全部取值加上可能的取值构成该属性的域。

学生（学号，姓名，性别，日期，所在系，专业名）

表 1.6　一个学生关系示例

学号	姓名	性别	日期	所在系	专业名
0303101	谢永川	男	1992-03-09	信息工程	软件技术
0404102	任波	男	1993-10-06	电子工程	微电子
0202103	邹德强	男	1987-06-12	社会工作	社区康复
0101104	罗小秋	女	1995-03-12	国际教育	涉外英语
0505105	张新	女	1996-07-18	文产系	诛游
0606106	曹毅	男	1995-08-10	会计贸易	会计
0707107	杨寿康	男	1994-07-13	工商管理	物理
0808108	袁国	男	1995-09-02	工程管理	楼宇控制

2. 关系模型应用案例

关系模型易于表示概念模型中的实体和各种类型的联系，都同样对应一个关系，该关系中必定包含相联系的每个实体的各键。表 1.4、表 1.5 和图 1.17 表示了学生、课程及选课联系。对应的关系模型包含三个关系，包括学生关系、课程关系、选课联系。选课联系所对应的关系如表 1.7 所示。

表 1.7　选课联系的关系表

学号	课程号	成绩	学分
0303101	101	87	4
0303101	102	78	4
0303105	106	85	4
0303105	104	80	3
0303106	101	86	4
0303106	103	87	3
0303105	101	82	4
0304103	101	82	4
0304104	106	78	4
0304104	104	85	3
0306101	101	80	4
0306101	102	83	4

3. 关系型的关系定义

为了区别于一般的保存数据的关系，将保存关系定义的关系称为该数据库的元关系（元数据、系统数据、数据字典等），其提供了数据库中所有关系的模式，即关系的型（数据库结构）。元关系是在用户建立数据库应用系统时，由 DBMS 根据该数据库中每个关系的模式自动定义的。学生选课关系模型的元关系如表 1.8 所示。

表 1.8　学生关系模型的元关系

列名	数据类型	允许 Null 值
学号	Char（10）	☐
姓名	Char（8）	☐
性别	Char（2）	☐
出生日期	smalldatetime	☐
所在系	Char（10）	☐
专业名	Char（10）	☐
联系电话	Char（11）	☑
总学分	Tinyint	☑
备注	text	☑

4. 关系模型的特点

① 具有坚实的理论基础。

② 数据结构简单。

③ 查询处理方便，存取路径清晰。

④ 关系的完整性好。

⑤ 数据独立性高。

5. 关系模型存在的缺点

（1）查询效率低。

（2）RDBMS 实现较困难。

【例 1-10】关系模型用于 GIS 地理数据库的局限性。

关系模型用于表示各种地理实体及其间的关系，其方式简单、灵活，支持数据重构；具有严格的数学基础，并与一阶逻辑理论密切相关，具有一定的演绎功能；关系操作和关系演算具有非过程式特点。

关系模型用于 GIS 地理数据库也还存在一些不足。主要问题是：

（1）无法用递归和嵌套的方式来描述复杂关系的层次和网状结构，模拟和操作复杂地理对象的能力较弱。

（2）用关系模型描述本身具有复杂结构和涵义的地理对象时，需对地理实体进行不自然的分解，导致存储模式、查询途径及操作等方面均显得语义不甚合理。

（3）由于概念模式和存储模式的相互独立性，及实现关系之间的联系需要执行系统开销较大的连接操作，因此运行效率不够高。

1.7.7 面向对象模型

面向对象模型（Object-Oriented Model，OOM）是用面向对象观点来描述实体的逻辑组织、对象间限制、联系等模型。将客观世界的实体都模型化为一个对象，每个对象有唯一的标识。共享同样属性和方法集的所有对象构成一个对象类，简称为类，而一个对象就是某一类的一个实例。

1. 面向对象的概念

1）基本概念

在面向对象的方法中，基本概念主要有对象、类、方法和消息。

（1）对象。对象是含有数据和操作方法的独立实体，是数据和行为的统一体。如一个城市、一座桥梁或高楼大厦，都可作为地理对象。一个对象具有如下特征：

① 以唯一的标识，表明其存在的独立性；

② 以一组描述特征的属性，表明其在某一时刻的状态；

③ 以一组表示行为的操作方法，用于改变对象的状态。

（2）类。类是共享同一属性和方法集的所有对象的集合构成的。从一组对象中抽象出公共的方法和属性，并将它们保存在一类中，是面向对象的核心内容。如汽车均具有共性（如品牌、颜色、长度等），以及相同的操作方法（如查询、计算长度、求数量等），因而可抽象为汽车类。被抽象的对象，称为实例，如轿车、公共汽车等。

（3）消息。消息是对象操作的请求，是连接对象与外部世界的唯一通道。

（4）方法。方法是对象的所有操作方式，如对对象的数据进行操作的函数、指令、例程等。

2）基本思想

面向对象的基本思想是通过对问题领域进行自然分割，以更接近人们通常思维的方式建立问题领域的模型，并进行结构模拟和行为模拟，从而使设计的软件尽可能地直接表现出问题的求解过程。因此，面向对象的方法是将客观世界的一切实体模型化为对象。每一种对象都有各自的内部状态和运动规律，不同对象之间的相互联系和相互作用就构成了各种不同的系统。

2. 面向对象的特性

面向对象的特性有抽象性、封装性、多态性等。

（1）抽象性。抽象是对现实世界的简明表示。形成对象的关键是抽象，对象是抽象思维的结果。抽象思维是通过概念、判断、推理来反映对象的本质，揭示对象内部联系的过程。

（2）封装性。封装是指将方法与数据放于同一对象中，以使对数据的操作只可通过该对象本身的方法来进行。

（3）多态性。多态是指同一消息被不同对象接收时，可解释为不同的含义。

4 种逻辑数据模型的比较，如表 1.9 所示。

表 1.9　逻辑数据模型的比较

比较项	层次模型	网状模型	关系模型	面向对象模型
创始	1968 年 IBM 公司的 IMS 系统	1969 年 CODASYL 的 DBTG 报告（1971 年通过）	1970 年 F.Codd 提出关系模型	20 世纪 80 年代
数据结构	复杂（树结构）	复杂（有向图结构）	简单（二维表）	复杂（嵌套递归
数据联系	通过指针	通过指针	通过表间的公共属性	通过对象标识
查询语言	过程性语言	过程性语言	非过程性语言	面向对象语言
典型产品	IMS	IDS/Ⅱ、IMAGE/3000 IDMS、TOTAL	Oracle、Sybase、DB2、SOL Server、Informix	ONTOS DB
盛行期	20 世纪 70 年代	20 世纪 70 年代至 80 年代中期	20 世纪 80 年代至现在	20 世纪 90 年代至现在

3. 面向对象数据模型的核心技术

1）分类

类是具有相同属性结构和操作方法的对象的集合，属于同一类的对象。类具有相同的属性结构和操作方法。分类是将一组具有相同属性结构和操作方法的对象归纳或映射为一个公共类的过程。对象和类的关系是“实例”（instance-of）的关系。

2）概括

概括是将几个类中某些具有部分公共特征的属性和操作方法抽象，形成一个更高层次、更具一般性的超类的过程。子类和超类用来表示概括的特征，表明它们之间的关系是“即是”（is—a）关系，子类是超类的一个特例。

3）聚集

聚集是将几个不同类的对象组合成一个更高级的复合对象的过程。“复合对象”用于描述更高层次的对象，“部分”或“成分”是复合对象的组成部分，“成分”与“复合对象”的关系是“部分”（parts—of）的关系，反之“复合对象”与“成分”的关系是“组成”的关系。

4）联合

联合是将同一类对象中的几个具有部分相同属性值的对象进行组合（集成），形成一个更高水平的集合对象的过程。术语“集合对象”描述由联合而构成的更高水平的对象，有联合关系的对象称为成员，“成员”与“集合对象”的关系是“成员”（member—of）的关系。

4. 面向对象数据模型的核心工具

（1）单重继承。

【例 1-11】如图 1.25、1.26 所示，“住宅”是父类，“城市住宅”和“农村住宅”是其子类，父类“住宅”的属性（如“住宅名”）可以被其两个子类继承。同样的，给父类“住宅”定义的操作（如“进入住宅”）也适用于其两个子类；但是，专为一个子类定义的操作（如“地铁下站”），只适用于“城市住宅”。

单重继承可以构成树形层次，最高父类在顶部，最特殊的子类在底部。每一类可看做一个结点，两个结点的“即是”关系可以用父类结点指向子类结点的矢量来表示，矢量方向表示从上到下、从一般到特殊的特点。

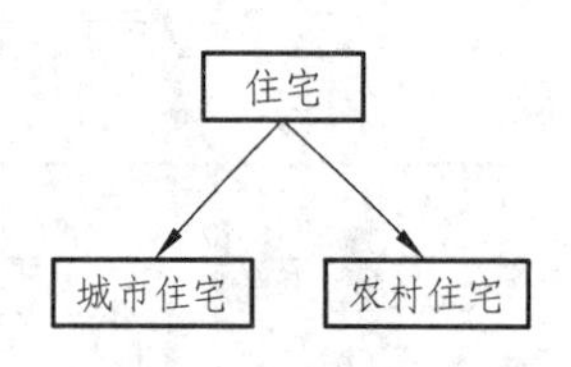

图 1.25　一个直接父类的单重继承

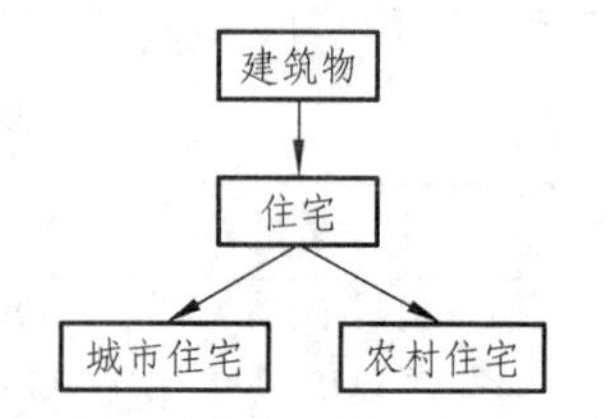

图 1.26　三个层次的继承体系

（2）多重继承。

【例 1-12】 GIS 中经常遇到多重继承问题。两个不同的体系形成的多重继承的例子如图 1.27 所示。一个体系为交通运输线，另一个体系为水系。运河具有人工交通运输线和河流两个父类特性。通航河流也有自然交通运输线和河流两个父类的特性。

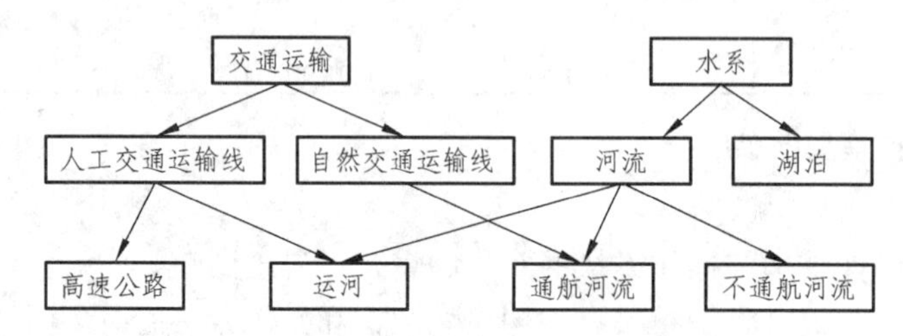

图 1.27　两个不同的体系形成的多重继承

任务 1.8　回到工作场景

创建一个学生成绩数据库，所涉及的信息包括校内所有的系、班级、学生、课程和学生成绩。

根据学生成绩数据库 E-R 图，转换得到学生成绩数据库关系模式如下。

系（系编号，系名称）

班级（班级编号，班级名称，专业，系编号）

学生（学号，姓名，班级编号，生日，性别，住址）
课程（课程号，课程名称，课程类别，学分）
成绩（学号，课程号，成绩）

任务 1.9　案例训练营

一、简答题

1. 什么是数据、数据库、数据库系统，三者之间的关系是什么？

2. 数据库系统发展过程经历了哪几个阶段，各有什么特点？

3. 数据模型有哪几种？

二、设计题

1. 某医院病房计算机管理中需如下信息：

科室：科名，科地址，科电话，医生姓名
病房：病房号，床位号，所属科室名
医生：姓名，职称，所属科室名，年龄，工作号
病人：病历号，姓名，性别，诊断医生，病房号

其中，一个科室有多个病房，多名医生；一个病房只属于一个科室；一个医生只属于一个科室，但可以负责多个病人的诊治；一个病人的主治医生只有一个。请设计 E-R 图。

2. 设计商品信息管理数据库，商品信息管理数据库的信息内容如下：

每个工作人员有工号、姓名，每种商品有商品编号、商品名称、价格、库存数量。每个员工可以销售多种商品，每种商品可以由多个员工销售。销售记录有销售编号、商品编号、数量、销售日期、工号。每种商品可以由多个供应商供应，每个供应商有供应商编号、供应商名称、联系电话。每个供应商可以供应多种商品，每条供应记录有供应编号、商品编号、数量、价格、供应日期、供应商编号。

先画出商品信息管理数据库的 E-R 图，再转换成关系模型。

讨论思考

（1）什么是数据模型？数据模型的组成要素有哪些？
（2）什么是概念模型？ER 模型的基本构件有哪些？
（3）数据模型的种类和特点是什么？

模块 2　SQL Server 2012 初识与安装配置

本章学习目标

了解 Microsoft SQL Server 2012 的重要特性和新增功能；了解 Microsoft SQL Server 2012 的安装方法；理解 SQL Server 体系结构的特点和数据库引擎的作用；理解数据库和组成数据库的各种对象的类型和作用；熟练 SQL Server Management Studio 工具的使用；熟悉 SQL Server 2012 常用管理工具的使用。

任务 2.1　工作场景导入

信息管理员已设计好了学生成绩数据库的模型，接下来信息管理员要使用 SQL Server 2012 数据库管理系统来完成学生成绩数据管理，要在自己的办公计算机上安装 SQL Server 2012 数据库管理系统，他想知道：

第一，SQL Server 2012 数据库管理系统安装步骤怎样操作？

第二，SQL Server 2012 数据库管理系统有哪些优点和新功能？

第三，如何在 SSMS 中进行基本操作？

任务 2.2　了解 SQL Server 2012 的优势

2.2.1　SQL 的概念及发展

SQL（Structured Query Language）即结构化查询语言，SQL Server 版本发布时间和开发代号，如表 2.1 所示。

表 2.1　SQL Server 版本发布时间和开发代号

发布时间	版本	开发代号
1995 年	SQL Server 6.0	SQL 95
1996 年	SQL Server 6.5	Hydra
1998 年	SQL Server 7.0	Sphinx
2000 年	SQL Server 2000	Shiloh
2003 年	SQL Server 2000 Enterprise 64 位版	Liberty
2005 年	SQL Server 2005	Yukon
2008 年	SQL Server 2008	Katmai
2011 年	SQL Server 2012（测试版）	Denali

2.2.2　SQL Server 2012 的主要优点

SQL Server 2012 的主要优点如下：

（1）高可用性。

（2）具有超快的性能。

（3）企业安全性及合规管理。

（4）安全性。

（5）快速的数据发现。

（6）可扩展的托管式自助商业智能服务。

（7）数据可靠一致。

（8）全方位的数据仓库解决方案。

（9）根据需求进行扩展。

（10）解决方案的实现更为迅速。

（11）工作效率得到优化提高。

（12）随心所欲扩展任意数据。

🕮 讨论思考

（1）SQL Server 的概念？SQL Server 最初由谁研发？

（2）SQL Server 2012 的主要优点有哪些？

任务 2.3　了解 SQL Server 2012 的新功能

2.3.1　SQL Server 2012 新增加的功能

（1）Always On 技术。

（2）Windows Server Core 支持。

（3）Column Store 索引。

（4）自定义服务器权限。

（5）增强的审计功能。

（6）BI 语义模型。

（7）Sequence Objects。

（8）增强的 Power Shell 支持。

（9）分布式回放（Distributed Replay）。

（10）Power View。

（11）SQL Azure 增强。

（12）大数据处理。

2.3.2　了解 SQL Server 2012 系统的体系结构

Microsoft SQL Server 2012 系统由 4 部分组成。这 4 个部分被称为 4 个服务，分别是数据库引擎、分析服务（Analysis Services）、报告服务（Reporting Services）和集成服务（Integration Services），如图 2.1 所示。

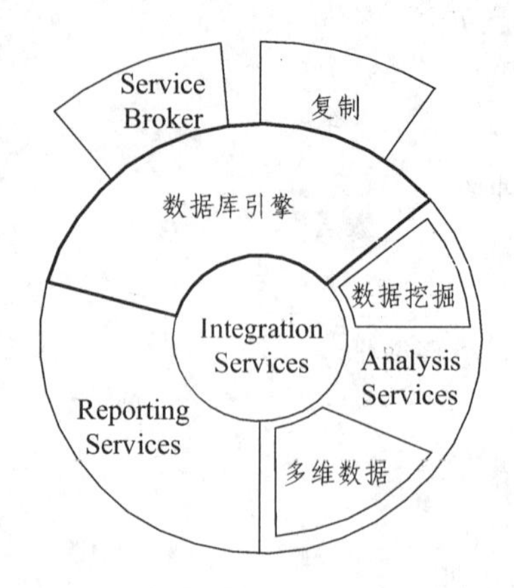

图 2.1　Microsoft SQL Server 2012 系统的体系结构

2.3.3　SQL Server 2012 体系结构各组成部分之间的关系

SQL Server 2012 体系结构各组成部分之间的关系如图 2.2 所示。

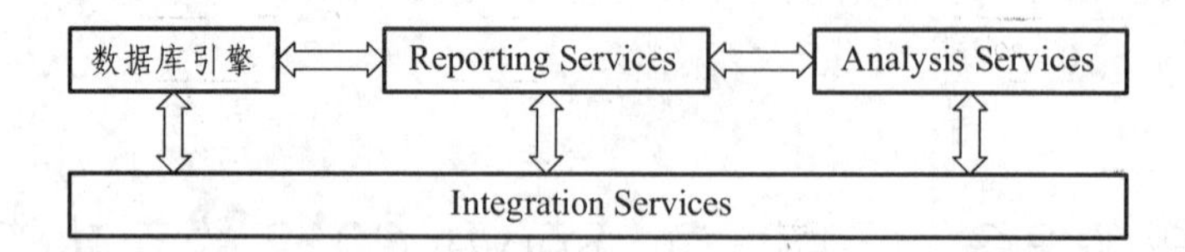

图 2.2　Microsoft SQL Server 2012 体系结构各组成部分之间的关系

任务 2.4　SQL Server 结构及数据库种类

2.4.1　SQL Server 2012 的结构

1. 客户机/服务器体系结构

客户机/服务器体系结构如图 2.3 所示。

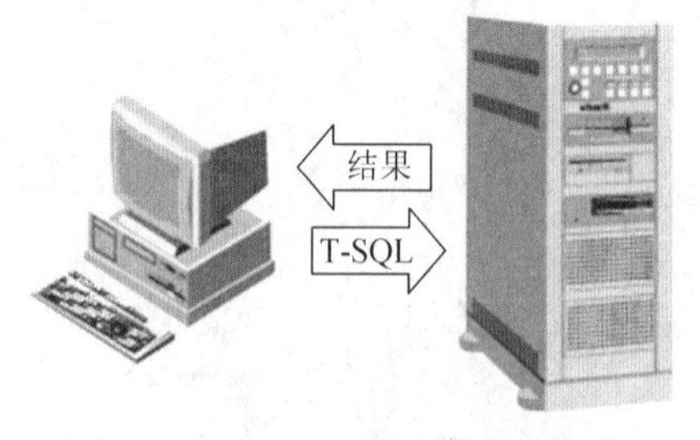

图 2.3　客户机/服务器体系结构

2. 数据库的三级模式结构

SQL 语言支持数据库三级模式结构，其中外模式对应视图，模式对应基本表，内模式对应存储文件，如图 2.4 所示。

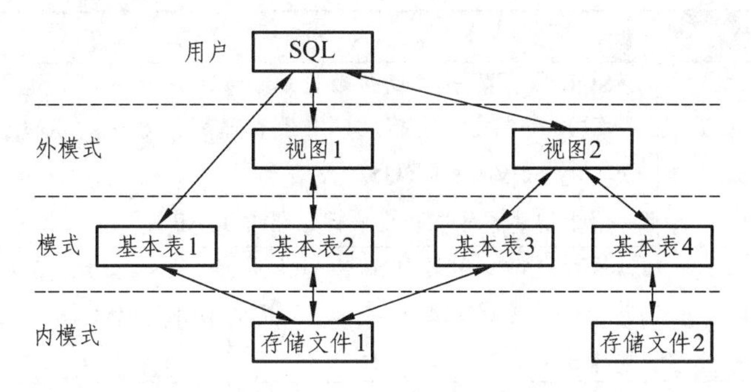

图 2.4　SQL 的三级模式结构

Microsoft SQL Server 2012 中的数据库分为系统数据库和用户数据库，如图 2.5 所示。

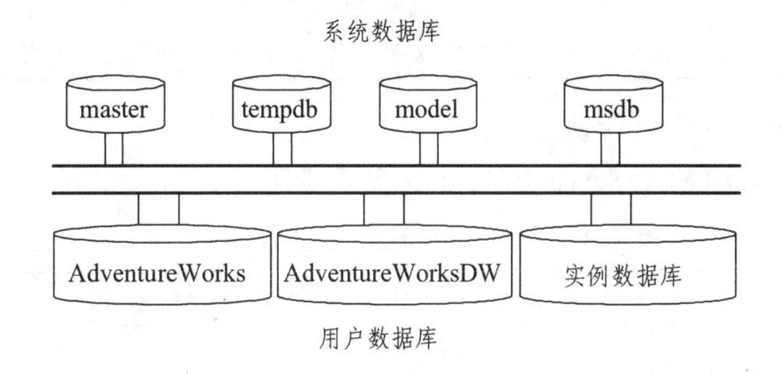

图 2.5　系统数据库和用户数据库

3.　SQL Server 2012 **的组成结构**

（1）SQL Server 总体结构和组件。

SQL Server 2012 的组件主要包括：数据库引擎（Database Engine）、分析服务（Analysis Services）、集成服务（Integration Services）、报表服务（Reporting Services）以及主数据服务（Master Data Services）组件等。各组件之间的关系如图 2.6 所示。

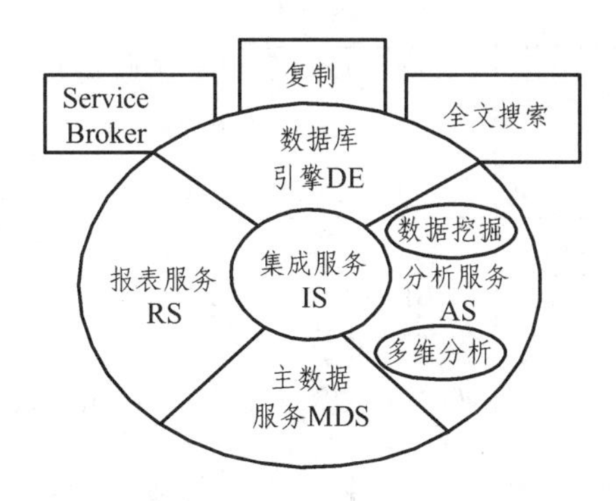

图 2.6　系统各组件之间的关系

SQL Server 2012 的服务器组件如表 2.2 所示。

表 2.2　SQL Server 服务器组件

服务器组件	功能说明
SQL Server 数据库引擎	SQL 数据库引擎包括数据库引擎（用于存储、处理和保护数据的核心服务）、复制、全文搜索、用于管理关系数据和 XML 数据的工具及 Data Quality Services（DQS）服务器
分析服务（AS）	用于创建和管理联机分析处理（OLAP）以及数据挖掘应用程序的工具
报表服务（RS）	用于创建、管理和部署表格报表、矩阵报表、图形报表以及自由格式报表的服务器和客户端组件。Reporting Services 还是一个可用于开发报表应用程序的可扩展平台
集成服务（IS）	Integration Services 是一组图形工具和可编程对象，用于移动、复制和转换数据。还包括 Integration Services 的 Data Quality Services（DQS）组件
主数据服务（MDS）	是针对主数据管理的 SQL Server 解决方案。包括复制服务、服务代理、通知服务和全文检索服务等功能组件，共同构成完整的服务架构

（2）SQL Server 2012 主要管理工具。

在实际应用中，常用 SQL Server 2012 的主要管理工具，如表 2.3 所示。

表 2.3　SQL Server 2012 主要管理工具

管理工具	功能说明
SSMS（SQL Server Management Studio）	SSMS 是用于访问、配置、管理和开发 SQL Server 组件的集成环境。使各种技术水平的开发人员和管理员都能使用 SQL Server
SQL Server 配置管理器	为 SQL Server 服务、服务器协议、客户端协议和客户端别名提供基本配置管理
SQL Server 事件探查器	SQL Server 事件探查器提供了一个图形用户界面，用于监视数据库引擎实例或 Analysis Services 实例
数据库引擎优化顾问	数据库引擎优化顾问可以协助创建索引、索引视图和分区的最佳组合
数据质量客户端	提供了一个简单和直观的图形用户界面，用于连接到 DQS 数据库并执行数据清理操作。还允许集中监视在数据清理操作过程中执行的各项活动。安装需要 IE6 SP1 或更高版本
SQL Server 数据工具（SSDT）	提供 IDE 可为以下商业智能组件生成解决方案：AS、RS 和 BIDS（Business Intelligence Development Studio，即商务智能开发平台）。还包含“数据库项目”，为数据库开发人员提供集成环境，以便在 Visual Studio 内为 SQL Server 平台（内部/外部）执行所有数据库设计。数据库开发人员可用 VS 中功能增强的服务器资源管理器，轻松创建或编辑数据库对象和数据或执行查询
连接组件	安装用于客户端和服务器之间通信的组件，以及用于 DB-Library、ODBC 和 OLE DB 的网络库

4. **数据库的存储结构及文件种类**

（1）数据库存储结构。

① 数据库的逻辑结构。

② 数据库的物理结构。

（2）数据库文件。

① 主数据文件。推荐扩展名为.mdf。

② 次要数据文件。推荐扩展名是.ndf。

（3）事务日志文件。默认扩展名是.ldf。一个数据库文件组织的案例如图 2.7 所示。

（4）数据库文件组。文件组是数据库中数据文件的逻辑组合，主要有三类：

① 主文件组；② 次文件组；③ 默认文件组。

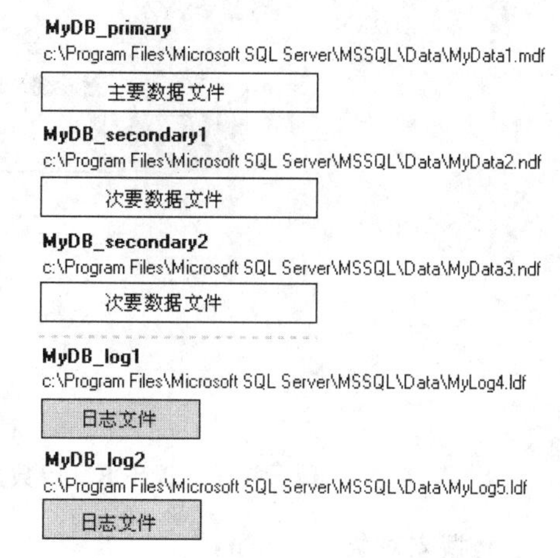

图 2.7　数据库文件组织的案例

2.4.2　数据库的种类及逻辑组件

1. **SQL Server 数据库种类**

SQL Server 数据库可分为：系统数据库、用户数据库和示例数据库。SQL Server 2012 的系统数据库主要包括 4 种，如表 2.4 所示。

表 2.4　SQL Server 系统数据库

数据库	描述
master	master 数据库是 SQL Server 的核心，如果该数据库被损坏，SQL Server 将无法正常工作。master 数据库记录了所有 SQL Server 系统级的信息，这些系统级的信息包括：登录账户信息、系统配置设置信息、服务器配置信息、数据库文件信息以及 SQL Server 初始化信息等
tempdb	tempdb 是一个临时数据库，用于存储查询过程中的中间数据或结果。实际上，这是一个临时工作空间
model	model 数据库是其他数据库的模板数据库。当创建用户数据库时，系统自动把该模板数据库的所有信息复制到新建的数据库中。model 数据库是 tempdb 数据库的基础，对 model 数据库的任何改动都将反映在 tempdb 数据库中
msdb	msdb 数据库是一个与 SQL Server Agent 服务有关的数据库。该系统数据库记录有关作业、警报、操作员、调度等信息

每个 SQL Server 实例有 4 个系统数据库（master、model、tempdb 和 msdb）以及一个或多个用户数据库。

2. **数据库逻辑组件**

数据库存储是按物理方式在磁盘上作为两个或更多的文件实现。用户用数据库时使用的主要是逻辑组件，如图 2.8 所示。

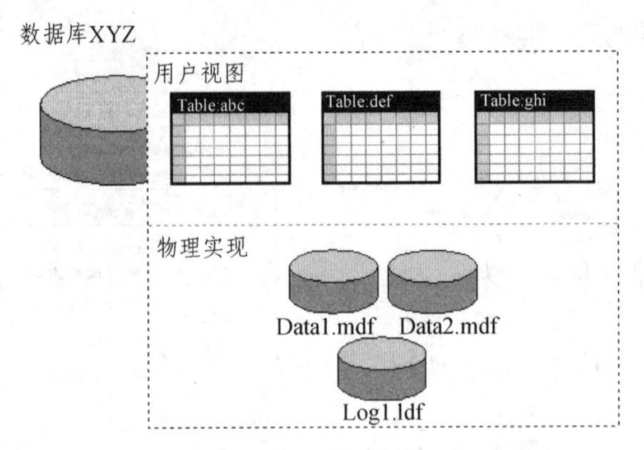

图 2.8　用数据库时使用的逻辑组件

3. 数据库对象

数据库对象资源管理器中的各对象如图 2.9 所示，各对象所在的位置如图 2.10 所示。

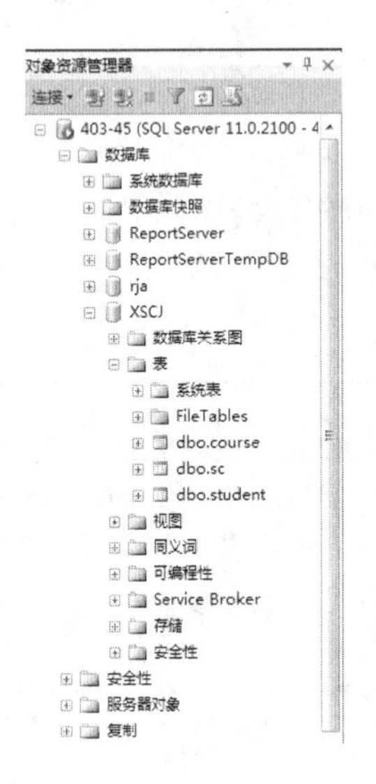

图 2.9　对象资源管理器中的各对象图

注册　系统数据库　数据库对象　数据库表　记录

2.10　对象所在的位置

🕮 讨论思考

（1）怎样理解数据库的体系结构？

（2）数据库文件类型有哪些？

（3）SQL Server 数据库和系统数据库分为哪几种？

任务 2.5　如何选择 SQL Server 2012 的版本

SQL Server 2012 的版本为：SQL Server 2012 企业版 Enterprise（64 位和 32 位）；SQL Server 2012 商业智能版 Business Intelligence；SQL Server 2012 标准版 Standard；SQL Server 2012Web 版；SQL Server 2012 开发版 Developer；SQL Server 2012 简易版 Express 版。

（1）企业版。提供高级的企业数据管理、高效的开发和商业智能工具以满足企业关键业务应用的需要。新特性包括：无限的扩展分区功能；高级数据库镜像功能；完全在线的并行操作能力；数据库快照功能；包括完全的 OLAP 和数据挖掘的高级分析工具、报表生成器和定制的高扩展报表功能以及先进的集成服务。企业版是最全面的 SQL Server 版本，是超大型企业的理想选择，它能够满足最复杂的要求。

（2）标准版。标准版是一个完全的数据管理和商业智能分析平台。包括电子商务、数据仓库和业务流解决方案所需的基本功能。它为那些需要比 SQL Server WEB 版更多的（如商业智能）的中型企业和大型部门而设计。它的特性包括高可用性、64 位支持、数据库镜像、增强的集成服务、分析服务和报表服务、数据挖掘、完全的数据复制功能和发布功能。支持 4 个 CPU 和 64 位内存。它是需要全面的数据管理和分析平台的中小型企业的理想选择。

（3）工作组版。对于那些需要在大小和用户数量上没有限制的数据库的小型企业，SQL Server 工作组版是理想的数据管理解决方案。它的设计着眼点在于服务器消息块协议和分部门解决方案。在量化性能上，它更优于 SQL Server 简易版，并能提供关系数据库的支持，只是缺少分析服务。它的特性包括：管理工具集、导入、导出、有限的复制/发布能力、日志传递备份等功能。工作组版支持 2 个 CPU 和 3GB 内存。它可以用作前端 Web 服务器，也可能用于部门或分支机构的运营。它包括 SQL Server 产品系列的核心数据库功能，并且可以轻松升级到标准版或 SQL Server 企业版，是理想的入门级数据库，具有可靠、功能强大且易于管理的特点。

（4）开发版。在 SQL Server 顶部生成任何类型的应用程序。该应用程序包括企业版的所有功能，只能用于开发和测试系统，不能用于生产服务器。开发版是独立软件供应商、咨询人员、系统集成商、解决方案供应商以及生成和测试应用程序的企业开发人员的理想选择，它可以根据生产需要升级 SQL Server 开发版。

（5）简易版。简易版是 SQL Server 数据库引擎中免费的，可再分发的版本。它为新手程序员提供了学习、开发和部署小型数据驱动应用程序最快捷的途径。它的特性包括一个简单的管理工具，一个报表向导和报表控件，数据复制和客户端。

任务 2.6 常用的数据类型

2.6.1 字符及数值数据类型

1. 字符数据类型

字符数据类型包括 varchar、char、nvarchar、nchar、text 和 ntext，都用于存储字符数据。varchar 和 char 类型的主要区别是数据填充。

字符数据类型的简单描述及要求的存储空间如表 2.5 所示。

2. 精确数值数据类型

数值数据类型包括 bit、tinyint、smallint、int、bigint、numeric、decimal、money、float 和 real，用于存储不同类型的数字值。其中，bit 只存储 0 或 1，在大多数应用程序中被转换为 true 或 false。bit 数据类型非常适合用于开关标记，且只占一个字节。其他常见的数值数据类型如表 2.6 所示。

表 2.5　字符数据类型

数据类型	描述	存储空间
char（n）	N 为 1～8 000 字符	n 字节
nchar（n）	N 为 1～4 000 Unicode 字符	（2n 字节）+2 字节额外开销
ntext	最多为 2^{30}–1（1 073 741 823）Unicode 字符	每字符 2 字节
nvarchar（max）	最多为 2^{30}–1（1 073 741 823）Unicode 字符	2×字符数 +2 字节额外开销
text	最多为 2^{31}–1（2 147 483 647）字符	每字符 1 字节
varchar（n）	N 为 1～8 000 字符	每字符 1 字节 +2 字节额外开销
varchar（max）	最多为 2^{31}–1（2 147 483 647）字符	每字符 1 字节 +2 字节额外开销

表 2.6　精确数值数据类型

数据类型	描述	存储空间
bit	0、1，True，False 或 Null	1 字节（8 位）
Tinyint（超短整型）	0～255 的整数	1 字节
smallint	–32 768～32 767 的整数	2 字节
int	–2 147 483 648～2 147 483 647 的整数	4 字节
bigint	–9 223 372 036 854 775 808～ 9 223 372 036 854 775 807 的整数	8 字节
numeric（p，s）或 decimal（p，s）	$-10^{38}+1$～$10^{38}+1$ 的数值	最多 17 字节
money	–922 337 203 685 477.580 8～ 922 337 203 685 477.580 7	8 字节
smallmoney	–214 748.364 8～214 748.364 7	4 字节

3. 近似数值数据类型

主要以 float 和 real 数据类型表示浮点数据。近似数值数据类型的进行简单描述及要求的存储空间如表 2.7 所示。

表 2.7　近似数值数据类型

数据类型	描述	存储空间
float[（n）]	–1.79E+308～–2.23E308，0， 2.23E–308～1.79E+308	n 为 1～24，占用 4 bytes 存储空间； n 为 25～53，占用 8 bytes 存储空间
real（ ）	–3.40E+38～–1.18E–38，0，1.18E–38～3.40E+38	4 字节

🔔 **注意**：real 的同义词为 float（24）。

2.6.2　二进制及日期时间数据类型

1. 二进制数据类型

二进制数据类型的简单描述及要求的存储空间如表 2.8 所示。

表 2.8　二进制数据类型

数据类型	描述	存储空间
binary（n）	N 为 1～8 000 十六进制数字	n 字节
image 图片文件夹	最多为 $2^{31}-1$（2 147 483 647）十六进制数位	每字符 1 字节
varbinary（n）	N 为 1～8 000 十六进制数字	每字符 1 字节 +2 字节额外开销
varbinary（max）	最多为 $2^{31}-1$（2 147 483 647）十六进制数字	每字符 1 字节 +2 字节额外开销

2. 日期和时间数据类型

日期/时间数据类型简单描述及要求的存储空间如表 2.9 所示。

表 2.9　日期和时间数据类型

数据类型	描述	存储空间
date	9999 年 1 月 1 日～12 月 31 日	3 字节
datetime	1753 年 1 月 1 日～9999 年 12 月 31 日，精确到最近的 3.33 毫秒	8 字节
datetime2（n）	9999 年 1 月 1 日～12 月 31 日，0～7 的 N 指定小数秒	6～8 字节
datetimeoffset（n）	9999 年 1 月 1 日～12 月 31 日，0～7 的 N 指定小数秒 + 或–偏移量	8～10 字节
smalldateTime	1900 年 1 月 1 日～2079 年 6 月 6 日，精确到 1 分钟	4 字节
time（n）	小时：分钟：秒.9999999 0～7 之间的 N 指定小数秒	3～5 字节

讨论思考

（1）SQL Server 中常用的一些数据类型有哪些？

（2）字符数据类型主要有哪些？

（3）数值数据类型主要有哪些？

任务 2.7　安装 SQL Server 2012

2.7.1　SQL Server 2012 安装环境需求

软件环境：SQL Server 2012 支持 Windows 7、Windows Server 2008 R2、Windows Server 2008 Service Pack 2 和 Windows Vista Service Pack 2。

硬件环境：SQL Server 2012 支持 32 位操作系统，至少 1GHz 或同等性能的兼容处理器，建议使用 2GHz 及以上的处理器的计算机；支持 64 位操作系统，1.4 GHz 或速度更快的处理器。

2.7.2　在 32 位 Windows 7 操作系统中安装 SQL Server 2012

1. SQL Server 2012 的安装

根据微软的下载提示，32 位的 Windows 7 操作系统，只需下载列表最下面的 SQLFULL_x86_CHS_Core.box、SQLFULL_x86_CHS_Install.exe 和 SQLFULL_x86_CHS_Lang.box 三个安装包即可。

（1）下载。从微软下载中心下载 SQL server 2012，如图 2.11 所示。

（2）将下载的这三个安装包放在同一个目录下，并双击打开可执行文件 SQLFULL_x86_CHS_Intall.exe。系统解压缩之后打开另外一个安装文件夹 SQLFULL_x86_CHS。打开该文件夹，并双击 SETUP.EXE，开始安装 SQL Server 2012，如图 2.12 所示。

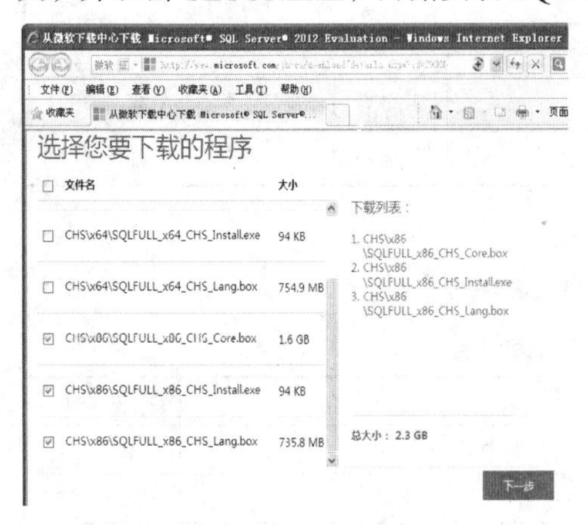

图 2.11　下载中心

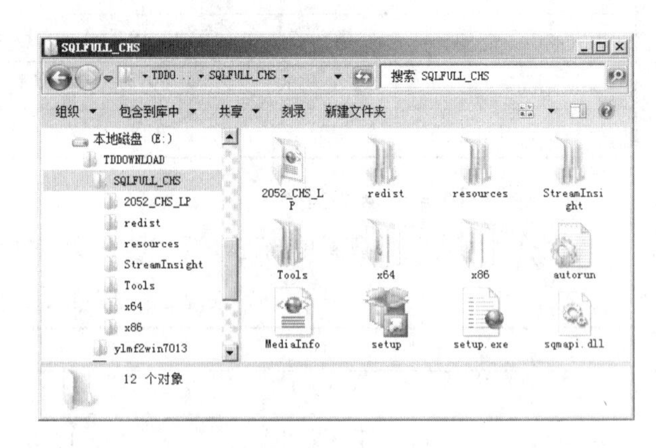

图 2.12　SQL 2012 安装文件

（3）当系统打开如图 2.13 所示"SQL Server 安装中心"，则说明我们可以开始正常安装 SQL Server 2012 了。我们可以通过"计划"、"安装"、"维护"、"工具"、"资源"、"高级"、"选项"等进行系统安装、信息查看以及系统设置。

（4）单击左侧的"安装"选项，然后选中右侧的第一项"全新 SQL Server 独立安装或向现有安装添加功能"，通过向导一步一步在"非集群环境"中安装 SQL Server 2012，如下图 2.14 所示：

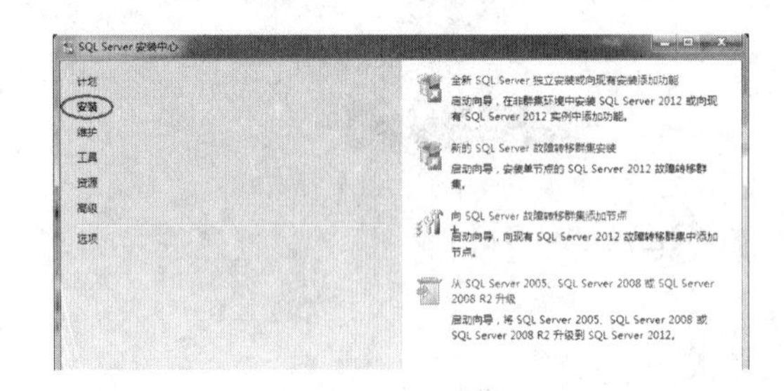

图 2.13　SQL Server 安装中心

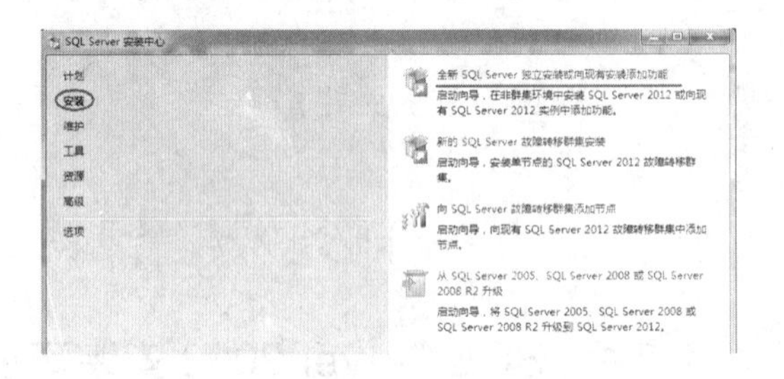

图 2.14　安装

（5）在系统安装之前，通过"系统配置检查器"，检查系统中阻止 SQL Server 2012 成功安装的条件，以及减少安装过程中报错的几率，如图 2.15 所示。

（6）检查通过后单击"确定"按钮，打开"产品密钥"界面，输入产品密钥。如果是体验版本，则可以从下拉列表框中选择"Evaluation"选项，如图 2.16 所示。单击下一步，打开"许可条款"页面。

（7）在"许可条款"页面中，单击"我接受许可条款"复选框后，单击"下一步"按钮，如图 2-17 所示，将打开"产品更新"页面。

（8）在"产品更新"页面中，单击"下一步"按钮，如图 2.18 所示，将打开"安装安装程序文件"页面。

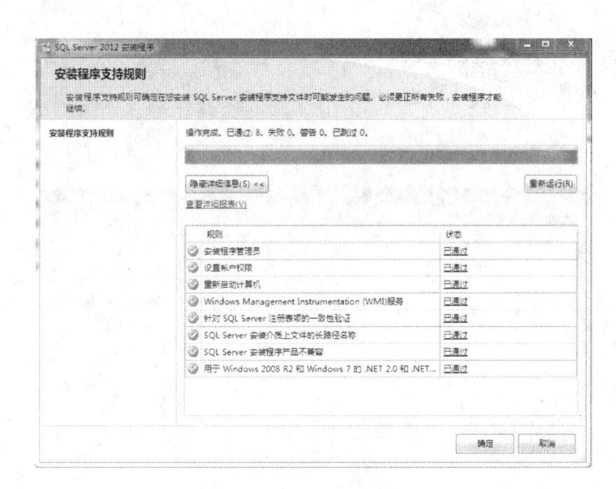

图 2.15　系统配置检查图

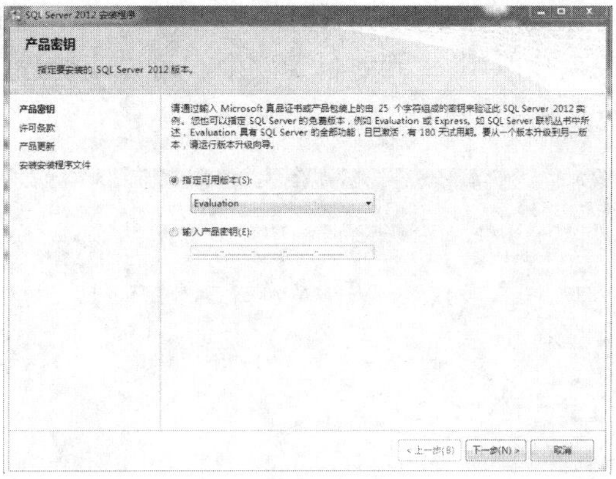

2.16　产品密钥

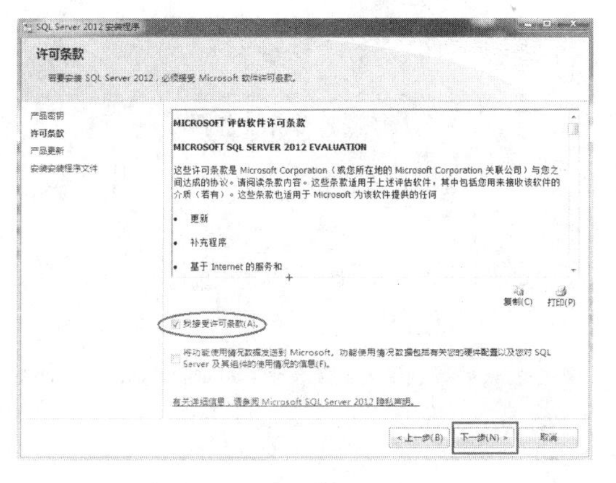

图 2.17　许可条款

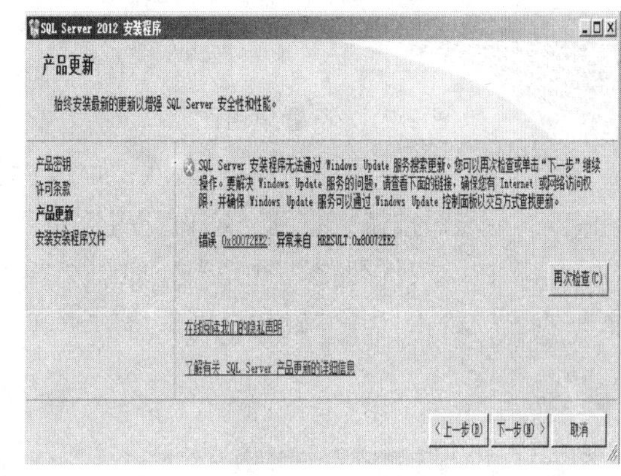

2.18　产品更新

（9）在“安装安装程序文件”页面中，单击“安装”按钮，如图 2.19 所示。

（10）打开“安装程序支持规则”页面，进行安装前的程序支持规则检查，全部通过后，单击“下一步”按钮，如图 2.20 所示。

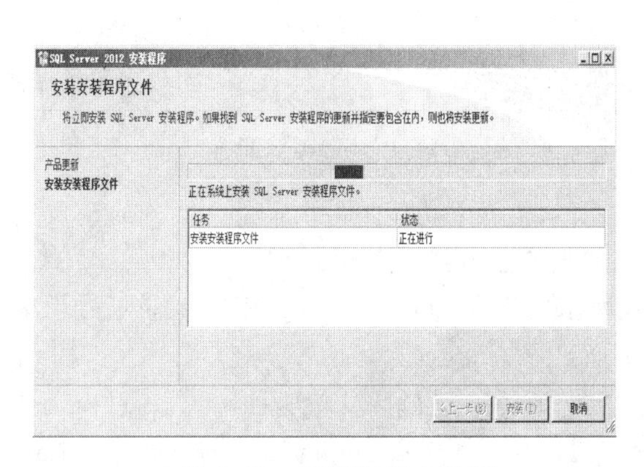

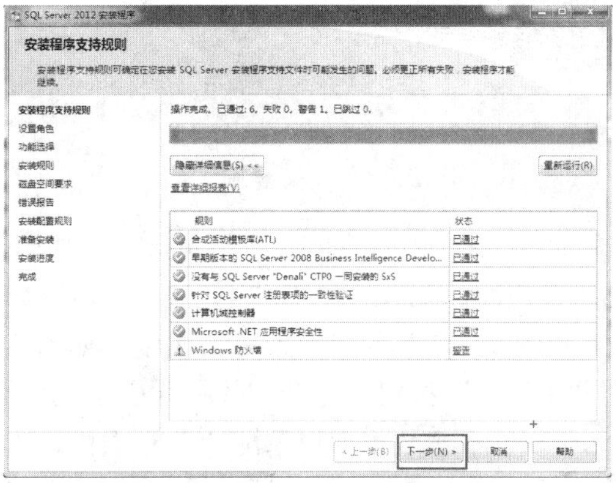

图 2.19　安装程序文件图

2.20　安装程序支持规则

（11）打开“设置角色”页面中，单击默认的“SQL Server 功能安装”，单击“下一步”按钮，如图 2.21 所示。

（12）打开“功能选择”页面，单击“全选”按钮或根据用户需要，选中部分功能前的复选框，在“共享功能目录”中，可以改变程序文件的安装目录。单击“下一步”按钮，如图 2.22 所示。

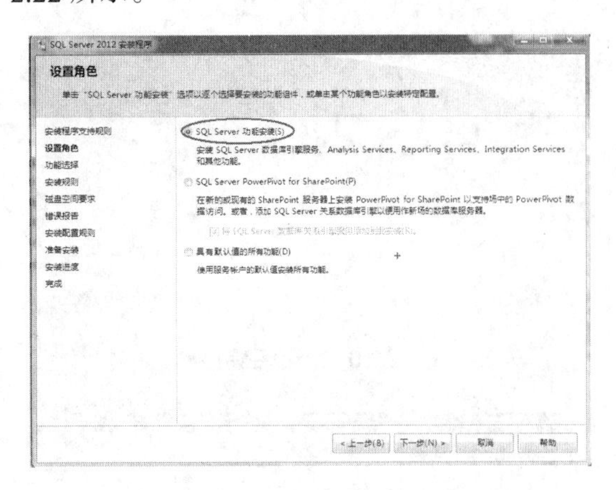

图 2.21　设置角色图

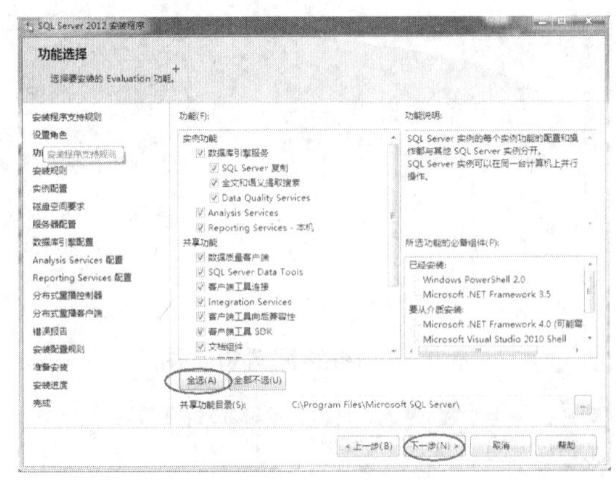

2.22　功能选择

（13）打开“安装规则”页面中，如图 2.23 所示。系统再次检查是否符合“安装规则”。单击“下一步”按钮，打开“实例配置”页面。

（14）在“实例配置”页面中，如图 2.24 所示，选择“默认实例”或“命名实例”，单击“下一步”按钮，打开“磁盘空间要求”页面。

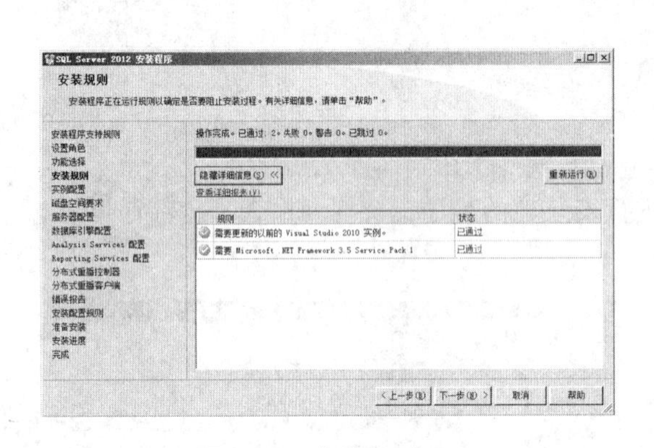

图 2.23　安装规则

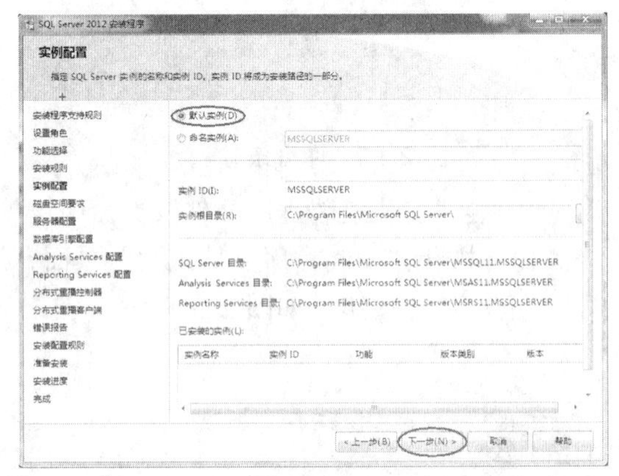

图 2.24　实例配置

（15）在“磁盘空间要求”页面中，如图 2.25 所示，显示功能组件所需的磁盘空间与可用的磁盘空间的比较，单击“下一步”按钮，打开“服务器配置”页面。

（16）在“服务器配置”页面中，如图 2.26 所示，指定 SQL Server 服务的登录账号，单击“下一步”按钮，打开“数据库引擎配置”页面。

（17）在“数据库引擎配置”页面中，如图 2.27 所示，选择“身份验证模式”，可以选择默认的“Windows 身份验证模式”，也可以选择“混合模式（SQL Server 身份验证和 Windows 身份验证），系统要求必须设置一个 SQL Server 系统管理员，系统默认管理员是 sa。接着单击“添加当前用户”按钮，将当前用户设定为 SQL Server 管理员。单击“下一步”按钮，打开“Analysis Services 配置”页面。

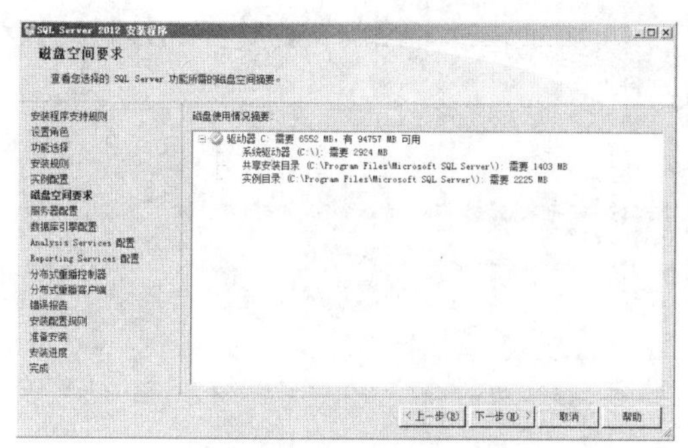

图 2.25　磁盘空间要求图

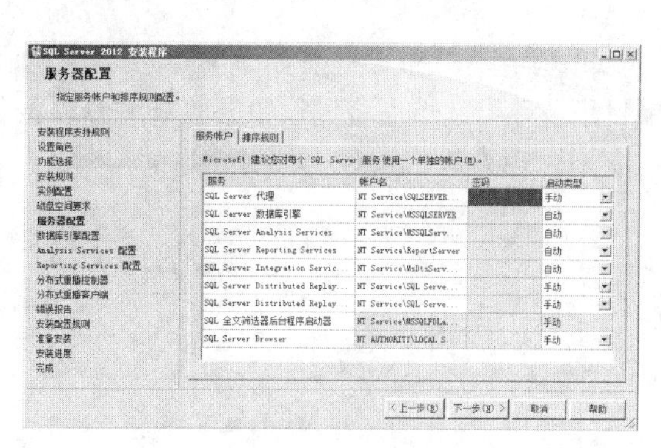

2.26　服务器配置

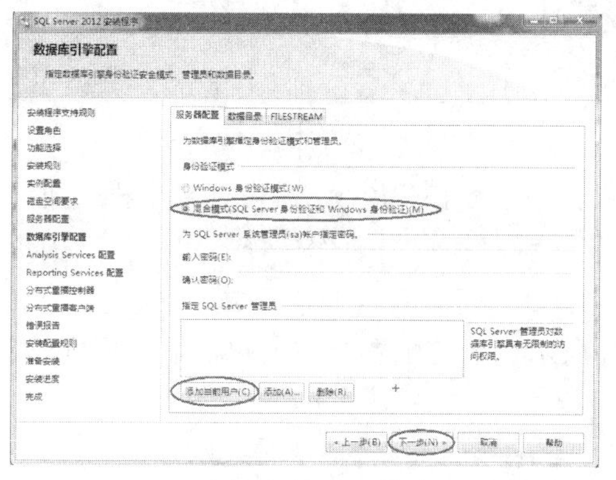

（a）选择身份验证模式

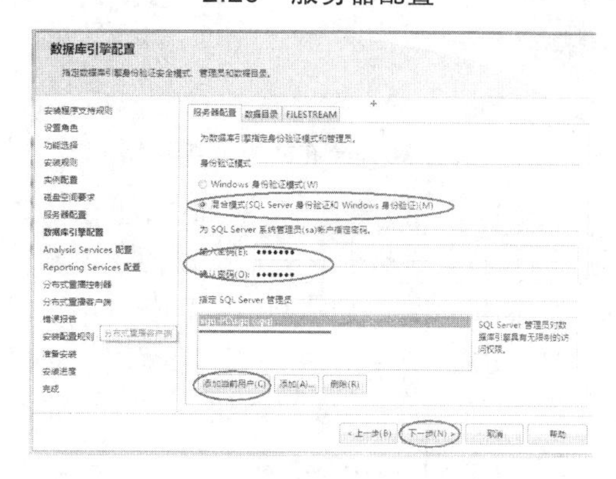

（b）输入密码

图 2.27　数据库引擎配置

（18）在“Analysis Services 配置”页面中，如图 2.28 所示，单击“添加当前用户”或“添加”按钮，为 Analysis Services 服务指定管理员。单击“下一步”按钮，打开“Reporting Services 配置”页面。

（19）在“Reporting Services 配置”页面中，如图 2.29 所示，显示要创建的 Reporting Services 的安装类型。选择默认的“安装和配置”单选按钮，打开“分布式重播控制器”页面。

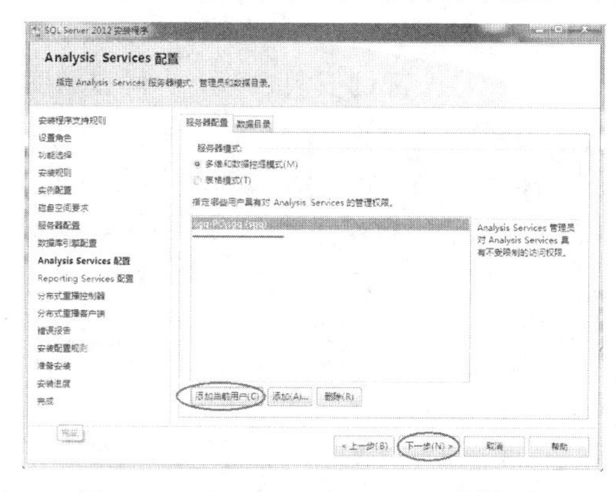

图 2.28　Analysis Services 配置

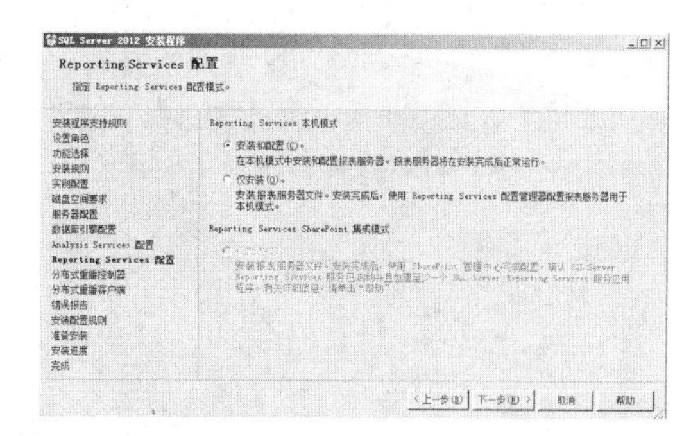

图 2.29　Reporting Services 配置

（20）在“分布式重播控制器”页面中，如图 2.30 所示，单击“添加当前用户”或“添加”按钮，为“分布式重播控制器”服务指定管理员。单击“下一步”按钮，打开“分布式重播客户端”页面。

（21）在“分布式重播客户端”页面中，如图 2.31 所示，指定控制器名称、工作目录及结果目录。单击“下一步”按钮，打开“错误报告”页面。

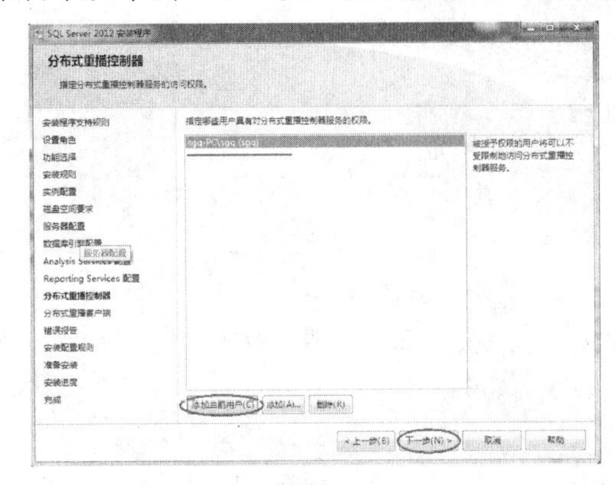

图 2.30　分布式重播控制器

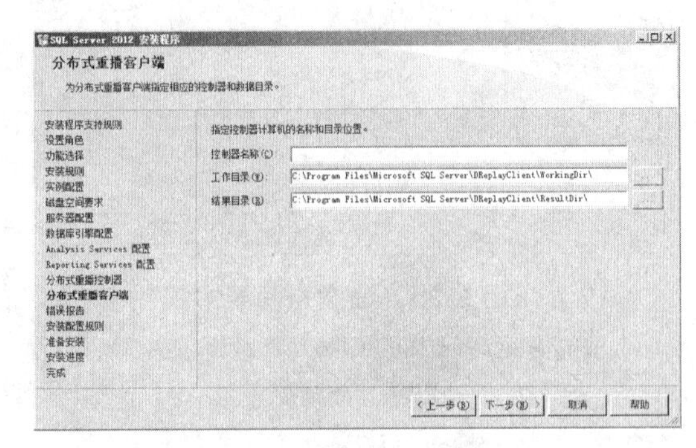

图 2.31　分布式重播客户端

（22）在“错误报告”页面中，如图 2.32 所示，指定是否将 SQL Server 发生错误或异常关闭的状态发送给微软公司，以便于得到改善。用户可以根据需要作选择，单击“下一步”按钮，打开“安装配置规则”页面。

（23）在“安装配置规则”页面中，如图 2.33 所示，系统配置检查器再次进行规则验证，通过后，单击“下一步”按钮，打开“准备安装”页面。

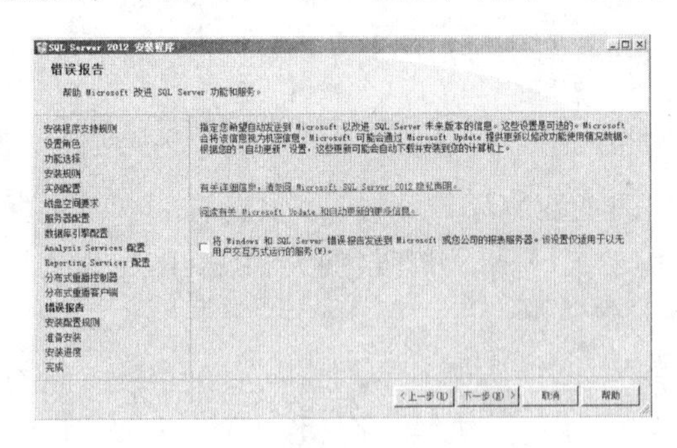

图 2.32　错误报告

图 2.33　安装配置规则

（24）在“准备安装”页面中，如图 2.34 所示，左侧显示全部的安装过程，右侧显示安装选项及路径，单击“安装”按钮开始安装，打开“安装进度”页面。

（25）在“安装进度”页面中，如图 2.35 所示，用户可以在安装过程中监视安装进度。

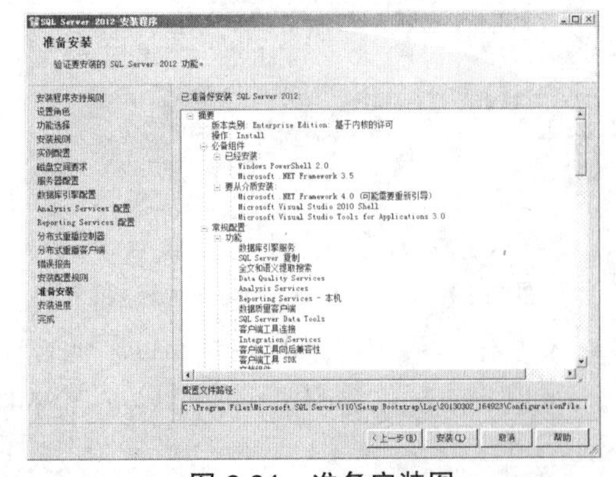

图 2.34　准备安装图

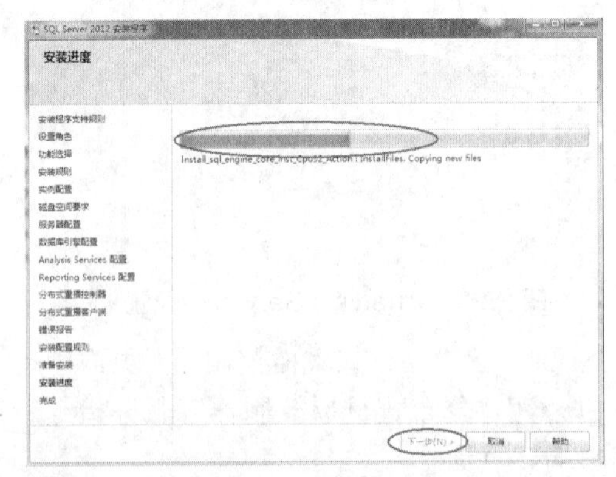

2.35　安装进度

（26）安装完成后，如图 2.36 所示，“完成”页面提供安装摘要日志文件以及其他重要说明的链接。单击“关闭”按钮完成 SQL Server 2012 的安装。

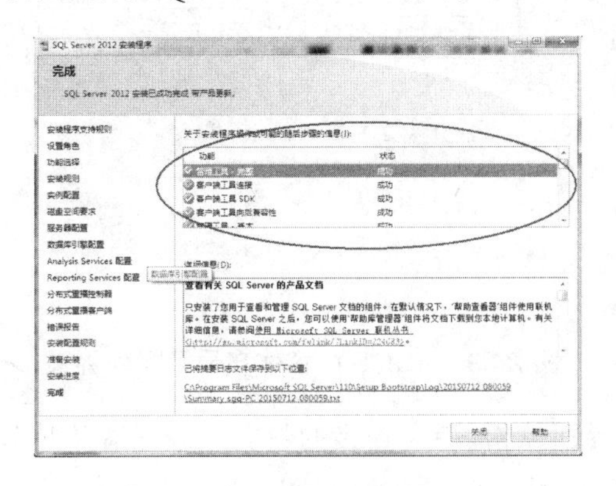

图 2.36　完成

2. SQL Server 2012 的升级

△**注意：**系统默认的选择，是否与自己的处理器类型相匹配，以及指定的安装介质根目录是否正确。

任务 2.8　SQL Server 2012 的配置

2.8.1　SQL Server 2012 登录和 SSMS 界面

1. SQL Server 2012 的登录

在 SQL Server 安装后，在“开始”及“程序”中，点击 SSMS（SQL Server Management Studio），启动登录和使用。启动 SSMS 界面如图 2.37 所示。当登录时，可选 Windows 验证，也可使用 sa 账号以及用户之前安装时设置的密码进行登录，如图 2.38 所示。

图 2.37　在“开始”菜单启动 SSMS

图 2.38　通过验证进行系统登录

2. SQL Server 2012 的 SSMS 界面

登录后，启动 SQL 主要管理工具 SSMS（集成的可视化管理环境），用于访问、配置、控制和管理所有 SQL Server 组件。SSMS 主界面包括“菜单栏”、“标准工具栏”、“SQL 编辑器工具栏”“已注册的服务器”和“对象资源管理器”等操作区域，并出现有关的系统数据库等资源信息。还可在“文档窗口”输入 SQL 命令并单击“!执行（X）”进行运行，如图 2.39 所示。

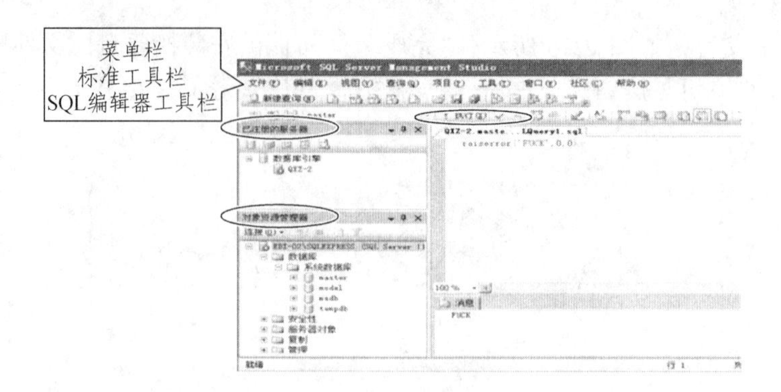

图 2.39　SSMS 的窗体布局及操作界面

SSMS 为微软统一的界面风格。所有连接的数据库服务器及其对象将以树状结构显示在左侧窗口中。“文档窗口”是 SSMS 的主区域，SQL 语句的编写、表的创建、数据表的展示和报表展示等都是在该区域完成。主区域采用选项卡的方式在同一区域实现这些功能。另外，右侧的属性区域自动隐藏到窗口最右侧，用鼠标移动到属性选项卡上则会自动显示出来，主要用于查看和修改某对象的属性。

🔔 **注意**：SSMS 中各窗口和工具栏的位置并非固定不变。用户可根据自己的喜好将窗口拖动到主窗体的任何位置，甚至悬浮脱离主窗体。

📖 **讨论思考**

（1）安装 SQL Server 2012 的主要步骤有哪些?

（2）怎样配置和登录 SQL Server 2012?

（3）SSMS 主界面主要包括哪几个操作区域?

2.8.2　SQL Server 2012 常用实用程序

1. SQL Server Management Studio

SQL Server Management Studio，如图 2.40 所示。

2. SQL Server **配置管理器**（SQL Server Configuration Manager）

（1）服务管理。可管理的这些服务包括：

① 集成服务（Integration Services）——支持 Integration Services 引擎。

② 分析服务（Analysis Services）——支持 Analysis Services 引擎。

图 2.40　常用实用程序

③ 全文（Full Text）目录——支持文本搜索功能。

④ 报表服务（Reporting Services）——支持 Reporting Services 的底层引擎。

⑤ SQL Server 代理（SQL Server Agent）——SQL Server 中作业调度的主引擎。

⑥ SQL Server——核心数据库引擎。

⑦ SQL Server Browser——支持通告服务器。

（2）网络配置。

① 命名管道（Named Pipes）。

② TCP/IP（默认协议）。

③ 共享内存（Shared Memory）。

（3）协议。首先看一下可用的选项。如果运行 Configuration Manager 实用程序，打开 SQL Server 网络配置树，将显示如图 2.41 所示的窗口。

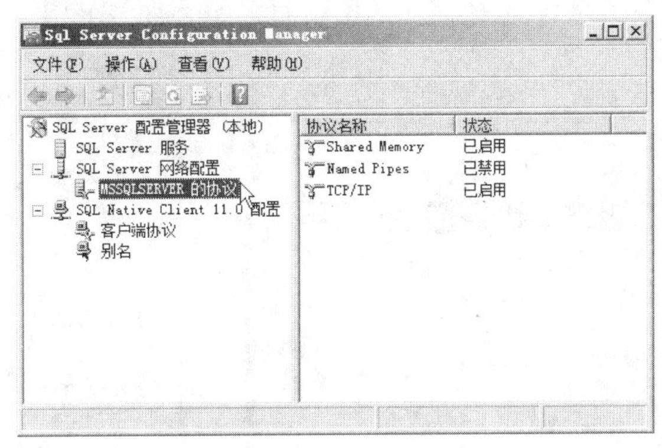

图 2.41　配置

3. SQL Server 分析器（SQL Server Profiler）

微软 SQL Server Profiler 是一个图形化的用户界面，能够根据所选的事件来捕获 SQL Server 或分析服务的动作。

4. 数据库引擎优化顾问（Database Engine Tuning Advisor Wizard）

数据库引擎优化顾问 Database Engine Tuning Advisor（SQL Server DTA）是一个实用的数据库管理工具，不需要对数据库内部结构有太多深入了解，就可以选择和创建最佳的索引、索引视图和分区等。

5. Sqlcmd 命令行工具

Sqlcmd 是一个命令行工具，用来执行 Transact-SQL 语句、存储过程和脚本文件。Sqlcmd 工具会发布一个 ODBC 连接到数据库，来执行批量的 T-SQL，如图 2.42 所示。

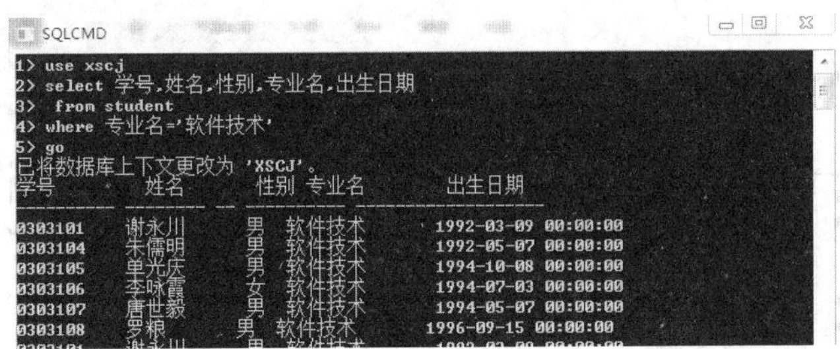

图 2.42　Sqlcmd 命令行

6. SQL Server Power Shell

在 SQL Server 2012 中，微软公司已经构建了非常稳定的 SQL Server，增加了对该产品所有组件支持，包括分析服务和集成服务，以及核心数据库引擎。SQL Server PowerShell 提供了一个强大的脚本外壳，DBA 和开发人员可以将服务器管理以及部署进行自动化。

任务 2.9　SSMS 基本操作

2.9.1　SSMS 连接

首先选择服务器名称，然后选择身份验证方式。“身份验证”可以使用 Windows 身份验证或 SQL Server 身份验证。如果使用 SQL Server 身份验证，则需在在用户名和密码框中输入用户名和密码，如图 2.43 所示。如连接成功，则对象资源管理器如图 2.44 所示。

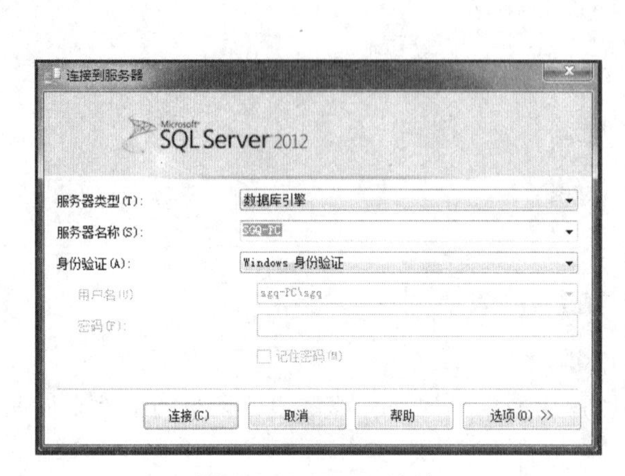

图 2.43　SSMS 连接

图 2.44　对象资源管理器

2.9.2　注册服务器

如图 2.45 所示，打开“SQL Server Management Studio”窗口后，单击“视图”菜单选择“已注册的服务器”，在“已注册的服务器”窗口中展开“数据库引擎”节点，右击“本地服务器组”节点，在弹出的快捷菜单中选择“新建服务器注册”命令。打开“新建服务器注册”对话框，在该窗口中输入或选择要注册的服务器名称；在“身份验证”下拉列表中选择“Windows 身份验证”选项，单击“连接属性”选项卡，打开“连接属性”选项卡页面，如图 2.46 所示。

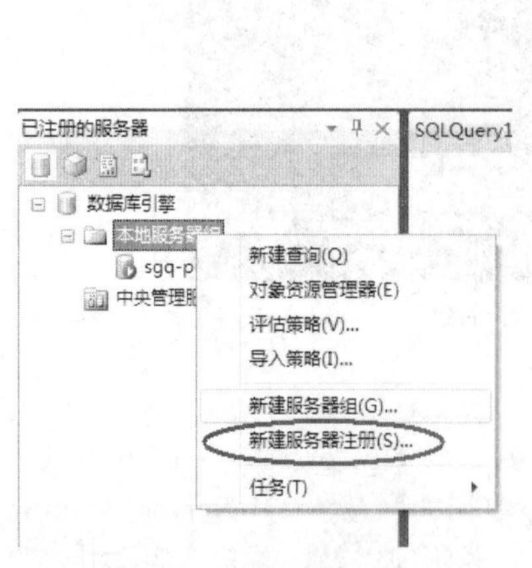

图 2.45　注册服务器

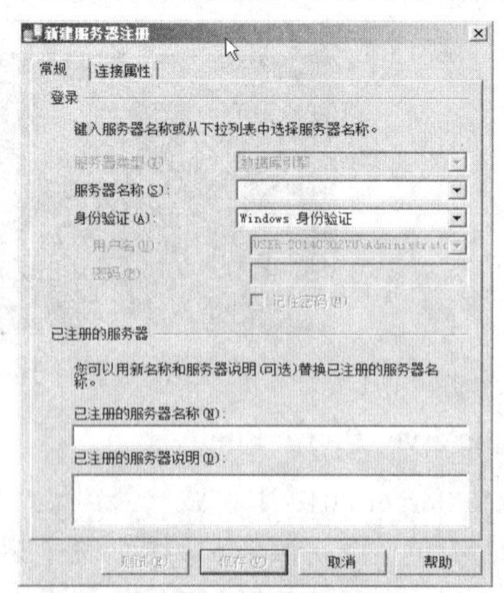

图 2.46　新建服务器注册

如图 2.47 所示，在“连接属性”选项卡页面中，可以设置连接到的数据库、网络及其他连接属性，从“连接到数据库”下拉列表中指定当前用户将要连接到的数据库名称。其中，“默认值”选项表示可以从当前服务器中选择一个数据库。

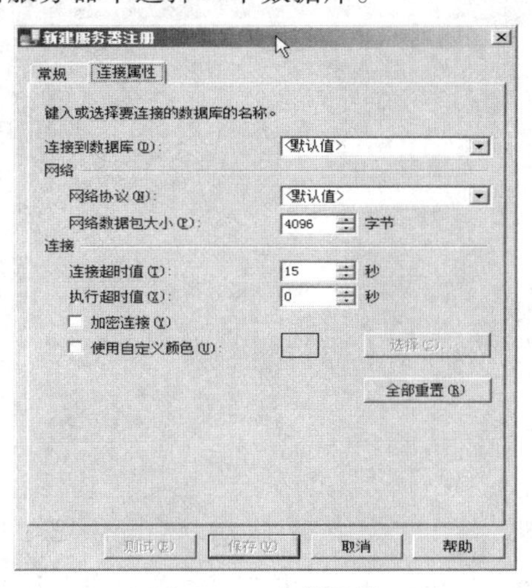

图 2.47　连接属性

2.9.3　SQL Server 2012 服务器属性配置

在打开的“服务器属性”窗口的左侧，可以看到“常规”、“内存”、“处理器”、“安全性”、“连接”、“数据库设置”、“高级”、“权限”8 个选项。“常规”列出了固有属性信息，内容不能修改。其他 7 个选项显示了服务器端可配置信息，如图 2.48 所示。

1. “内存”

“内存”选项页可以根据需要配置或更改服务器内存大小，如图 2.49 所示。

图 2.48　服务器属性

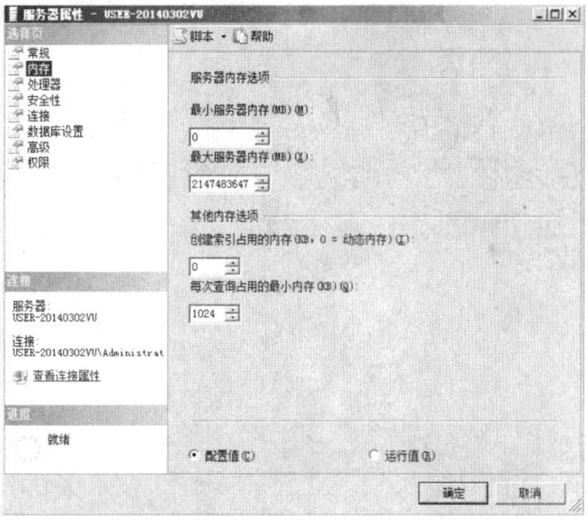

图 2.49　内存图

2. “处理器”

“处理器”选项页可配置信息如图 2.50 所示。

3. “安全性”

“安全性”选项页可配置信息如图 2.51 所示。

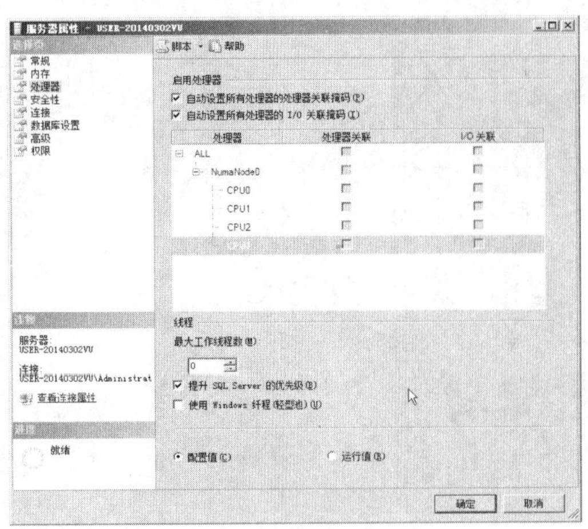

2.50　处理器

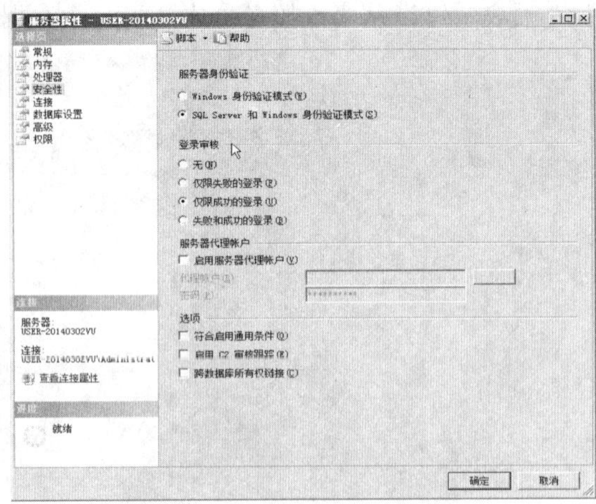

图 2.51　安全性

（1）服务器身份验证：使用 Windows 或混合模式的身份验证对所尝试的连接进行验证。Windows 身份验证比 SQL Server 身份验证更加安全。尽量使用 Windows 身份验证。

（2）登录审核：审核登录 SQL Server 2012 服务器的情况。有四种审核级别，更改审核级别后需要重新启动服务。

（3）启用服务器代理账户：启用供 xp_cmdshell 使用的账户。

（4）选项：启用 C2 审核跟踪：审查对语句和对象的所有访问尝试，并记录到文件中。对于默认 SQL Server 实例，该文件位于\MSSQL\Data 目录中，对于 SQL Server 命名实例，该文件位于\MSSQL$instancename\Data 目录中。

4. “连接”

“连接”选项页可配置信息如图 2.52 所示。

5. “高级”

“高级”选项页可配置信息如图 2.53 所示。

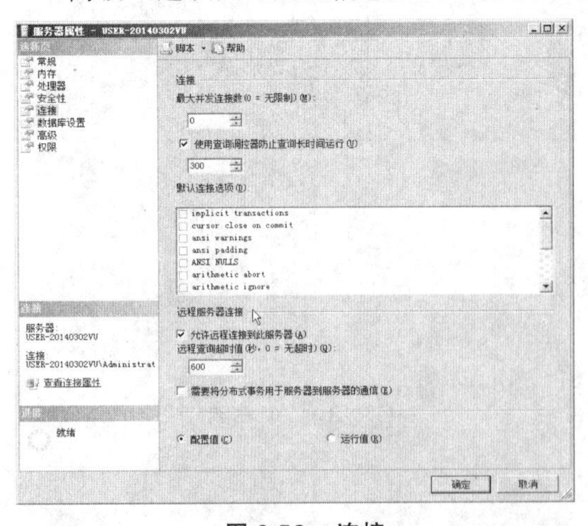

图 2.52　连接

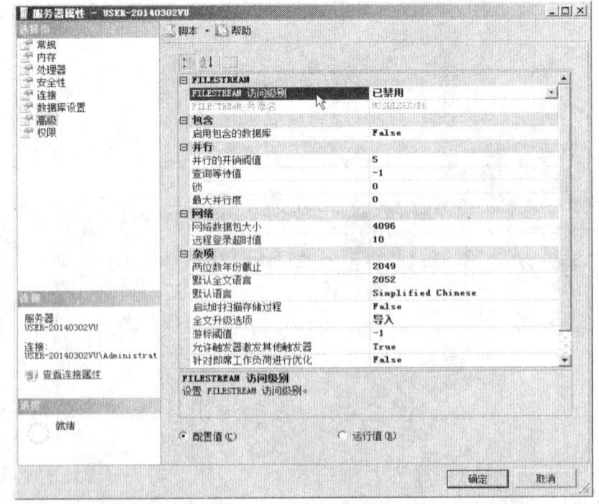

图 2.53　高级

6. **“权限”**

“权限”选项页可配置信息如图 2.54 所示。

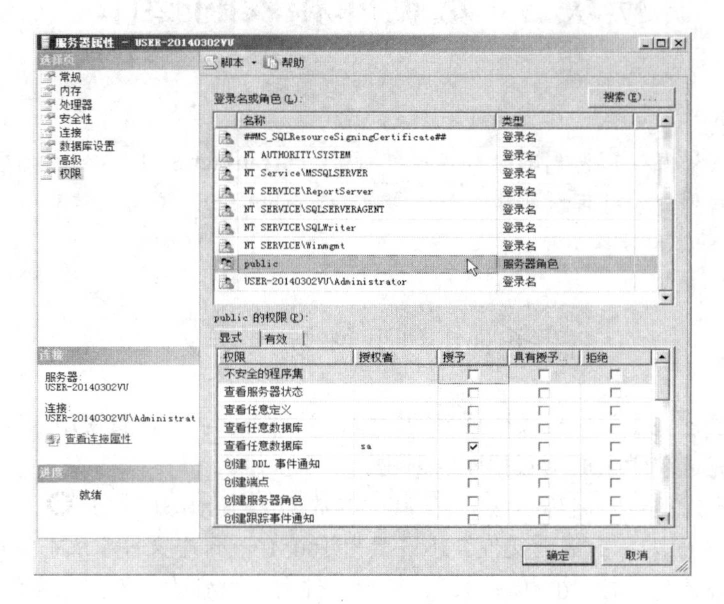

图 2.54 权限

任务 2.10 案例训练营

1. SQL Server 2012 的常用版本有哪些？应用范围分别是什么？
2. SQL Server 2012 的优势是什么？
3. SQL Server 2012 的组成是什么？

模块 3　数据库和表的操作

本章学习目标

掌握使用对象资源管理器创建数据库；掌握使用 Transact-SQL 语句创建数据库；掌握使用对象资源管理器创建和管理数据表；掌握使用 Transact-SQL 语句创建和管理数据表；掌握 SQL Server 2012 的各种数据类型。

任务 3.1　工作场景导入

信息管理员已建立了学生成绩数据库的模型，下面信息管理员要使用 SQL Server 2012 数据库管理系统来完成绩学生成绩数据库的创建。

学生成绩数据库的逻辑名称是 XSCJ。其中的数据文件 XSCJ 的初始大小为 10MB，文件增长设置为“按 10%增长”，最大文件大小设置为 100MB，日志文件 XSCJ_ log 的初始大小为 2MB，文件增长设置为“按 10MB 增长”，最大文件大小设置为“不限制文件增长”。此外，学生成绩数据库还有一个数据文件 XSCJ_Data，名称为 XSCJ_Data.ndf，文件增长设置为“按 10%增长”，最大文件大小设置为 50MB，其文件组设置为 STUDENT 文件组。

根据要求，诱发出如下问题：

（1）如何创建好 XSCJ 数据库?

（2）如何创建关系表?

（3）如何创建并使用文件组?

信息管理员完成了学生成绩数据库的创建，接下来需要创建数据库中所有的表，并且完成对所有表的数据完整性的设置，确保不符合要求的数据不能存储在数据库中。具体要求如下：

创建系别表，该表名称为 Department。

创建班级表，该表名称为 Class。在此操作过程中引发下列问题：

（1）什么是数据类型?

（2）如何创建和使用自定义数据类型?

（3）如何创建表?

（4）如何确保表中各记录的特定字段不为空值且互不相同?

（5）如何使表中字段存在默认值?

（6）如何使表中字段的值满足某个特定的条件表达式?

（7）如何使一个表中的特定字段值，引用自另一个表中的特定字段的已有值?

任务 3.2　数据库组成

数据库是 SQL Server 服务器管理的基本单位。下面介绍怎样使用数据库表示、管理和访问数据。

数据库的存储结构分为逻辑存储结构和物理存储结构两种。数据库的物理存储结构是指保存数据库各种逻辑对象的物理文件是如何在磁盘上存储的，数据库在磁盘上是以文件为单位存储的。SQL Server 2012 将数据库映射为一组操作系统文件。

数据库的逻辑存储结构是指组成数据库的所有逻辑对象。SQL Server 2012 的逻辑对象包括数据表、视图、存储过程、函数、触发器、规则，另外还有用户、角色、架构等。

数据库对象包括表、索引、视图、存储过程、触发器。

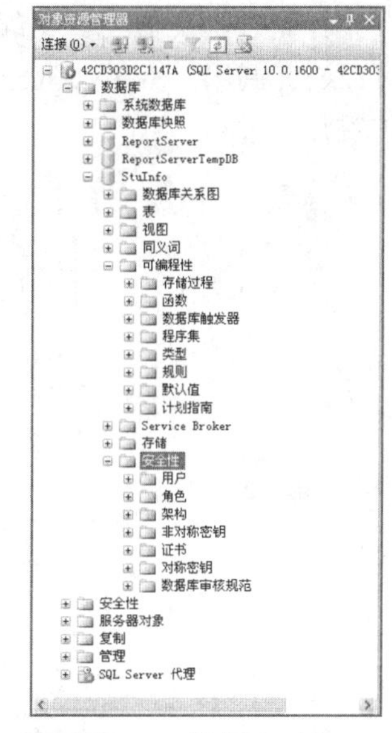

图 3.1　数据库对象

3.2.1　SQL Server 2012 常用的逻辑对象

1. 表（Table）

SQL Server 中的数据库由表的集合组成。这些表用于存储一组特定的结构化的数据。表中包含行（也称为记录或元组）和列（也称为属性、字段）的集合。表中的每一列都用于存储某种类型的信息，例如，学号、姓名、性别、出生日期、所在系、专业名、联系电话和总学分等。行表示“记录”，如“学生”表的一条记录，如图 3.2 所示。

SGQ-PC.XSCJ - dbo.XSQK　SGQ-PC.XSCJ - dbo.xs　SQLQuery2.sql - S...PC.XSCJ (sa (52))*

学号	姓名	性别	出生日期	所在系	专业名	联系电话	总学分
0303101	谢永川	男	1992-03-09 0...	信息工程	软件技术	13682876815	263
0404102	任波	男	1993-10-06 0...	电子工程	微电子	13567823682	250
0202103	邹德强	男	1987-06-12 0...	社会工作	社区康复	15236782356	236
0101104	罗小秋	女	1995-03-12 0...	国际教育	涉外英语	13687692361	242
0505105	张新	女	1996-07-18 0...	文产系	旅游	15867536215	240
0606106	曹毅	男	1995-08-10 0...	会计贸易	会计	18536283752	245
0707107	杨寿康	男	1994-07-13 0...	工商管理	物流	18632878692	242
0808108	袁国	男	1995-09-02 0...	工程管理	楼宇控制	13082332129	240
0304102	乐明于	男	1995-03-08 0...	信息工程	电子	13254389876	218

图 3.2　表记录

2. 索引（Index）

数据库中的索引类似于书籍中的目录。使用索引可以快速访问数据库表中的特定信息，而不需要扫描整个表。数据库中的索引是一个表中所包含的某个字段（或某些字段组合）的值及其对应记录的存储位置的值的列表。对一个没有索引的表进行查询，系统将扫描表中的每一个数据行，这就好比在一本没有目录的书中查找信息。使用索引查询时不需要对整个表进行扫描，就可以查询到所需要的数据。

3. 视图（View）

描述如何使用“虚拟表”查看一个或多个表中的数据。视图是用户查看数据库表中数据的一种方式，它不实际存储数据，不占用物理空间，相当于一种虚拟表，使用视图连接多个表，比数据表更直接面向用户。其作用相当于查询，所包含的列和行的数据只来源于视图所查询的基表，在引用视图时动态生成，如图 3.3 所示。

4. 存储过程（Stored Procedure）

存储过程是一组在 SQL Server 2012 服务器被编译后可以反复执行的 Transact_SQL 语句的

集合。存储过程类似与其他编程语言中的过程。它可以接受参数、返回状态值和参数值，并且可以嵌套调用。SQL Server 2012 中的存储过程大致有 3 类：系统存储过程、临时存储过程和扩展存储过程。

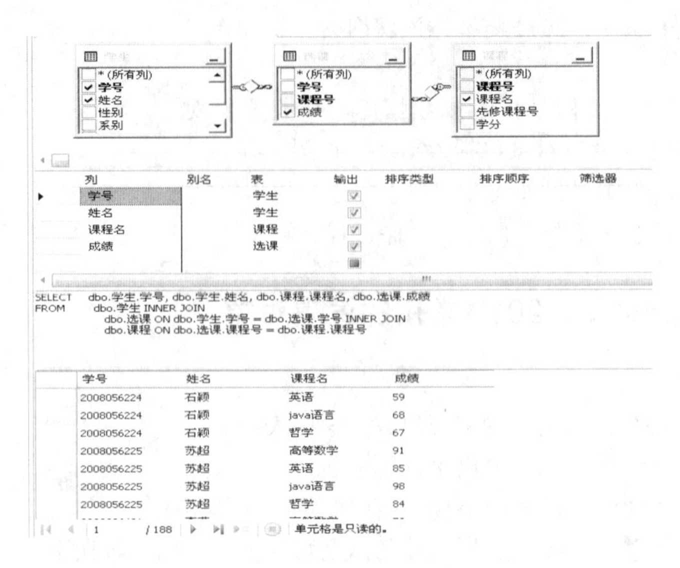

图 3.3　视图生成

5. **触发器（Trigger）**

触发器是一条或多条用户定义的 Transact-SQL 语句的集合，描述在修改表中数据时可以自动执行某些操作的一种特殊存储过程。通过触发器可以自动维护确定的业务逻辑，强制服从复杂的业务规则、要求及实施数据的完整性。

3.2.2　数据库文件和文件组

SQL Server 使用一组操作系统文件来存储数据库的各种逻辑成分，包括以下三类文件，如图 3.4 所示。

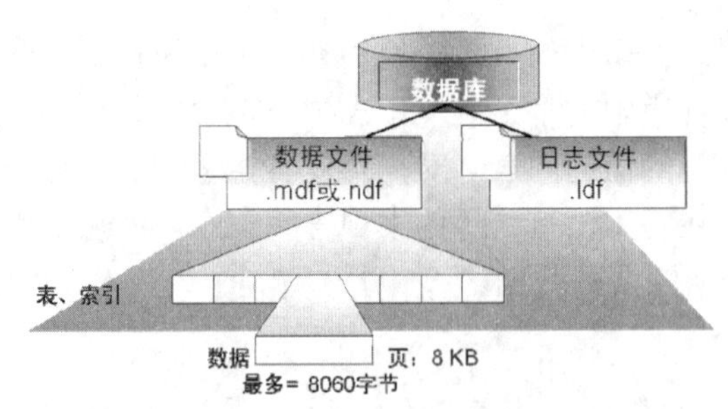

图 3.4　数据库文件

（1）主数据文件。主数据文件是数据库的关键文件，包含了数据库的启动信息，并且存储数据。每个数据库必须有且仅能有一个主文件，默认扩展名为.MDF。

（2）辅助数据文件。辅助数据文件用于存储未包括在主文件内的其他数据，默认扩展名为.NDF。辅助文件是可选的，根据具体情况，可以创建多个辅助文件，也可以不用辅助文件。一般当数据库很大时，有可能需要创建多个辅助文件；而数据库较小时，则只要创建主文件文件不需要辅助文件。

（3）日志文件。日志文件用于保存恢复数据库所需的事务日志信息。每个数据库至少有一个日志文件，也可能有多个。日志文件的扩展名为.LDF。

日志文件的存储与数据文件不同，它包含一系列记录，这些记录的存储不以页为存储单位。

创建一个数据库后，该数据库中至少包含一个主数据文件和日志文件。这些文件是操作系统文件名，它们不是由用户直接使用的，而是由系统使用的，因此不同于数据库的逻辑名。

（4）文件组：允许将多个文件归纳为一组称为文件组。Data1.mdf，data2.ndf，data3.ndf数据文件分别创建在 3 个物理磁盘上，组成一组。创建表时，指定一个表在文件组中。此表数据分布在 3 个物理磁盘上，对表查询，可并行操作，提高查询效率。

说明：

① 一个文件或一个文件组只能被一个数据库使用。

② 一个文件只能隶属于一个文件组。

③ 数据库的数据信息和日志信息不能放在同一个文件或文件组中。

④ 日志文件不能隶属于任何一个文件组。

文件组有两类：

① 主文件组：包含主数据文件和任何没有明确指派给其他文件组的其他文件。

② 用户定义文件组：T_SQL 语句中用于创建和修改数据库的语句分别是 create database 和 alter database，这两条语句都可以用 filegroup 关键字指定文件组。用户定义文件组就是指使用这两个语句创建或修改数据库时指定的文件组。

每个数据库中都有一个文件组作为默认文件组运行。若 SQL Server 创建表或索引时没有为其指定文件组，那么将从默认文件组中进行存储页分配、查询等操作。可以指定默认文件组，如果没有指定默认文件组，则主文件组是默认文件组。

任务 3.3　系统数据库

SQL Server 2012 中的数据库有两种类型：系统数据库和用户数据库。系统数据库存放 Microsoft SQL Server 2012 系统的系统级信息，例如系统配置、数据库的属性、登录账号、数据库文件、数据库备份、警报、作业等信息。系统信息管理和控制整个数据库服务器系统。用户数据库是用户创建的，是存放用户数据和对象的数据库，如图 3.5 所示。

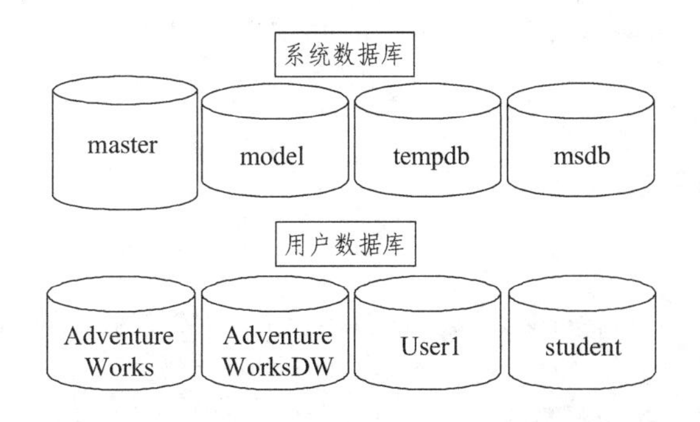

图 3.5　系统数据库与用户数据库

3.3.1 系统数据库

SQL Server 系统数据库存储 SQL Server 的系统信息，它们是管理 SQL Server 的依据，如图 3.6 所示。

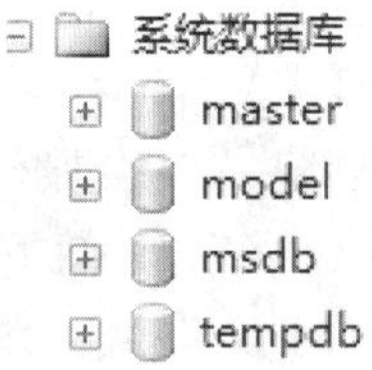

安装 SQL Server 时，将创建 4 个系统数据库：

master 包含了 SQL Server 诸如登录账号、系统配置、数据库位置及数据库错误信息等，用于控制用户数据库和 SQL Server 的运行。

model 为新创建的数据库提供模板。

msdb 为 SQL Server Agent 调度信息和作业记录提供存储空间。

系统数据库
master
model
msdb
tempdb

图 3.6 系统数据库

resource 数据库是一个被隐藏的只读的物理的系统数据库，包含 SQL Server 2012 实例使用的所有系统对象。系统对象在物理上保留在 resource 数据库中，但在逻辑上显示在每个数据库的 sys 架构中。

3.3.2 在对象资源管理器中隐藏系统对象

在对象资源管理器中隐藏系统对象的具体步骤如下：

（1）在“工具”菜单上，单击“选项”。

（2）在“环境/启动”页上，选中“在对象资源管理器中隐藏系统对象”，再单击“确定”。

（3）在“SQL Server Management Studio”对话框中，单击“确定”，确认必须重新启动 SQL Server Management Studio，以便此更改生效。

（4）关闭并重新打开 SQL Server Management Studio。

任务 3.4 创建数据库

在 Microsoft SQL Server 2012 中，创建数据库的方法主要有两种：一种是在 SQL Server Management Studio 中使用现有命令和功能，通过图形化工具进行创建；另一种是通过书写 Transact-SQL 语句创建。本节将对这两种创建数据库的方法分别阐述。

3.4.1 使用 SSMS 图形界面创建数据库

在“开始”菜单中选择“程序”|“Microsoft SQL Server 2012”|“SQL Server Management Studio”命令，打开 SQL Server Management Studio 窗口，并使用 Windows 或 SQL Server 身份验证建立连接。

3.4.2 创建数据库

1. 数据库命名规则

在创建数据库时，数据库名称必须遵循 SQL Server 2012 的标识符命名规则。其规则如下：

① 名称的字符长度为 1 ~ 128。

② 名称的第一个字符必须是一个字母或者“_”、“@”、“#”中的任意一个字符。

③ 在中文版 SQL Server 2012 中，数据库名称可以是中文名。

④ 名称中不能有空格，不允许使用 SQL Server 2012 的保留字。如系统数据库 Model、Master、FOR 等。

2. 创建数据库方法

在 SQL Server 2012 中创建数据库是一种比较简单的操作。创建数据库常用以下两种方法：

- 利用 SQL Server Management Studio 创建。
- 使用 T-SQL 创建。

在创建数据库之前应注意以下几点：

- 创建数据库的用户成为该数据库的所有者。
- 在一个 SQL Server 服务器上，最多能创建 32 767 个数据库。
- 数据库名必须遵守标识符规则。

1）使用 SQL Server Management Studio 创建数据库

【例 3-1】在数据库实例“SGQ-PC”下创建数据库“xsgl”。

【实例说明】SQL Server Management Studio 是 Microsoft SQL Server 2012 新增的工具，它将 SQL Server 2000 中的企业管理器、查询分析器和分析管理器等应用程序组合到了一个界面，用于访问 SQL Server 中所有的管理功能。在数据库实例“Pc-200905251921”下创建数据库，首先必须启动 SQL Server Management Studio 管理器，并连接到数据库实例“Pc-200905251921”。

【实现步骤】

（1）在 SQL Server Management Studio 窗口中，展开 SQL Server 服务器，右击“数据库”选项，在弹出的快捷菜单中选择“新建数据库”命令，如图 3.7 所示。

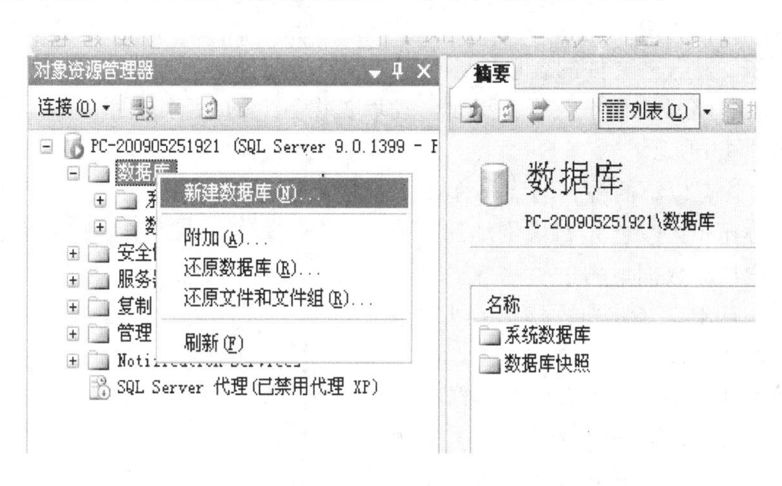

图 3.7　新建数据库

系统弹出如图 3.8 所示“新建数据库”对话框，其中包括“常规”、“选项”和“文件组”3 个选项卡，通过这 3 个选项卡设置新创建的数据库。

（2）选择“常规”选项卡，在“数据库名称”文本框中输入创建的数据库名称“xsgl”，在“所有者”文本框中输入新建数据库的所有者，如：sa，或按其右侧的按钮，在弹出的对话框中选择其所有者，或使用默认值，本例使用默认值。根据具体情况，启用或禁用“使用全文索引”复选框。在“数据库文件”列表中，可以看到两行：一行是数据文件，另一行是日志文件。通常单击其右下角的相应按钮可以添加、删除相应的数据文件。

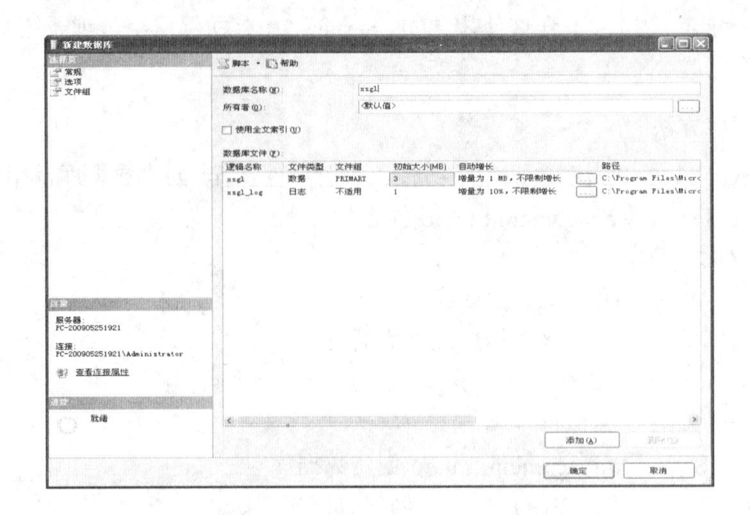

图 3.8 “新建数据库”对话框“常规”选项卡

“数据库文件”列表中各字段值的含义如下：

① 逻辑名称。指定该文件的文件名，其中数据文件与 SQL Server 2000 不同，在默认情况下不再为用户输入的文件名添加下划线和 Data 字串，但相应的文件扩展名不变。

② 文件类型。用于区别当前文件是数据文件还是日志文件。

③ 文件组。显示当前数据库文件所属的文件组。一个数据库文件只能存于一个文件组里。

④ 初始大小。设置该文件的初始容量。在 SQL Server 2012 中，数据文件的默认值为 3MB，日志文件的默认值为 1MB。

⑤ 自动增长。设置在文件的容量不够时，文件根据何种增长方式自动增长。通过单击“自动增长”列中的省略号按钮，打开“更改自动增长设置”对话框进行设置。文件的自动增长设置对话框如图 3.9 所示。

文件增长方式有以下两种自动增长方式：

- 按百分比（P）。指定每次增加的百分比，例如每次增加原数据量的 15%。
- 按 MB（M）。指定每次增长的兆字节数，如每次增加 5MB。

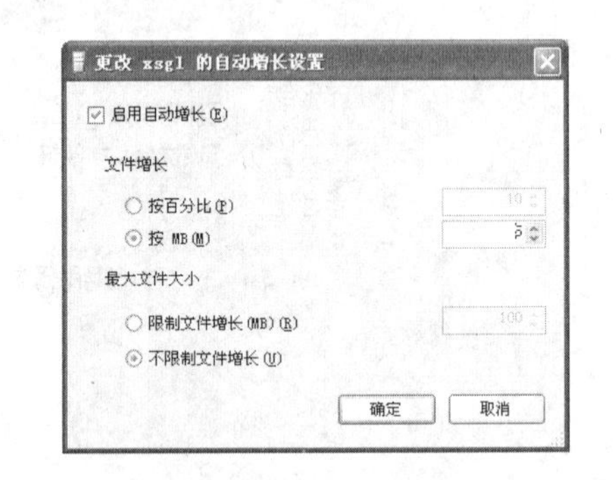

图 3.9 “数据文件”自动增长设置对话框

在“最大文件大小”框中有两个单选项：

“不限制文件增长”：若选择此项，其右侧微调框呈灰色状态，表示不可设置，数据文件的容量可以无限增大。

“限制文件增长（MB）：若选择此项，其右侧微调框变为可设置状态。数据文件将被限制在指定的数量范围（微调框中的值）内。

⑥ 路径。指定存放该文件的目录。在默认情况下，SQL Server 2012 将存放路径设置为 SQL Server 2012 安装目录下的 Data 子目录。用户可以根据管理需要进行修改，选中如图 3.8 所示的路径中的[...]，弹出如图 3.10 所示对话框，此时可以修改路径。

说明： 在创建数据库时，系统自动将 Model 数据库中的所有用户定义的对象都复制到新建的数据库中。用户可以在 Model 系统数据库中创建希望自动添加到所有新建数据库中的对象，例如表、视图、存储过程等。

（3）选择“选项”选项卡，进行如下设置：

- 在“排序规则”的下拉列表框中选择“服务器默认值”项。
- 在“恢复模式”的下拉列表框中选择“完整”项。
- 在“兼容级别”的下拉框中选择“SQL Server 2012”项。
- 根据需要设置“其他选项”内容。

结果如图 3.11 所示。

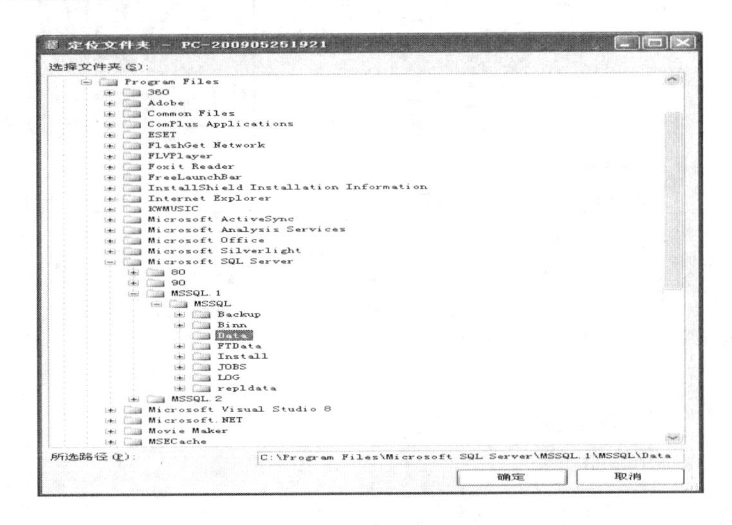

图 3.10 “数据文件”路径修改对话框

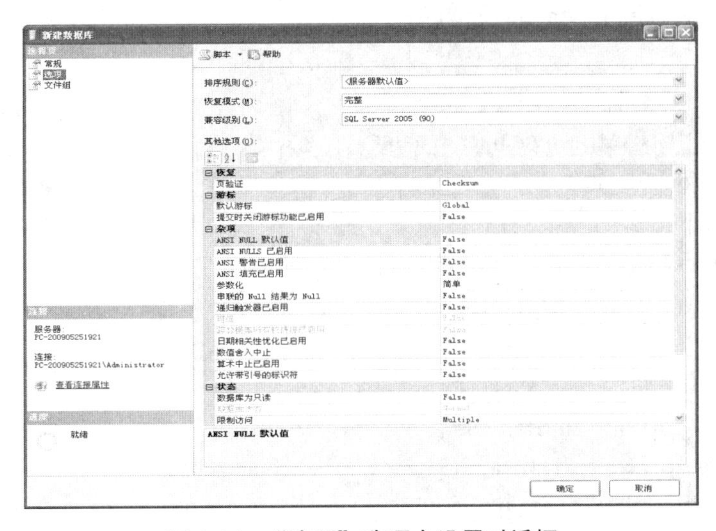

图 3.11 “选项”选项卡设置对话框

（4）选择“文件组”选项卡，出现如图 3.12 所示的对话框。用户可以通过单击“添加”或者“删除”按钮来更改数据库文件所属的文件组。

（5）在如图 3.8 所示的对话框中单击“确定”按钮，关闭“新建数据库”窗口。这时在“SQL Server Management Studio”对话框中的“对象资源管理器”窗格中可以看到新建的数据库“xsgl”，如图 3.13 所示。

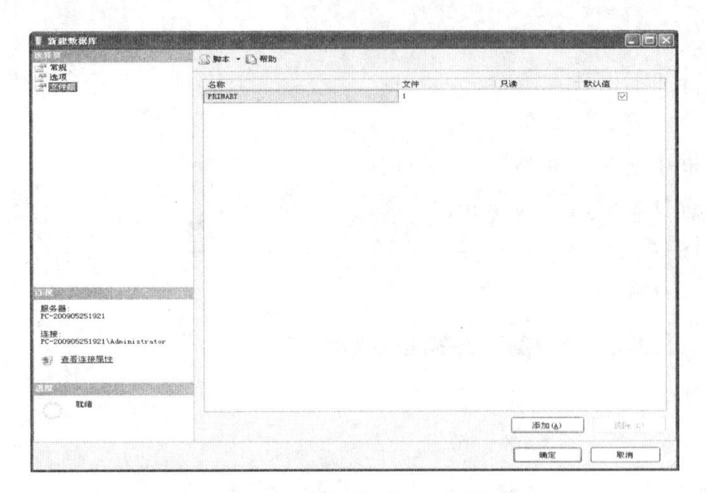

图 3.12 “文件组”选项对话框图

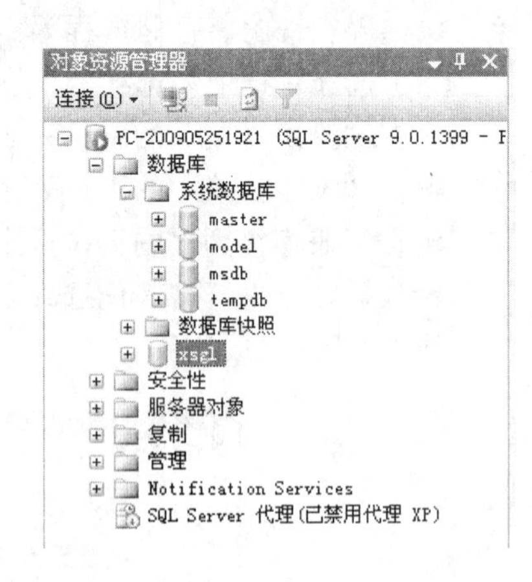

3.13 添加数据库“xsgl”后的效果

2）使用 T-SQL 命令创建数据库

创建数据库语句格式：

```
CREATE DATABASE database_name
ON
{[PRIMARY]（NAME=logical_file_name，
FILENAME='os_file_name'
[，SIZE=size]
[，MAXSIZE={max_size|UNLIMITED }]
[，FILEGROWTH=growth_increment ]）
}[，....n]
LOG ON
{[[PRIMARY]（NAME=logical_file_name，
FILENAME='os_file_name'
[，SIZE=size]
[，MAXSIZE={max_size|UNLIMITED }]
[，FILEGROWTH=growth_increment ]）
}[，....n]
```

【例 3-2】创建一个名为“xsgl”的用户数据库，其主文件大小为 120MB，初始大小为 55MB，文件大小增长率为 10%，日志文件大小为 30MB，初始大小为 12MB，文件增长增量为 3MB，其中文件均存储在 e 盘根目录下。

```
CREATE DATABASE xsgl
ON PRIMARY
（NAME=xsgl_data，
FILENAME='e：\xsgl.mdf'，
```

图 3.14 T-SQL 创建数据库的实例

```
SIZE=55,
MAXSIZE=120,
FILEGROWTH=10%)
LOG ON (NAME=xsgl_log,
FILENAME='e:\xsgl.ldf',
SIZE=12,
MAXSIZE=30,
FILEGROWTH=3)
Go
```

单击 执行(X) 按钮图标，执行结果如图 3.14 所示。

说明：使用 T-SQL 创建数据库后在“对象资源管理器”下面的窗格中看不到所创建的数据库名，刷新此窗格可以看到。

【例 3-3】创建数据库 xscj，初始大小为 5MB，最大长度为 50MB，数据库自动增长，增长方式是按 10%比例增长；日志文件初始为 2MB，最大可增长到 5MB，按 1MB 增长（默认是按 10%比例增长）；所有者是 Administrator。

```
create database xscj
on
    (name='xscj_data',
    filename='e:\sql\xscj_data.mdf',
    size=5MB,
    maxsize=50Mb,
    filegrowth=10%
    )
log on
    (name='xscj_log',
    filename='e:\sql\xscj_log.ldf',
    size=2mb,
    maxsize=5MB,
    filegrowth=1MB
    )
go
```

【例 3-4】使用 Transact-SQL 语句创建数据库 jxgl，初始大小为 5MB，最大长度为 50MB，数据库自动增长，增长方式是按 10%比例增长；日志文件初始为 2MB，最大可增长到 5MB（为不限制），按 1MB 增长（默认是按 10%比例增长）。

```
create database jxgl
on primary
    (name=' jxgl _data',
    filename='e:\sql\ jxgl _data.mdf',
    size=5MB,
    maxsize=50Mb,
```

```
    filegrowth=10%
      )
log on
     ( name=' jxgl _log',
    filename='e: \sql\ jxgl _log.ldf',
    size=2mb,
    maxsize=5MB,
    filegrowth=1MB
      )
Go
```

【例 3-5】创建 test1 数据库。

说明：test1 数据库只包含一个主数据文件和一个主日志文件，它们均采用系统默认文件名，其大小分别为 model 数据库中主数据文件和日志文件的大小。

```
create database test1
on
     ( name='test1',
    filename='e: \sql\test1.mdf'
      )
go
```

【例 3-6】创建一个名为 test2 的数据库，它有 2 个数据文件，其中主数据文件为 100MB，最大大小为 200MB，按 20MB 增长；1 个辅助数据文件为 20MB，最大大小不限，按 10%增长；有 2 个日志文件，大小均为 50MB，最大大小均为 100MB，按 10MB 增长。

```
create database test2
on
     ( name='test2_data1',
    filename='e: \sql\test2_data1.mdf',
    size=100mb,
    maxsize=200mb,
    filegrowth=20mb
      ),
     ( name='test_data2',
    filename='e: \sql\test2_data2.ndf',
    size=20mb,
    maxsize=unlimited,
    filegrowth=10%
      )
log on
     ( name='test2_log1',
    filename='e: \sql\test2_log1.ldf',
    size=50mb,
```

```
    maxsize=100mb,
    filegrowth=10mb
     ),
    ( name='test2_log2',
    filename='e:\sql\test2_log2.ldf',
    size=50mb,
    maxsize=100mb,
    filegrowth=10mb
     )
go
```

【例 3-7】创建一个有 3 个文件组的数据库 test3。主文件组包括文件 test3_data1，test3_data2，文件初始大小均为 20MB，最大为 60MB，按 5MB 增长；第 2 个文件组名为 test3group1，包括文件 test3_data3，test3_data4，文件初始大小为 10MB，最大为 30MB，按 10%；第 3 个文件组名为 test3group2，包括文件 test3_data5，文件初始大小为 10MB，最大为 50MB，按 15% 增长。该数据库只有一个日志文件，初始大小为 20MB，最大为 50MB，按 5MB 增长。

```
create database test3
on
primary
( name='test3_data1',
filename='e:\学号姓名\test3_data1.mdf',
size=20mb,
maxsize=60mb,
filegrowth=5mb
 ),
( name='test3_data2',
filename='e:\学号姓名\test3_data2.mdf',
size=20mb,
maxsize=60mb,
filegrowth=5mb
 ),
filegroup test3group1
( name='test3_data3',
filename='e:\学号姓名\test3_data3.mdf',
size=10mb,
maxsize=30mb,
filegrowth=10%
  ),
( name='test3_data4',
filename='e:\学号姓名\test3_data4.mdf',
size=10mb,
```

```
maxsize=30mb,
filegrowth=10%
),
filegroup test3group2
( name='test3_data5',
filename='e:\学号姓名\test3_data5.mdf',
size=10mb,
maxsize=50mb,
filegrowth=15%
 )
log on
( name='test3_log',
filename='e:\学号姓名\test3_log.ldf',
size=20mb,
maxsize=50mb,
filegrowth=5mb
)
```

任务 3.5 管理数据库

3.5.1 修改数据库

1. 使用 SQL Server Management Studio 图形界面修改

使用 SQL Server Management Studio 图形界面修改数据库的操作步骤如下：

· 在对象资源管理器中，展开数据库实例下的“数据库”节点。

· 右键单击要修改的数据库，在弹出的快捷菜单中选择“属性”命令，打开“数据库属性”窗口。

· 修改数据库的属性参数，修改完成后，单击“确定”按钮。

（1）改变数据文件的大小和增长方式。

【例 3-8】将 xscj 数据库的主数据文件 xscj.mdf 的最大大小由 50MB 修改为不限制，如图 3.15、3.16 所示。

（2）增加数据文件。

【例 3-9】在 xscj 数据库中增加数据文件 xscjbak，其属性均取系统默认值。

当原有数据库的存储空间不够用时，除了可以采用扩大原有数据文件的存储量的方法之外，还可以增加新的数据文件；或者从系统管理的需求出发，采用多个数据文件来存储数据，以免数据文件过大，此时，也会用到向数据库中增加数据文件的操作。增加的数据文件是辅助文件，如图 3.17 所示。

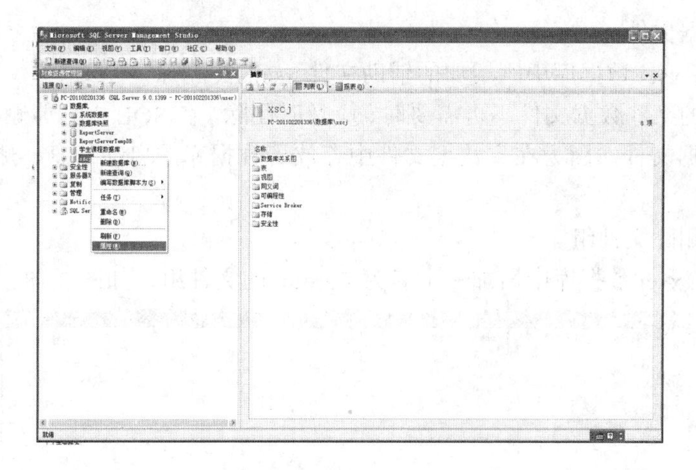

图 3.15　SSMS 图形界面

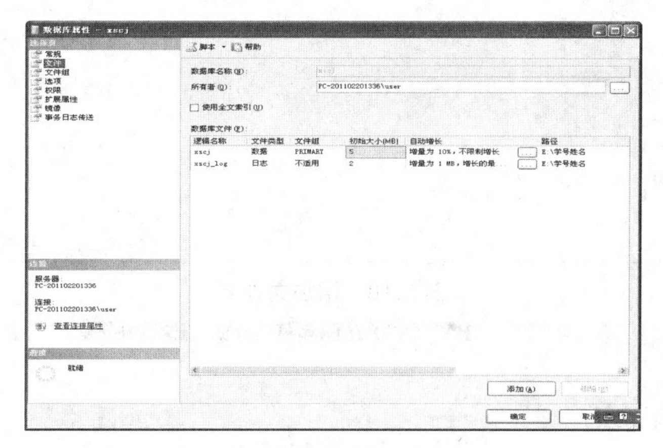

图 3.16　SSMS 图形界面修改

图 3.17　增加数据文件

（3）删除数据文件。

【例 3-10】将 xscj 数据库中刚增加的辅助文件 xscjbak 删除。

当数据库中的某些数据文件不再需要时，应及时删除。在 SQL 中只能删除辅助数据文件，而不能删除主数据文件。因为在主数据文件中存放着数据库的启动信息，删除后数据库将无法启动。

（4）增加或删除文件组。

【例 3-11】在 xscj 数据库中增加一个名为 Fgroup 的文件组，如图 3.18、3.19 所示。

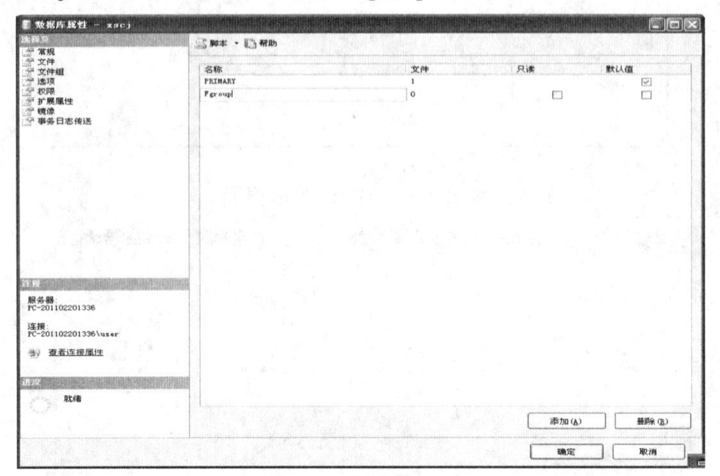

图 3.18　增加文件组

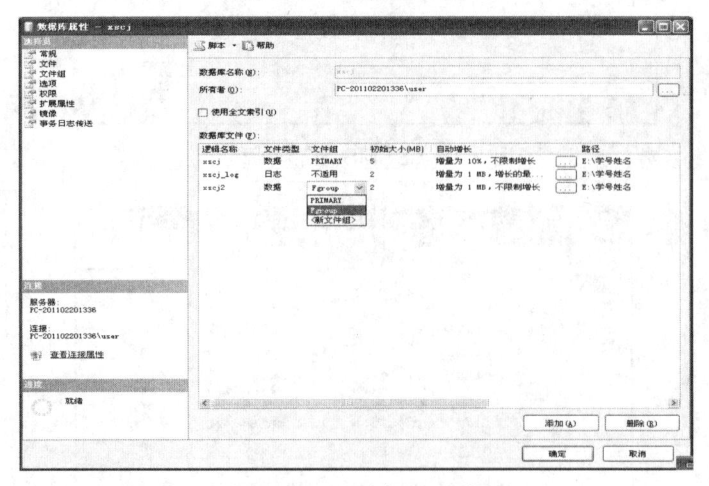

图 3.19　删除数据文件

【例 3-12】将刚才新增的 Fgroup 文件组删除。

请读者独立完成。

说明： 不能删除主文件组（PRIMARY），但可以删除用户定义的文件组。

2. 使用 Transact-SQL 语句修改数据库

```
ALTER DATABASE database_name
{ADD FILE <filespec>[，...n] [TO FILEGROUP
{filegroup_name}]
```

```
|ADD LOG FILE <filespec>[，...n]
|REMOVE FILE <filespec>
|ADD FILEGROUP filegroup_name
|MODIFY FILEGROUP filegroup_name {filegroup_property
|MODIFY NAME=new_filegroup_name }
```

（1）改变数据文件的初始大小。

【例 3-13】使用 Transact-SQL 语句修改“jxgl”数据库的主数据文件的初始大小为 20MB。

```
ALTER DATABSE jxgl
    MODIFY FILE
      （name=jxgl，
size=20）
```

【例 3-14】首先创建一数据库 xscj，它只有一个主数据文件，其逻辑文件名为 xscj_data，物理文件名为 e：\sql\xscj_data.mdf，大小为 5MB，最大大小为 50MB，按 10%增长；有一个日志文件，逻辑名为 xscj_log，物理名为 e：\sql\xscj_log.ldf，大小为 2MB，最大大小为 5MB，每次增长 1MB。

```
create database xscj
on
      （name='xscj_data'，
      filename='e：\sql\xscj_data.mdf'，
      size=5MB，
      maxsize=50MB，
      filegrowth=10%
        ）
log on
      （name='xscj_log'，
      filename='e：\sql\xscj_log.ldf'，
      size=2MB，
      maxsize=5MB，
      filegrowth=1MB
        ）
go
```

【例 3-15】修改数据库 xscj 现在数据文件的属性，将主数据文件的最大大小修改为不限制，增长方式修改为按每次 5MB 增长。

```
alter database xscj
modify file
      （name='xscj_data'，
      maxsize=unlimited
        ）
go
alter database xscj
```

```
modify file
    ( name='xscj_data',
    filegrowth=5MB
    )
go
```

说明：Alter database 语句一次只能修改数据文件的一个属性，若修改主数据文件的两个属性，需执行两次 alter database 命令。

【例 3-16】先为数据库 xscj 增加数据文件 xscjbak，初始大小为 10 MB，最大为 50 MB，增长方式为 5%。然后删除 xscjbak。

```
alter database xscj
add file
    ( name='xscjbak',
    filename='e:\sql\xscjbak.ndf',
    size=10MB,
    maxsize=50MB,
    filegrowth=5%
    )
Go
alter database xscj
remove file xscjbak
go
```

（2）增加数据文件。

【例 3-17】为数据库“jxgl”增加数据文件 jxglbak，初始大小为 10MB，最大为 50MB，增长方式为 5%。

```
alter database jxgl
add file
    ( name='jxglbak',
    filename='e:\sql\jxglbak.ndf',
    size=10MB,
    maxsize=50MB,
    filegrowth=5%
    )
go
```

【例 3-18】为数据库 xscj 添加文件组 Fgroup，并为文件组添加两个大小均为 10MB，最大大小为 30 MB，增长方式为 5 MB 的数据文件。

```
alter database xscj
add filegroup Fgroup
go
alter database xscj
add file
```

```
  (name='xscj_data2',
 filename='e: \sql\xscj_data2.ndf',
 size=10MB,
 maxsize=30MB,
 filegrowth=5MB
   ),
  (name='xscj_data3',
 filename='e: \sql\xscj_data3.ndf',
 size=10MB,
 maxsize=30MB,
 filegrowth=5MB
   )
To filegroup Fgroup
go
```

（3）删除数据文件。

【例 3-19】从数据库“jxgl”中，删除数据文件 jxglbak。

```
alter database jxgl
remove file jxglbak
go
```

【例 3-20】从数据库中删除文件组，将 xscj 数据库中的文件组 Fgroup 删除，同时删除其中的数据文件。

```
alter database xscj
remove file xscj_data2
go
alter database xscj
remove file xscj_data3
go
alter database xscj
remove filegroup Fgroup
Go
```

说明：使用 T_SQL 命令删除文件组时必须为空，使用菜单可一同删除。

【例 3-21】为数据库添加一个日志文件，初始大小 5MB，最大大小为 10MB，文件按 1MB 方式增长。

```
alter database xscj
add log file
  (name=xscj_log2,
 filename='e: \sql\xscj_log2.ldf',
 size=5MB,
 maxsize=10MB,
 filegrowth=1MB
```

```
)
go
```

【例 3-22】从数据库 xscj 中删除一个 xscj_Log2 日志文件，注意不能删除主日志文件。

```
alter database xscj
remove file xscj_log2
go
```

【例 3-23】将数据库 xscj 更名为 just_test，注意进行此操作时保证该数据库不能被其他任何用户使用。

```
alter database xscj
modify name=just_test
go
```

3.5.2 查看数据库信息

（1）使用 SQL Server Management Studio 图形化管理工具，如图 3.20 所示。

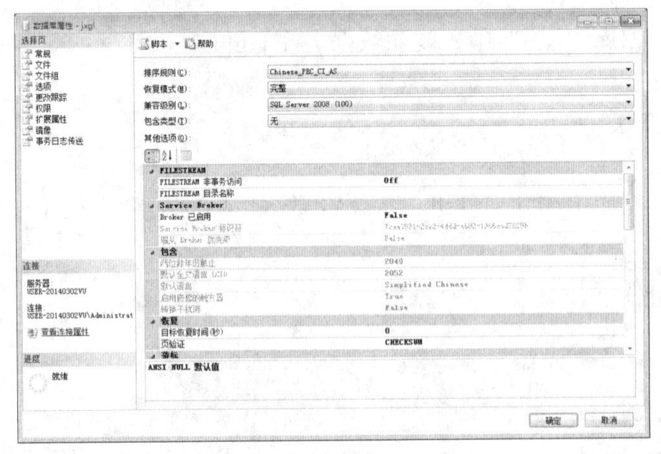

图 3.20　查看数据库信息

（2）使用系统存储过程查看数据库，如图 3.21 所示。

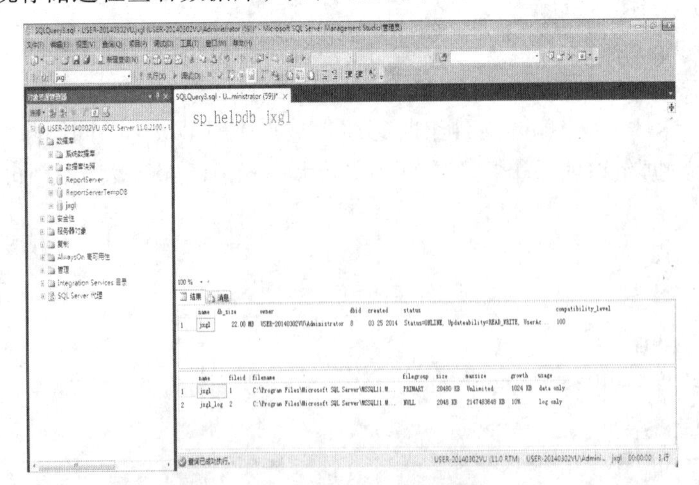

图 3.21　用系统存储过程查看数据库

3.5.3 重命名数据库

语法格式如下：

ALTER DATABASE old_database_name

Modify NAME= new_database_name

【例 3-24】将“jxgl”数据库重新命名为“教学管理”。

ALTER DATABASE jxgl

MODIFY NAME = 教学管理

3.5.4 删除数据库

1. **使用 SQL Sever Management Studio 删除数据库**

（1）在“对象资源管理器”中展开“数据库”节点。用鼠标右击要删除的数据库“xsgl”选项，在弹出的快捷菜单中选择“删除”命令，如图 3.22 所示。

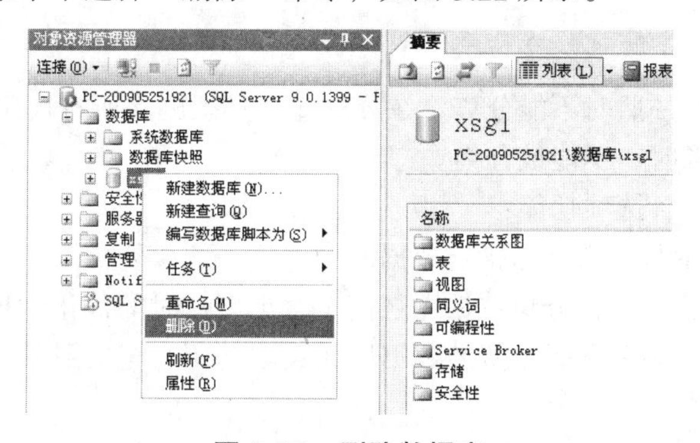

图 3.22 删除数据库

（2）在弹出的“删除对象”对话框中，单击“确定”按钮即可删除数据库，如图 3.23 所示。

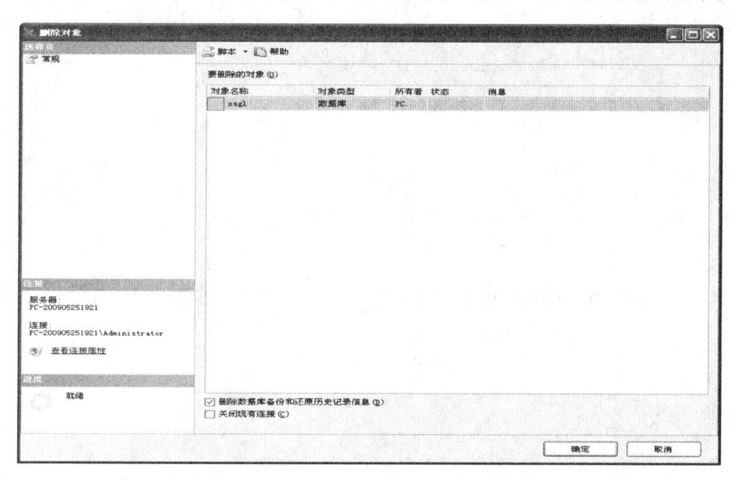

图 3.23 “删除对象”对话框

说明：① 勾选“删除数据库备份和还原历史记录信息”复选框表示同时删除数据库备份。

② 系统数据库（msdb、model、master、tempdb）无法删除。删除数据库后应立即备份 master 数据库，因为删除数据库将更新 master 数据库中的信息。

2. 使用 T_SQL 语句删除数据库

语法格式如下：

DROP DATABASE database_name

说明：database_name：将要删除的数据库名称。

【例 3-25】使用 T_SQL 语句删除“教学管理”数据库。

DROP DATABASE 教学管理

3.5.5 分离数据库和附加数据库

1. 分离数据库

可以将数据库从 SQL server 实例中删除，同时确保数据库在其数据文件和事务日志文件中保持不变。除了系统数据库外，其余的数据库都可以从服务器的管理中分离出来。分离数据库不是删除数据库，只是从服务器中分离出来，保证了数据库的数据文件和日志文件完整无损。

🔔 **注意**：

数据库存在数据库快照时不能分离，在分离前，必须删除所有快照。

数据库正在被镜像时，不能被分离。

分离数据库列表中各选项功能：

① 删除链接：表示是否断开与指定数据库的连接。

② 更新统计信息：表示在分离数据库之前是否更新过时的优化信息。

③ 保留全文目录：表示是否保留与数据库相关联的所有全文目录，以用于全文索引。

2. 附加数据库

将分离的数据库重新附加服务器中，但在附加数据库时必须指定主数据文件（MDF）的名称和物理位置。

示例：

```
use master
go
sp_detach_db 'abc'
create database abc
on
（filename='C：\Program Files\Microsoft SQL Server\MSSQL10. MSSQLSERVER\MSSQL\DATA\ abc.mdf'）
for attach
```

说明：路径被写入一行上。

```
use master
go
sp_detach_db 'abc'
create database abc
on
```

(filename='C：\ProgramFiles\MicrosoftSQL Server\MSSQL10. MSSQLSERVER\MSSQL\DATA\abc. mdf')

for attach

3. 脱机与联机数据库

如果需要暂时关闭某个数据库的服务，用户可以通过选择脱机方式来实现，脱机后在需要的时候可以暂时关闭数据库，如图 3.24、3.25 所示。

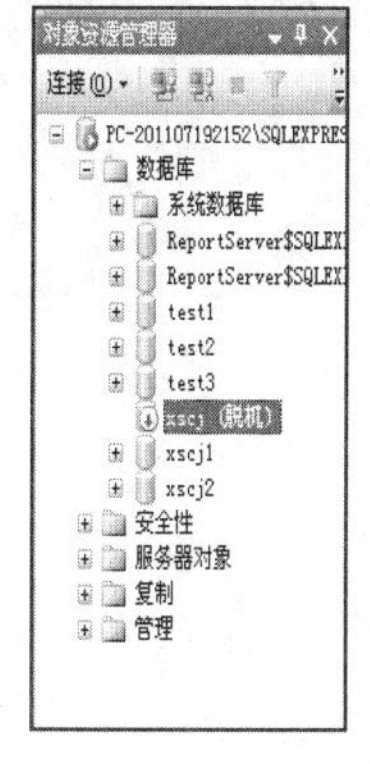

图 3.24　脱机状态

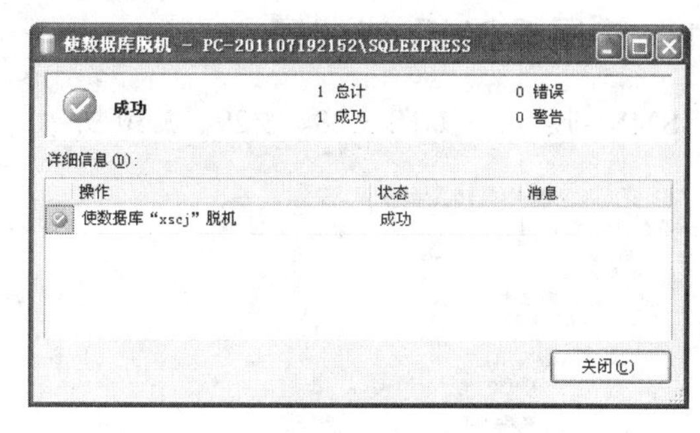

图 3.25　数据库脱机成功

任务 3.6　用户自定义的数据类型

3.6.1　用户自定义的数据类型

（1）使用 SQL Server Management Studio 创建用户自定义数据类型，如图 3.26、3.27 所示。

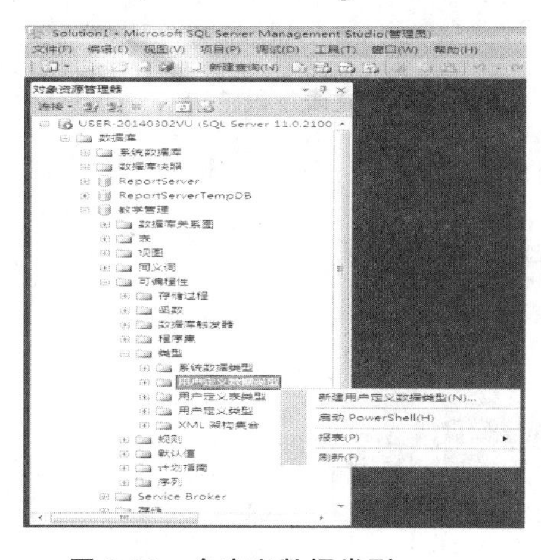

图 3.26　自定义数据类型

图 3.27　自定义数据类型操作

（2）使用系统存储过程 sp_addtype 创建用户自定义数据类型。语法如下：

```
sp_addtype [@typename=] type,
    [@phystype=] system_data_type
    [, [@nulltype=] 'null_type']
    [, [@owner=] 'owner_name']
```

【例 3-26】自定义一个“address”数据类型。

sp_addtype address，'varchar（128）'，'not null'

任务 3.7　创建数据表

创建表可以有两种方法来实现：一种通过图形方法（即使用 SQL Server Management Studio）创建；另一种通过 Transact-SQL 语句进行创建。下面就对这两种方法进行详细介绍。

3.7.1　使用 SSMS 创建表

使用 SSMS 创建表，如图 3.28、3.29、3.30 所示。

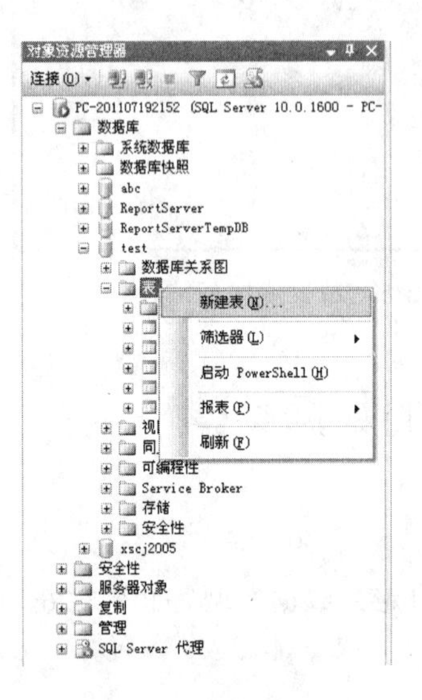

图 3.28　创建表

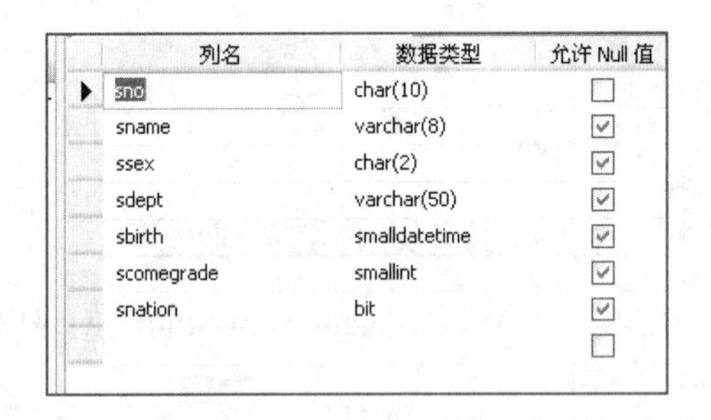

图 3.29　创建表字段结构

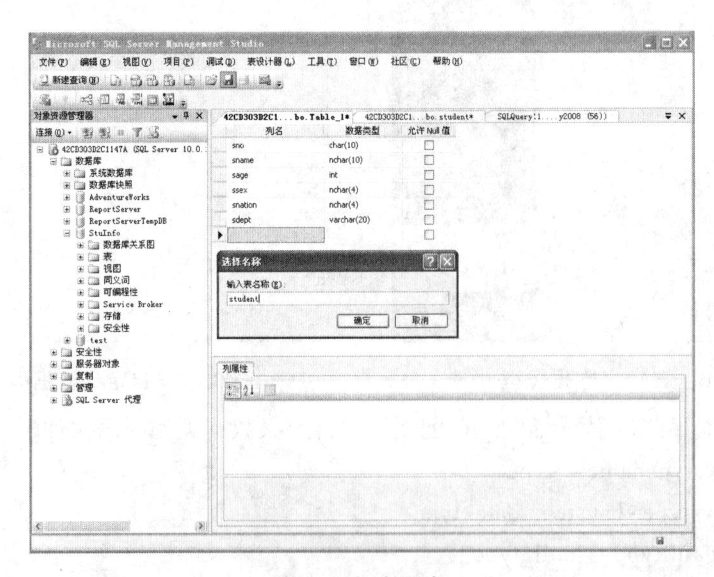

图 3.30　表取名

3.7.2 使用 T-SQL 命令创建表

【例 3-27】在 xscj 数据库下创建 student 表。

```
use xscj
go
create table student
（学号 char（10） not null,
姓名 varchar（8） not null,
性别 char（2） not null,
专业 varchar（30）,
出生日期 smalldatetime not null,
简历 text
）
```

创建 Student 表，如图 3.31 所示。

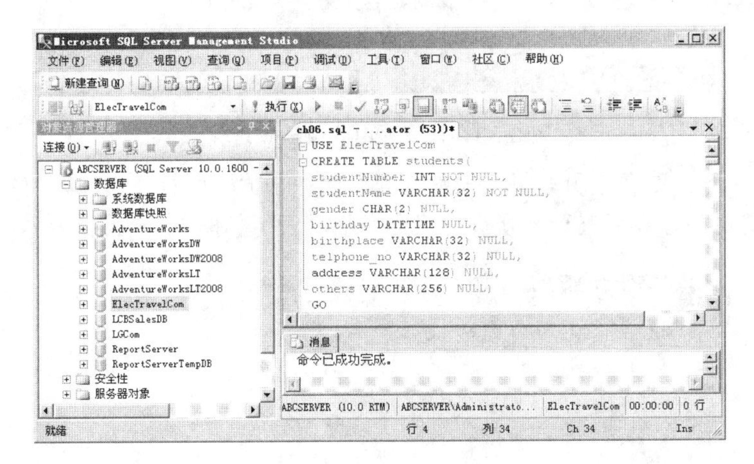

图 3.31 SQL 命令创建表

在创建表中使用计算列，如图 3.32 所示。

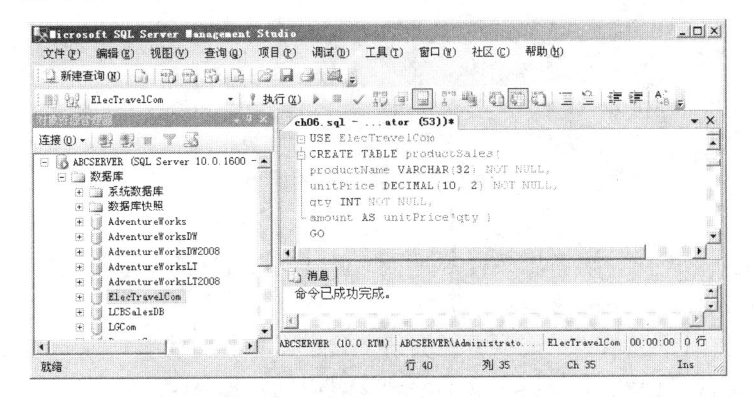

图 3.32 创建表中使用计算列

计算列可以使用同一表中的其他列的表达式计算得来。表达式可以是非计算列的列名、常量、函数，也可以是用一个或多个运算符连接的上述元素的任意组合。表达式不能为子查询。例如，在 AdventureWorks 示例数据库中，Sales.SalesOrderHeader 表的 TotalDue 列具有以下定义：TotalDue AS Subtotal + TaxAmt + Freight。

一般情况下，计算列是未实际存储在表中的虚拟列。每当在查询中引用计算列时，都将重新计算它们的值。数据库引擎在 CREATE TABLE 和 ALTER TABLE 语句中使用 PERSISTED 关键字来将计算列实际存储在表中。

如果在计算列的计算更改时涉及任何列，将更新计算列的值，如图 3.33 所示。

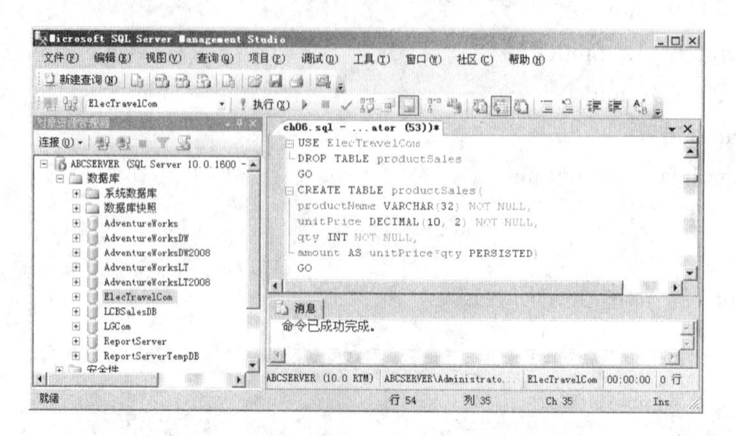

图 3.33　计算列中的数据物理化

指定 SQL Server 数据库引擎将在表中物理存储计算值，而且，当计算列依赖的任何其他列发生更新时对这些计算值进行更新。创建全局临时表，如图 3.34 所示。

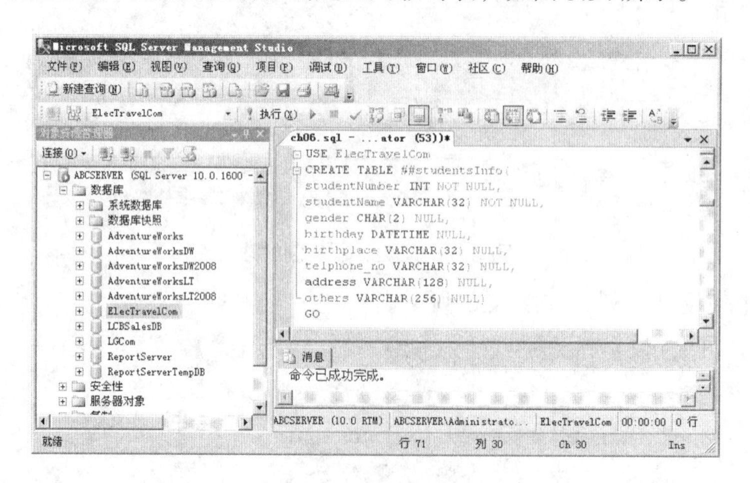

图 3.34　创建全局临时表

说明：

临时表：在数据库中，顾名思义就是起到建立一个临时性的存放某数据集的表。

临时表一般分为：事务临时表、会话临时表。

事务临时表：当事务结束的时候，就会清空这个事务临时表。所以，当我们在数据库临时表中插入数据后，只要事务没有提交的话，该表中的数据就会存在。但是，当事务提交以后，该表中的数据就会被删除。而且，这个变化不会在日志文件中显示。

会话临时表：顾名思义，是指数据只在当前会话内有效的临时表。关闭当前会话或者进行新的连接之后，数据表中的内容就会被清除。

局部临时表和全局临时表：局部临时表只能被当前登录用户使用，全局临时表可以被不同登录用户使用。其实从局部和全局两个词就能理解其本质。

任务 3.8　管理数据表

3.8.1　使用 SSMS 图形修改表

使用 SSMS 图形修改表，如图 3.35 所示。

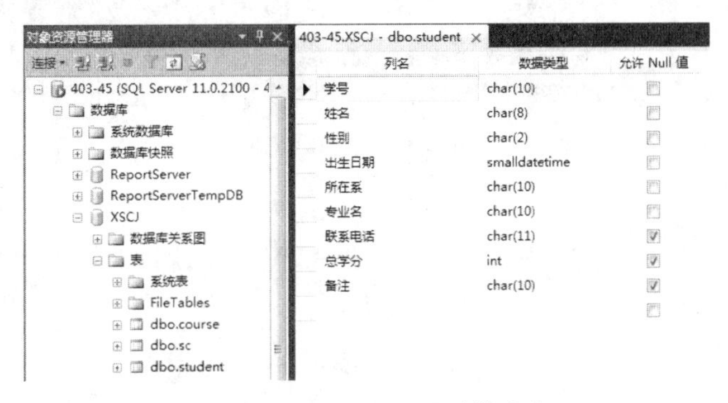

图 3.35　用 SSMS 图形修改表

3.8.2　使用 T-SQL 命令修改表

【例 3-28】在 xscj 数据库下修改 student 表，增加“少数民族否”一列，为 bit 类型。然后在此表中删除此列。

```
use xscj
go
alter table student
add 少数民族否 bit
go
alter table student
drop column 少数民族否
go
```

【例 3-29】在 xscj 数据库下修改 student 表，将姓名长度由原来的 8 修改为 10；将出生日期由原来的 smalldatetime 修改为 date。

```
use xscj
go
alter table student
alter column 姓名 varchar（10）
go
alter table student
alter column 出生日期 date
go
```

3.8.3　查看表

查看表中相关信息，示意如图 3.36 所示。

图 3.36　查看表中相关信息

查看表中存储的数据，示意如图 3.37 所示。

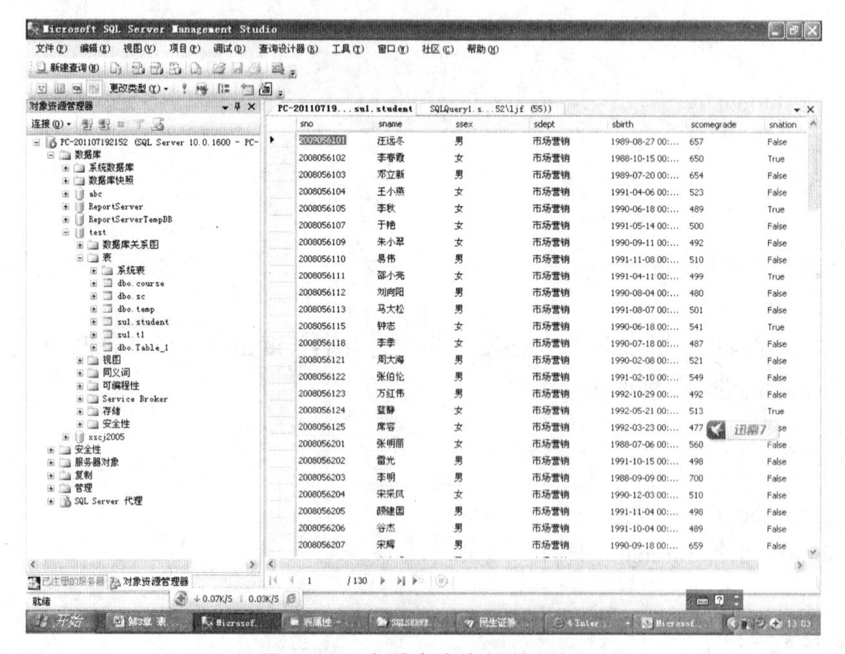

图 3.37　查看表中存储的数据

查看表与其他数据对象的依赖关系，示意如图 3.38 所示。

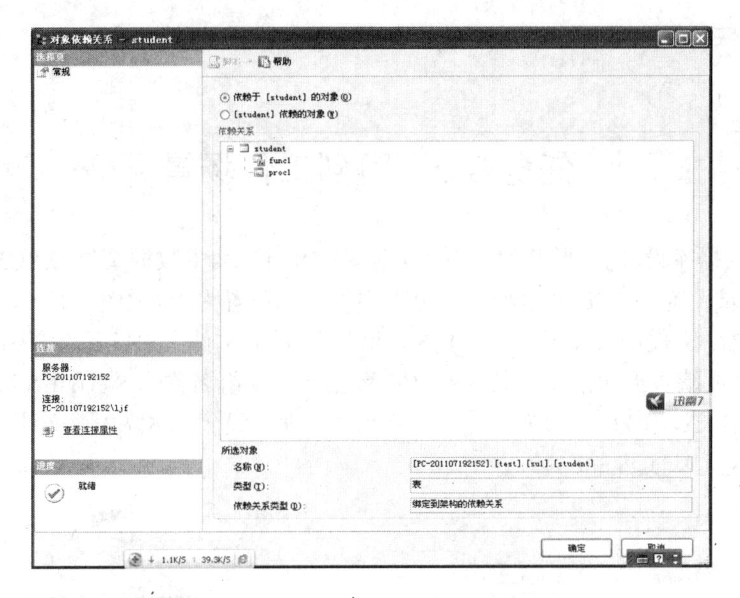

图 3.38　查看表与其他数据对象的依赖关系

3.8.4　删除表

（1）使用 SSMS 图形删除表，示意如图 3.39 所示。

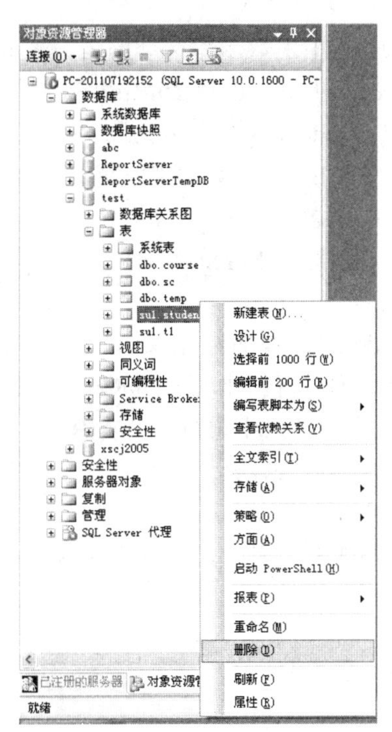

图 3.39　用 SSMS 图形删除表

（2）使用 T-SQL 命令删除表。

【例 3-30】在 xscj 数据库下删除 student 表。

```
Drop table student
Go
```

任务 3.9　回到工作场景

（1）根据数据库设计，创建学生成绩数据库 XSCJ。其中数据文件 XSCJ 的初始大小为 10MB，文件增长设置为“按 10%增长”，最大文件大小设置为 100MB。日志文件 XSCJ_ log 的初始大小为 2MB，文件增长设置为“按 10MB 增长”，最大文件大小设置为“不限制文件增长”。

（2）为学生成绩数据库添加文件组和文件数据。文件组名称为 STUDENT，文件初始大小为 3MB，文件增长设置为“按 10%增长”，最大文件大小设置为 50MB，文件保存在 C 盘根目录下，名称为 XSCJ_Data.ndf。

疑难解惑

（1）用户定义文件组的优点是什么？

（2）逻辑文件名与物理文件名的区别是什么？

任务 3.10　案例训练营

1. 创建数据库 MYStudent。其中主数据库文件的逻辑名称是 MYStudentData，对应的物理文件是 C：\MyStudentdata.mdf，初始大小是 20MB，最大文件大小是 100MB，增长幅度是 2%。日志文件的逻辑名称是 MYStudentlog，对应的物理文件是 C：\ MYStudentlog.ldf，初始大小是 5MB，最大文件大小是 20MB，增长幅度是 1MB。

2. 查看 MYStudent 数据库的信息。

3. 设置数据库 MYStudent 的名称为 MYStudent1。

4. 删除数据库 MYStudent。

5. 创建文件组 SCOREGROUP，添加数据文件 Score_Data，对应的物理文件是 C：\Myscore_data.ndf，将其文件组设置为新创建的 SCOREGROUP 文件组，将 Score_Data 的文件增长设置为“按 10% 增长”，最大文件大小设置为 50MB。

6. 创建用户定义数据类型 scoretype，基于整数，用于保存成绩，范围是 0 ~ 100。

7. 创建课程表 course，创建成绩表 score。

8. 在班级表中，班级编号必须不为空，而且各班级编号不相同。

模块 4　数据的更新

本章学习目标

掌握插入单条记录和多条记录的方法；掌握更新记录的方法，包括根据子查询更新记录的方法；掌握删除记录的方法，包括根据子查询删除记录的方法以及清空表的方法。

任务 4.1　工作场景导入

学校教务处工作人员小李在工作中会遇到更新数据库中的数据的情况。例如有如下更新需求：

（1）当新生入学时，需要大批量插入学生的信息；

（2）学生的基本信息录入出错时会需要更改；

（3）修改教学计划，会删除一批课程、添加一部分新课，或者更新一部分课程的信息。

引导问题：

（1）如何插入单条记录或多条记录？

（2）如何更新记录？

（3）如何删除记录？

任务 4.2　插入数据

对教学管理数据库中的表录入数据、修改和删除数据可以通过 SSMS 管理器进行操作，如图 4.1 所示。

图 4.1　通过 SSMS 管理器添加数据

4.2.1　插入单行数据

使用 INSERT 语句可向指定表中插入数据。

INSERT 语法的基本结构如下：

INSERT INTO <table_name>（column_name 1，column_name 2…，column_name n）

VALUES（values 1，values 2，…，values n）

其中，column_name 1，column_name 2…，column_name n 必须是指定表名中定义的列，而且必须和 VALUES 子句中的值 values 1，values 2，…，values n 一一对应，且数据类型相同。

1. 最简单的 INSERT 语句

【例 4-1】向教学管理数据库中的课程表增加一条记录，增加一门课程“SQL Server 2012”，其先修课程为数据结构，学分 4 分。

代码如下：

```
INSERT INTO  课程（ ）
VALUES  （'1014'，'SQL Server 2012'，'1005'，4）
```

2. 省略清单的 INSERT 语句

【例 4-2】使用省略清单的 INSERT 语句向教学管理数据库中的课程表增加一条记录，增加一门课程“Oracle 11g”，课程号为“1015”，先修课程为数据结构，学分 4 分。

代码如下：

```
INSERT INTO 课程 VALUES（'1015'，'Oracle 11g'，'1005'，4）
```

3. 使用 DEFAULT VALUES 子句

上例中需要向课程表插入数据的代码也可写成下面的形式：

```
INSERT INTO  课程 VALUES（'1015'，'Oracle 11g'，DEFAULT，NULL）
```

如果课程表的列有默认值，则先取默认值，如果没有就会填上空值。如果表中所有的列都允许为空或者定义有默认值或者定义了其他可以获取数据的特征，可以使用 DEFAULT VALUES 子句向表中提供一行全是默认值的数据。假设课程表的所有列都允许为空或者有默认值，则可以写成如下面所示的代码来实现向课程表插入一条记录。

```
INSERT INTO  课程  DEFAULT VALUES
```

4.2.2　插入多行数据

在 T-SQL 语言中，有一种简单的插入多行数据的方法。这种方法是使用 SELECT 语言查询出的结果代替 VALUES 子句。这种方法的语法结构如下：

```
INSERT [INTO] table_name [（column_list）] SELECT column_list
FROM table_name
WHERE search_conditions
```

【例 4-3】创建一个学分表，然后把每位学生选修的课程所获得的学分输入到学分表中。

```
-创建学分表代码如下：
CREATE TABLE  学分表
（学号  char（10）not null，
姓名 varchar（10）not null，
选修课程门数 tinyint，
```

```
学分 tinyint）
--插入数据
 INSERT 学分表
 SELECT  学生.学号，姓名，COUNT（选课.课程号），SUM（学分）
 FROM 学生，选课，课程
 WHERE 学生.学号=选课.学号 AND 选课.课程号=课程.课程号
 GROUP BY 学生.学号，姓名
```

4.2.3 大批量插入数据

【例 4-4】使用大批量插入数据的方法将 txt 文档中的数据插入到指定表中。

代码如下：

```
--创建表 test
CREATE TABLE test
（c1 char（2），
c2 int）
--插入数据
BULK  INSERT test
FROM 'G：\temp\test1.txt'
WITH （FIELDTERMINATOR='，'，ROWTERMINATOR='\n'）
GO
```

任务 4.3 修改数据

UPDATE 的语法格式如下：

```
UPDATE table_name
SET {column_1 =expression}[，…n]
[WHERE condition]
```

4.3.1 修改单行数据

【例 4-5】将插入的 SQL Server 2012 课程的学分改为 5 分。

代码如下：

```
UPDATE 课程
SET 学分=5
WHERE 课程名='SQL Server 2012'
```

4.3.2 修改多行数据

【例 4-6】将所有选修“高等数学”课的同学的成绩加 5 分。

代码如下：

```
UPDATE 选课
SET 成绩=成绩+5
WHERE 课程号 IN（SELECT 课程号
                FROM 课程
                WHERE 课程名='高等数学'）
```

任务 4.4　删除数据

随着系统的运行，表中可能产生一些无用的数据，这些数据不仅占用空间，而且还影响查询的速度，所以应该及时删除。删除数据可以使用 DELETE 语句和 TRUNCATE TABLE 语句。

4.4.1　使用 DELETE 语句删除数据

从表中删除数据，最常用的是 DELETE 语句。DELETE 语句的语法格式如下：

```
DELETE FROM table_name [WHERE search_conditions]
```

如果省略了 WHERE search_conditions 子句，就表示删除数据表中全部的数据；如果加上了[WHERE search_conditions]子句就可以根据条件删除表中的数据。

【例 4-7】删除选课表中所有的记录。

代码如下：

```
DELETE FROM 选课
```

此例中没有使用 WHERE 语句指定删除的条件，将删除选课表的所有记录，只剩下表格的定义。用户可以通过资源管理器查看。

【例 4-8】删除课程表中没有学分的记录。

代码如下：

```
DELETE 课程
WHERE 学分 IS NULL
```

【例 4-9】删除选课表中姓名为“汪小东”、选修课程为“1001”的选课信息。

代码如下：

```
DELETE 选课
WHERE 选课.课程号='1001' AND 学号=（SELECT 学号
                                  FROM 学生
                                  WHERE 姓名='汪小东'）
```

4.4.2　使用 TRUNCATE TABLE 语句清空表

使用 TRUNCATE TABLE 语句删除所有记录的语法格式如下：

```
TRUNCATE TABLE table_name
```

使用 TRUNCATE TABLE 语句比 DELETE 语句要快，因为它是逐页删除表中的内容的，而 DELETE 则是逐行删除内容。TRUNCATE TABLE 是不记录日志的操作，它将释放表的数据和索引所占据的所有空间以及所有为全部索引分配的页，删除的数据是不可恢复的。

【例 4-10】清空选课表。

代码如下：

```
TRUNCATE TABLE 选课
```

任务 4.5 回到工作场景

学校教务处工作人员小李在工作中会遇到更新数据库中数据的情况。例如有如下更新需求：

（1）当新生入学时，需要大批量插入学生的信息；

（2）学生的基本信息录入出错时会需要更改；

（3）修改教学计划，会删除一批课程、添加一部分新课，或者更新一部分课程的信息。

引导问题：

（1）如何插入单个记录或多个记录？

（2）如何更新记录？

（3）如何删除记录？

任务 4.6 案例训练营

1. 插入课程表 course 和成绩表 score 中的记录。

2. 添加一门新课程，课程号是 00300101，课程名称是 JAVA 程序设计，类型是专业课，学分是 4。

3. 将课程表中所有专业课的课程记录复制到一个新建表 firstcourse 表中。

4. 将所有专业课的学分加 1。

5. 将所有课程名称是“高等数学”的成绩减 5 分。

6. 删除学号是 1520702 的成绩记录。

7. 清空 firstcourse 表。

模块 5　SQL 语言查询

本章学习目标

掌握 T-SQL 作为数据定义语言的语法与应用；掌握 WHERE、ORDER BY、GROUP BY、HAVING 子句的使用；掌握基本的多表查询；掌握内连接、外连接、交叉连接和联合查询的使用；掌握多行和单值子查询的使用；掌握嵌套子查询的使用。

任务 5.1　工作场景导入

教务处工作人员小李在工作中经常需要查询数据库中的数据。例如有如下查询需求：

（1）查询学生表所有学生的学号、姓名和所在院系。

（2）查询所在院系为“计算机科学”的学生学号、姓名、性别。

（3）查询年龄大于 20 岁的学生信息。

（4）查询名字包含“民”这个字的所有学生的信息。

（5）查询选修了“1001”号课程的所有学生的相关信息。

（6）查询院系人数大于 25 的院系信息。

（7）查询不在信息工程学院上课的学生。

（8）查询和“张玲”在一个系上课的学生姓名。

（9）查询成绩低于该门课程平均成绩的学生编号、课程编号和成绩。

（10）查询选修了“2008056101”学生选修的所有课程的学生的信息。

引导问题：

（1）如何查询存储在数据库表中的记录？

（2）如何对原始记录进行分组统计？

（3）如何对来自多个表的数据进行查询？

（4）如何保留连接不成功的记录？

（5）如何动态设置选择记录的条件？

任务 5.2　关系代数

SQL Server 2012 是一种关系数据库管理系统。在关系数据库中，必须提供一种对二维表进行运算的机制。这种机制除了包括传统的集合运算中的并、交、差、广义笛卡儿积以外，还包括专门的关系运算中的选择、投影和连接。

5.2.1　连接、选择和投影

1. 选择（Selection）

选择是单目运算，它是按照一定的条件，从关系 R 中选择出满足条件的行作为结果返回。

选择运算的操作对象是一张二维表，其运算结果也是一张二维表。选择运算的记号为 σ_F（R），其中 σ 是选择运算符，F 是一个条件表达式，R 是被操作的表。选择运算的含义为从关系 R 中选择满足给定条件的诸元组。

【例 5-1】设有一个学生-课程数据库，包括学生关系 Student，查询信息系（IS 系）全体学生。如表 5.1 所示。

$\sigma_{Sdept='IS'}$（Student）

或 $\sigma_{5='IS'}$（Student）

表 5.1　Student 表中的数据

学号（sno）	姓名（sname）	性别（sex）	年龄（age）	系别（sdept）
040415001	朱儒明	男	25	信工
040415002	罗粮	男	23	工商
040415003	单光庆	男	24	工程
040415004	李咏霞	女	24	人文
040415005	唐世毅	男	24	社工
040415006	朱广福	男	22	财贸
040415007	程书红	女	24	网络
040415008	王敏	女	23	信管
040415009	李芳	女	22	计科

2. **投影**（Projection）

投影也是单目运算，该运算从表中选出指定的属性值组成一个新表，记为：π_A（R）。其中 A 是属性名（即列名）表，R 是表名。投影运算符的含义为从 R 中选择出若干属性列组成新的关系。

投影操作主要是从列的角度进行运算，但投影之后不仅取消了原关系中的某些列，而且还可能取消某些元组（避免重复行）。

【例 5-2】查询学生的姓名和所在系。

即求 Student 关系上学生姓名和所在系两个属性上的投影：

$\pi_{Sname,Sdept}$（Student）

或 $\pi_{2,5}$（Student）

结果如表 5.2 所示。

表 5.2　例 5-2 执行结果

姓名	系别
朱儒明	信工
罗粮	工商
单光庆	工程
李咏霞	人文
唐世毅	社工
朱广福	财贸
程书红	网络
王敏	信管
李芳	计科

3. **连接**（Join）

连接是把两个表中的行按着给定的条件拼接而成的新表，也称为 θ 连接。

连接运算从 R 和 S 的广义笛卡儿积 R×S 中选取（R 关系）在 A 属性组上的值与（S 关系）在 B 属性组上值满足比较关系的元组。

其中，A 和 B：分别为 R 和 S 上度数相等且可比的属性组。

θ：比较运算符。

θ 为“=”的连接运算称为等值连接。

任务 5.3　查询工具的使用

SQL Server 2012 使用的图形界面管理工具是“SQL Server Management Studio”（SSMS）。这是一个集成、统一的管理工具组。其实在 SQL Server 2005 版本之后已经开始使用这个工具组开发、配置 SQL Server 数据库，发现并解决其中的故障。SQL Server 2012 继续使用了这个工具组，并对其进行了一些改进。

SSMS 中有两个主要工具：图形化的管理工具（对象资源管理器）和 Transaction SQL 编辑器（查询分析器）。此外还拥有“解决方案资源管理器”窗口、“模板资源管理器”窗口和“注册服务器”窗口等，如图 5.1 所示。本节主要介绍如何使用查询分析器。

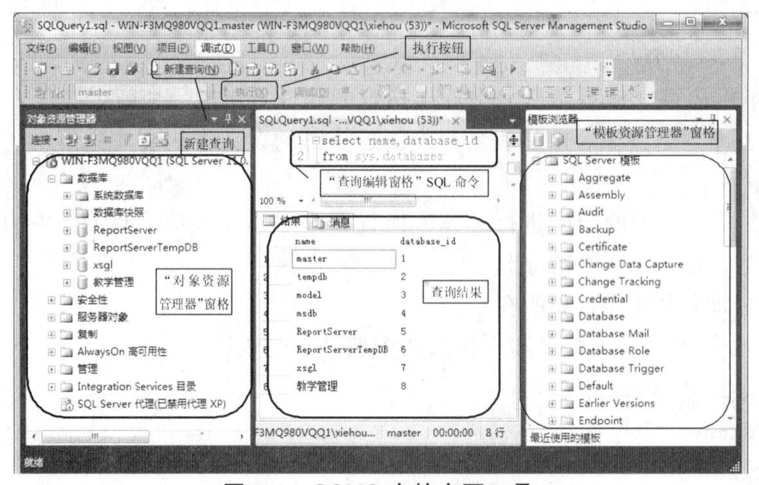

图 5.1　SSMS 中的主要工具

常用的工具栏按钮如图 5.2 所示。

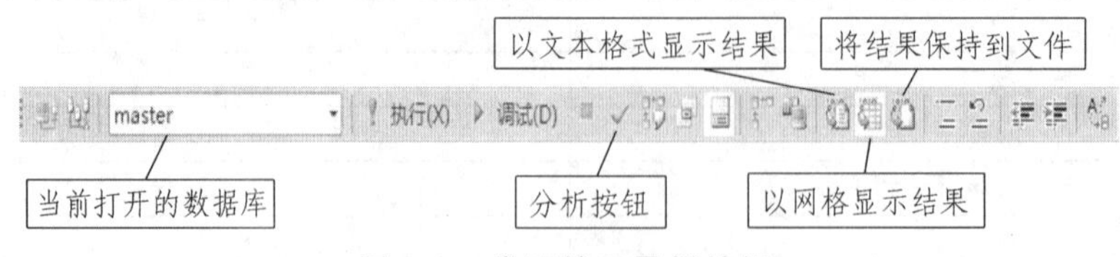

图 5.2　常用的工具栏按钮

任务 5.4　简单查询

数据库存在的意义在于将数据组织在一起，以方便查询。查询功能是 T-SQL 的核心，通过 T-SQL 的查询可以从表或视图中迅速、方便地检索数据。查询语言用来对已经存在于数据库的数据按照特定的组合、条件表达式或者一定次序进行检索。T-SQL 查询最基本的方式是 SELECT 语句，其功能十分强大。它能够以任意顺序、从任意数目的列中查询数据，并在查询过程中进行计算，甚至能包含来自其他表的数据。

5.4.1 数据查询语句（SELECT 语句）

查询功能是 T-SQL 的核心，通过 T-SQL 的查询可以从表或视图中迅速、方便地检索数据。

T-SQL 的查询最基本的方式是 SELECT 语句，其功能十分强大。它能够以任意顺序、从任意数目的列中查询数据，并在查询过程中进行计算，甚至能包含来自其他表的数据。

我们选取 stuinfo 数据库作为示例数据库，以下例句均省略打开数据库的 USE stuinfo 语句。

stuinfo 数据库有三张数据表：student、course 和 sc。

SELECT 语句的完整语法格式为：

```
SELECT   <列名选项>
[into 临时表名]
FROM   <表名>|<视图名称>
[WHERE <查询条件>|<连接条件>]
[GROUP BY <分组表达式>
[HAVING <分组统计表达式>]]
[ORDER BY <排序表达式>[ASC|DESC]]
```

其中的 SELECT 和 FROM 语句为必选子句，而 WHERE、ORDER BY 和 GROUP BY 子句为可选子句，要根据查询的需要去选用。

说明：

SELECT 子句：用来指定由查询返回的列，并且各列在 SELECT 子句中的顺序决定了它们在结果表中的顺序。

FROM 子句：用来指定数据来源的表。

WHERE 子句：用来限定返回行的搜索条件。

GROUP BY 子句：用来指定查询结果的分组条件。

ORDER BY 子句：用来指定结果的排序方式。

SELECT 语句可以写在一行中。但对于复杂的查询，SELECT 语句随着查询子句的增加不断增长，一行很难写下，此时可以采用分行的写法，即每个子句分别在不同的行中。需要注意，子句与子句之间不能使用符号分隔。

1. SELECT 语句对列的查询

对列的查询实质上是对关系的“投影”操作。在很多情况下，用户只对表中的一部分列感兴趣，可以使用 SELECT 子句来指明要查询的列，并可根据需要改变输出列显示的先后顺序。

T-SQL 中对列的查询是通过对 SELECT 子句中的列名选项进行设置完成的，具体格式为：

```
SELECT [ALL|DISTINCT] [TOP n [PERCENT]]
{ *|表的名称.*|视图名称.*          /*选择表或视图中的全部列*/
| 列的名称|列的表达式[[AS] 列的别名]        /*选择指定的列*/
```

}[，…n]

【例 5-3】在“xscj”数据库中创建“student”数据表，表中专业名为“网络技术”班男生相关信息，要求有“学号”、“姓名”、“性别”、“出生日期”字段，并按学号升序排列。

【分析】在学生信息管理系统中，用户根据程序设计的需要需显示某些信息时，如学生学号、姓名、性别、所在班级及系等信息，这些信息分别存储在一个或多个表中，即使是同一个表中的字段和数据，并不是都需要显示。因此，我们可以使用 SQL Server 2012 提供的 SELECT 语句根据不同的需要进行有选择地显示信息，并且可将结果插入到指定的表中。

实现例 5-3 的 SQL 语句如下：

```
USE xscj
SELECT 学号，姓名，性别，出生日期
INTO student
FROM xs
WHERE 专业名='网络技术' AND 性别='男'
ORDER BY  学号  ASC
```

执行结果如图 5.3 所示。

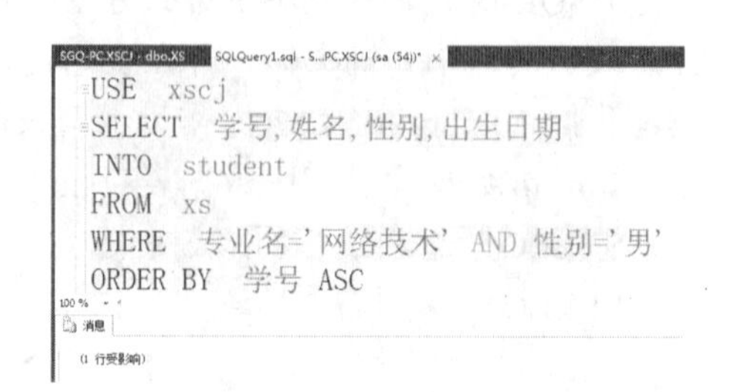

图 5.3　例 5-3 执行结果

说明：在这个例子中，涉及查询“xs”表。首先从 xs 表中找出专业名为“网络技术”的学生记录，再按性别分组，然后选出性别为“男”的组，输出时按学号降序排列，最后创建新表 student，并把结果集插入到新表中。

2. **查询一个表中的全部列**

选择表的全部列时，可以使用星号“*”来表示所有的列。

【例 5-4】检索 students 表、course 表和 sc 表中的所有记录。

T-SQL 语句如下：

```
USE StuInfo
SELECT * FROM student
SELECT * FROM course
SELECT * FROM sc
```

也可以将三个表的操作合并为一条语句，使结果在一个表中显示：

```
SELECT student.*，course.*，sc.* FROM student，course，sc
```

但这种写法涉及笛卡儿积运算。

3. **查询一个表中部分列**

若查询数据时要选择一个表中的部分列信息，则在 SELECT 后给出需要的列即可，各列名之间用逗号分隔。

【例 5-5】检索 student 表中学生的部分信息，包括学号、学生姓名和所属院系。

T-SQL 语句如下：

```
SELECT sno，sname，sdept FROM student
```

4. **为列设置别名**

通常情况下，当从一个表中取出列值时，该值与列的名称是联系在一起的。如上例中从 student 表中取出学号与学生姓名，取出的值就与 sno 和 sname 有联系。当希望查询结果中的

列使用新的名字来取代原来的列名称时，可以使用以下方法：

① 列名之后使用 AS 关键字来更改查询结果中的列标题名。如 sno AS 学号。

② 直接在列名后使用列的别名，列的别名可带双引号、单引号或不带引号。

【例 5-6】检索 stu 表中学生的 Sno、Sname、Sage 和 Sdept，结果中各列的标题分别指定为学号、学生姓名、年龄和所属院系。

T-SQL 语句如下：

SELECT sno as 学生学号，sname as 学生姓名，sage as 年龄，sdept as 所属院系
FROM stu

5. **计算列值**

使用 SELECT 语句对列进行查询时，SELECT 后可以跟列的表达式。也就是说，使用 SELECT 语句不仅可以查询原来表中已有的列，还可以通过计算得到新的列。

【例 5-7】查询 sc 表中的学生成绩，并且显示折算后的分数。（折算方法：原始分数*1.2）

T-SQL 语句如下：

SELECT sno，grade AS 原始分数，grade*1.2 AS 折算后分数 FROM sc

6. **消除结果中的重复项**

在一张完整的关系数据库表中不可能出现两个完全相同的记录，但由于我们在查询时经常只涉及表的部分字段，这样，就有可能出现重复行，可以使用 DISTINCT 短语来避免这种情况。关键字 DISTINCT 的含义是对结果中的重复行只选择一条，以保证行的唯一性。

【例 5-8】从 XS 表中查询所有的院系信息，并去掉重复信息。

T-SQL 语句如下：

SELECT DISTINCT 专业名 FROM XS

可以看到，student 表一共只有 4 个专业。

与 DISTINCT 相反，当使用关键字 ALL 时，将保留结果中的所有行。在省略 DISTINCT 和 ALL 的情况下，SELECT 语句默认为 ALL。

【例 5-9】从 XSKC 表中查询所有的参与选课的学生记录。

T-SQL 语句如下：

SELECT DISTINCT 学号 FROM XSKC

执行结果如图 5.4 所示。

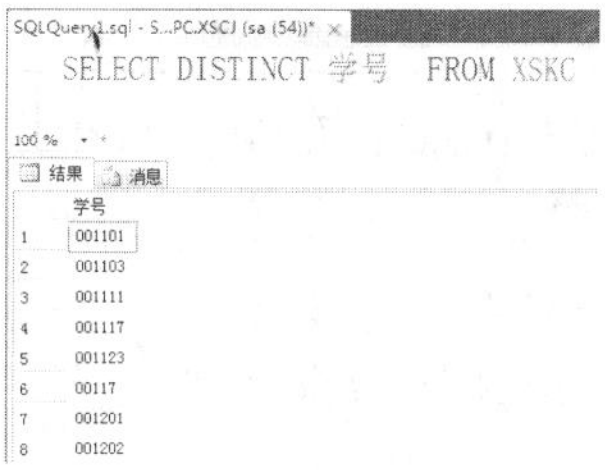

图 5.4 例 5-9 的执行结果

7. **限制结果返回的行数**

若 SELECT 语句返回的结果行数非常多，而用户只需要返回满足条件的前几条记录，可以使用 TOP n [PERCENT]可选子句。其中 n 是一个正整数，表示返回查询结果的前 n 行。若使用 PERCENT 关键字，则表示返回结果的前 n%行。

【例 5-10】查询 XS 表中前 10 个学号。

T-SQL 语句如下：

SELECT TOP 10 * FROM XS

执行结果如图 5.5 示，只返回了 10 个学生的学号。

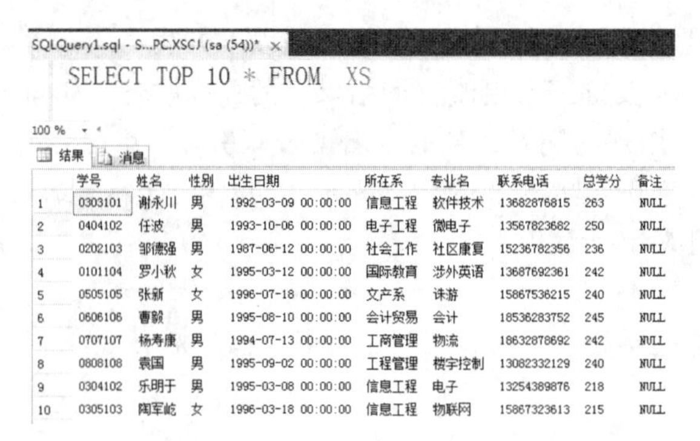

SQLQuery1.sql - S...PC.XSCJ (sa (54))*

```
SELECT TOP 10 * FROM  XS
```

100 %

结果 消息

	学号	姓名	性别	出生日期	所在系	专业名	联系电话	总学分	备注
1	0303101	谢永川	男	1992-03-09 00:00:00	信息工程	软件技术	13682876815	263	NULL
2	0404102	任波	男	1993-10-06 00:00:00	电子工程	微电子	13567823682	250	NULL
3	0202103	邹德强	男	1987-06-12 00:00:00	社会工作	社区康复	15236782356	236	NULL
4	0101104	罗小秋	女	1995-03-12 00:00:00	国际教育	涉外英语	13687692361	242	NULL
5	0505105	张新	女	1996-07-18 00:00:00	文产系	诛游	15867536215	240	NULL
6	0606106	曹毅	男	1995-08-10 00:00:00	会计贸易	会计	18536283752	245	NULL
7	0707107	杨寿康	男	1994-07-13 00:00:00	工商管理	物流	18632878692	242	NULL
8	0808108	袁国	男	1995-09-02 00:00:00	工程管理	楼宇控制	13082332129	240	NULL
9	0304102	乐明于	男	1995-03-08 00:00:00	信息工程	电子	13254389876	218	NULL
10	0305103	陶军屹	女	1996-03-18 00:00:00	信息工程	物联网	15867323613	215	NULL

图 5.5　例 5-10 的执行结果

SELECT TOP 10　PERCENT * FROM　XS　则执行结果表示返回结果的前 10%行记录。

5.4.2　SELECT 语句查询满足条件的元组

条件查询是用得最多的一种查询方式，通过在 WHERE 子句中设置查询条件可以挑选符合需要的数据、修改某一记录、删除某一记录。条件查询本质是对表中的数据进行筛选，即关系运算中的“选择”操作。WHERE 子句常用的搜索条件如表 5.3 所示。

表 5.3　WHERE 子句常用的搜索条件

搜索条件	条件运算符
比较	=、>、<、>=、<=、<>、!>、!<
确定范围	BETWEEN AND、NOT BETWEEN AND
模式匹配	LIKE、NOT LIKE
确定集合	IN、NOT IN
空值	IS NULL、IS NOT NULL
多重条件	AND、OR、NOT

在 SELECT 语句中，WHERE 子句必须紧跟在 FROM 子句后，其基本格式为：

SELECT　<列名选项>

FROM　<表名>

WHERE <查询条件>

1. 使用比较运算符

我们使用比较运算符来比较表达式值的大小，比较运算符包括：=（等于）、>（大于）、<（小于）、>=（大于等于）、<=（小于等于）、!=（不等于）、<>（不等于）、!<（不小于）、!>（不大于）。运算结果为 TRUE 或 FALSE。

【例 5-11】在 XS 表中查询信息系（IM）的学生。

T-SQL 语句如下：

SELECT * FROM XS WHERE 所在系='信息'

显示的全为信息系的同学。

2. 使用逻辑运算符

逻辑运算符包括 AND、OR 和 NOT，用于连接 WHERE 子句中的多个查询条件。当一条语句中同时含有多个逻辑运算符时，取值的优先顺序为：NOT、AND 和 OR。

【例 5-12】在 STU 表中查询年龄在小于 18 或者大于 22，并且籍贯是河南的学生信息。

T-SQL 语句如下：

SELECT * FROM STU WHERE（年龄<18 or 年龄>22）and 籍贯='河南'

显示的满足条件的有三名同学。

3. 使用 LIKE 模式匹配

在查找记录时，若不是很适合使用算术运算符和逻辑运算符，则可能要用到更高级的技术。

LIKE 是模式匹配运算符，用于指出一个字符串是否与指定的字符串相匹配。使用 LIKE 进行匹配时，可以使用通配符，如表 5.4 所示，即可以使用模糊查询。

表 5.4　与 LIKE 一起使用的通配符

通配符	含　义	示　例
_（下划线）	表示可以和任何单个字符匹配	例 a_b 表示以 a 开头，以 b 结尾的长度为 3 的任意字符串，如 acb、abb 等
%（百分号）	表示可以和任意个字符匹配	例如：a%b 表示以 a 开头，以 b 结尾的任意长度的字符串，如 accb、ab 等
[-]	匹配指定范围内的任何单个字符	符合括号内“-”字符范围的任何一个字符，例如：[A-J]同 ABCDEF 的含义相同
[^]	匹配不在指定范围内的任何单个字符	表示不在括号内字符列表的字符，例如：[^A-F]

T-SQL 中使用的通配符有“%”、“_”、“[ ]”和“[^]”。通配符用在要查找的字符串的旁边。它们可以一起使用，使用其中的一种并不排斥使用其他的通配符。

“%”用于字符串的末尾或开始处，代表 0 个或任意多个字符。如要查找姓名中有“a”的教师，可以使用“%a%”，这样会查找出姓名中任何位置包含字母“a”的记录。

“_”代表单个字符。使用“_a”，将返回任何名字为两个字符且第二个字符是“a”的姓名记录。

“[ ]”允许在指定值的集合或范围中查找单个字符。如要搜索名字中包含介于 a-f 的单个字符的记录，可以使用 LIKE“%[a-f]%”；

“[^]”与“[]”相反，用于指定不属于范围内的字符。如[^abcdef]表示不属于 abcdef 集合中的字符。

【例 5-13】在 XS 表中查询姓“赵”的学生信息。

T-SQL 语句如下：

SELECT * FROM　XS　WHERE 姓名 like　'赵%'

4. 确定范围

T-SQL 中与范围有关的关键字有两个：BETWEEN 和 IN。

当要查询的条件是某个值的范围时，使用 BETWEEN…AND…来指出查询范围。其中，AND 的左端给出查询范围的下限，AND 的右端给出查询范围的上限。

【例 5-14】在 xskc 表中，查询成绩在 60 到 80 分的学生情况。

T-SQL 语句如下：

SELECT * FROM XSKC WHERE 成绩 between 60 and 80

关键字 IN 用来表示查询范围属于指定的集合。集合中列出所有可能的值，当表中的值与集合中的任意一个值匹配时，即满足条件。

【例 5-15】在 XS 表中查询计算机系和工商系同学的情况。

T-SQL 语句如下：

SELECT * FROM XS WHERE 系名 IN（'计算机', '工商'）

该语句等价于语句：

SELECT * FROM XS WHERE 系名='计算机' or 系名='工商'

执行结果如图 5.6 所示。

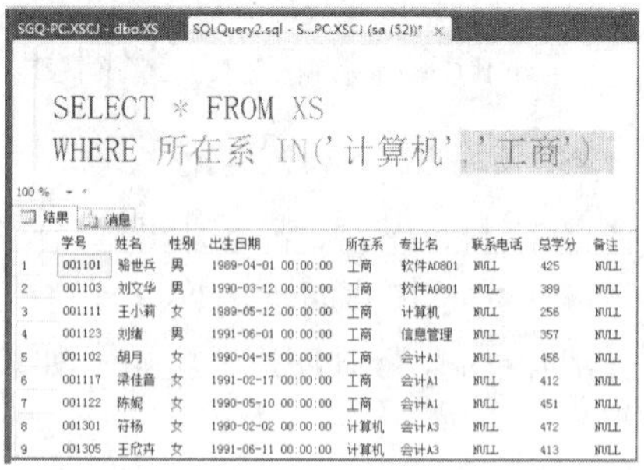

图 5.6 例 5-15 执行结果

5. **涉及空值 NULL 的查询**

值为“空”并非没有值，而是一个特殊的符号“NULL”。一个字段是否允许为空，需要在建立表的结构时设置。当要判断一个表达式的值是否为空值时，使用 IS NULL 关键字。

【例 5-16】查询缺少单科成绩的选课学生的信息。

T-SQL 语句如下：

SELECT * FROM sc WHERE 成绩 IS NULL

5.4.3 对查询结果排序

利用 ORDER BY 子句可以对查询的结果按照指定字段进行排序。

ORDER BY 子句格式如下：

ORDER BY 排序表达式[ASC|DESC]

说明：ASC 代表升序，DESC 表示降序，默认时为升序排列。对数据类型为 TEXT、NTEXT 和 IMAGE 的字段不能使用 ORDER BY 进行排序。

【例 5-17】查询 XS 表中全体女学生的情况，要求结果按照年龄降序排列。

T-SQL 语句如下：

SELECT * FROM XS WHERE 性别='女' ORDER BY 年龄 DESC

5.4.4 对查询结果统计

1. **使用聚合函数**

在 SELECT 语句中可以使用统计函数进行统计，并返回统计结果。聚合函数用于处理单个列中所选的全部值，并生成一个结果值。常用的聚合函数（也称统计函数）包括 COUNT（ ）、AVG（ ）、SUM（ ）、MAX（ ）和 MIN（ ）等，如表 5.5 所示。

COUNT 和 COUNT（*）函数的区别：

（1）COUNT 函数忽略对象中的空值，而 COUNT（*）函数将所有符合条件的都计算在内。

（2）COUNT 函数可以使用 DISTINCT 关键字来去掉重复值，COUNT（*）函数则不行。

（3）COUNT 函数不能计算定义为 text 和 image 数据类型的字段的个数，但可以使用 COUNT（*）函数来计算。

表 5.5　SQL Server2005 的常用聚合函数

函数名	函数功能
SUM（）	计算某一数值列的和
AVG（）	计算某一数值列的平均值
MIN（）	求某一数值列的最小值
MAX（）	求某一数值列的最大值
COUNT（）	统计满足 SELECT 语句中指定条件的记录数

【例 5-18】统计查询学生总人数，以及参加选课的学生的人数。

T-SQL 语句如下：

```
--学生选课总人数
SELECT COUNT（*）   AS 选课人次数 FROM   XS
--参加选课的学生人数
SELECT COUNT（DISTINCT 学号）   AS 选课人数 FROM   SC
```

【例 5-19】查询选修“1001”课程学生的最高分，最低分和平均分。

T-SQL 语句如下：

```
SELECT MAX（成绩）AS '最高分'，MIN（成绩）AS '最低分'，AVG（成绩）AS '平均分'
FROM   SC WHERE 课程号='1001'
```

2. **对结果进行分组**

在 T-SQL 中经常使用聚合函数和 GROUP BY 子句来实现统计计算。

GROUP BY 子句用于对表或视图中的数据按字段分组，还可以利用 HAVING 短语按照一定的条件对分组后的数据进行筛选。

GROUP BY 子句格式如下：

GROUP BY [ALL] 分组表达式[HAVING 查询条件]

注意：当使用 HAVING 短语指定筛选条件时，HAVING 短语必须与 GROUP BY 配合使用。

【例 5-20】求 XS 表中各个专业的学生人数。

T-SQL 语句如下：

```
SELECT 专业名，COUNT（*） as '学生人数' FROM XS GROUP BY 专业名
```

【例 5-21】查询 sc 表中选修了两门课并且成绩均不及格的学生的学号

分析：我们将 SC 表中的成绩不及格的学生按照学号分组，对各个分组进行筛选，找出记录数大于 2 的学生学号，进行结果输出。

T-SQL 语句如下：

```
SELECT sno FROM sc WHERE grade<60
    GROUP BY sno HAVING COUNT（*）>2
```

3. **分组汇总子句**

With rollup 子句与 With cube 子句，一般情况用在 GROUP BY 子句之后。

【例 5-22】查询课程号为 101 和 102 的选课人数和每位学生的选课人数。

```
select 学号，课程号，count（学号）   as 总数
```

from xskc　where 课程号 in（'101'，'102'）

group by 学号，课程号

with rollup

然而改写为如下：

select 学号，课程号，count（学号）　as 总数

from xskc　where 课程号 in（'101'，'102'）

group by 学号，课程号

with cube

结果会增加一汇总行。

4. grouping sets 子句

grouping sets 子句，可以替换 rollup 和 cube 的功能，产生相同结果的统计信息。在括号上需加汇总哪些字段的小计，即使用逗号分隔各括号所括起的字段，最后的括号是总计。如对 with rollup 语句可改写为：

```
select 学号，课程号，count（学号）　as 总数
from xskc　where 课程号 in（'101'，'102'）
group by grouping sets
(
    （学号，课程号），
    （学号），
    （）
)
```

而 with cube 语句可改写为与之等价的语句：

```
select 学号，课程号，count（学号）　as 总数
from xskc　where 课程号 in（'101'，'102'）
group by grouping sets
(
    （学号，课程号），
    （学号），（课程号），

    （）
)
```

5. offset 子句

offset 子句可以指定位移几笔记录来开始返回结果，但必须用在 order by 子句之后，语法如下：

offset n row|rows

【例 5-23】查询 XS 表中的学生记录，显示出从第 1 笔开始，往后位移 5 笔后，返回第 6 笔之后的学生记录数据。

select 学号，姓名，总学分

```
    from xs
order by 学号
```

在没有加 offset 时的结果如图 5.7 所示。

```
select 学号，姓名，总学分
    from xs
order by 学号
offset 5 rows
```

加了 offset 5 rows 后，查询结果从第 6 条记录开始，如图 5.8 所示。

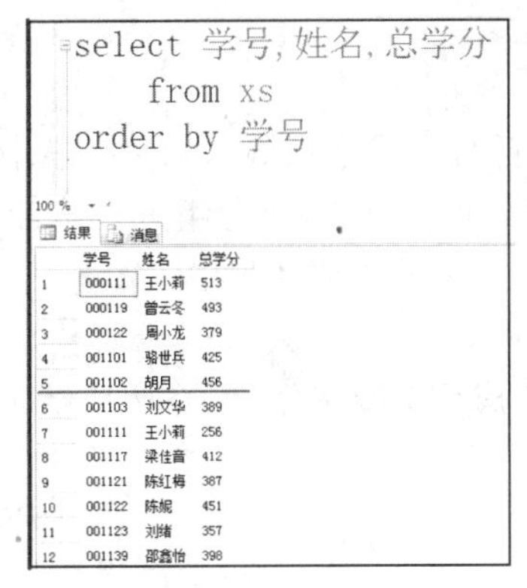

图 5.7 【例 5-23】没有加 offset 时的结果

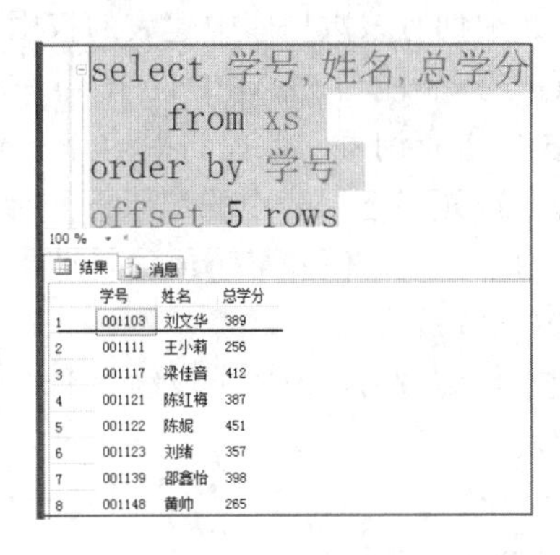

图 5.8 【例 5-23】加 offset 时的结果

6. fetch next 子句

fetch next 子句位于 offset 子句之后，可以指定返回位移之后的几笔记录。

fetch first|next n row|rows only

【例 5-24】查询 XS 表中的学生记录，显示出从第 1 笔开始，往后位移 5 笔之后，返回第 6 笔之后的连续 7 条学生数据。

```
select 学号，姓名，总学分
    from xs
order by 学号
offset 5 rows
fetch next 7 rows only
```

代码运行效果如图 5.9 所示。

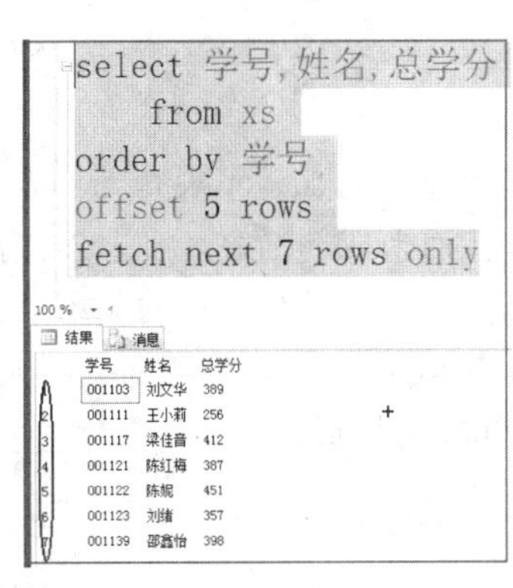

图 5.9 【例 5-24】加 offset 和 fetch 时的结果

7. isnull 函数

如果有域值为 null 时，可以使用 isnull 函数来输出替代值。

【例 5-25】示例。

```
select 学号，姓名，isnull（总学分，'无成绩'） as 成绩
    from xs
```

5.4.5 用查询结果生成新表

在实际的应用系统中，用户有时需要将查询结果保存成一个表。这个功能可以通过

SELECT 语句中的 INTO 子句来实现，用以表明查询结果的去向。如果需要将查询得到的结果存入新的数据表中，就需要使用 INTO 语句：INTO <新表名>，可用来创建新表，存储记录。

SELECT　<列名选项>

into 新表名

FROM　<表名>

说明：新表名是被创建的新表，查询的结果集中的记录将添加到此表中；

新表的字段由结果集中的字段列表决定；

如果表名前加“#”，则创建的表为临时表；

用户必须拥有该数据库中建表的权限；

INTO 子句不能与 COMPUTE 子句一起使用。

【例 5-26】查询每门课程的平均分、最高分、最低分，将结果输出到一个表中保存。

分析：首先将选课表中的记录按照课程号进行分组，再对各个分组进行统计，找出每个小组的平均值、最大值和最小值，将结果输出到一个新表课程成绩表中。

T-SQL 语句如下：

SELECT 课程号，AVG（成绩）平均分，MAX（成绩）最高分，MIN（成绩）最低分 into 课程成绩表

FROM SC

GROUP BY 课程号

--查看课程成绩表

SELECT * FROM 课程成绩表

任务 5.5　连接查询

以上介绍的都是单表查询。在实际应用中，经常需要把两个或者多个表按照给定的条件进行连接而形成新的表。多表连接使用 FROM 子句指定多个表，连接条件指定各列之间（每个表至少一列）进行连接的关系。连接条件中的列必须具有一致的数据类型。

在 T-SQL 中，连接查询有两大类实现形式：一类是使用等值连接形式，另一类是使用关键字 JOIN 连接形式。

1. 等值连接

等值连接的连接条件是在 WHERE 子句中给出的，只有满足连接条件的行才会出现在查询结果中。这种形式也被称为连接谓词表示形式，是 SQL 语言早期的连接形式。等值连接的连接条件格式：

表名 1.字段名 1=表名 2.字段名 2

【例 5-27】从 XS 表和 sc 表中，查询所有不及格的学生的学号、学生姓名、所属院系、所选的课程号和成绩。

T-SQL 语句如下：

SELECT XS.学号，姓名，所属院系，课程号，成绩

FROM XS，sc

WHERE XS.学号=sc.学号　and 成绩<60

说明：

① 本例中，WHERE 子句既有查询条件（成绩<60），又有连接条件（student.学号=sc.学号）。

② 连接条件中的两个字段称为连接字段，它们必须是具有一致的数据类型。如本例中连接字段分别为 XS 表的学号字段和 sc 表中的学号字段；

③ 在单表查询中，所有的字段都来自于同一张表，故在 SELECT 语句中不需要特别说明。但是在多表查询中，有的字段（如学号字段）在几个表中都出现了，引用时就必须说明其来自哪个表，否则就可能引起混乱，造成语法错误；

连接条件中使用的比较符可以是<、<=、=、>、>=、!=、<>、!<和!>。当比较符为“=”时，就是等值连接。

2. JOIN 关键字连接多个表

T-SQL 扩展了连接的形式，引入了 JOIN…ON 关键字连接形式，从而使表的连接运算能力得到了增强。JOIN…ON 关键字放在 FROM 子句中，命令格式如下：

FROM <表名 1> [INNER]|{|LEFT|RIGHT|FULL} [OUTER]] JOIN <表名 2> ON <连接条件>

这种连接形式通过 FROM 给出连接类型，用 JOIN 表示连接，用 ON 给出连接条件。

JOIN 提供了多种类型的连接方法：内连接、外连接和交叉连接。它们之间的区别在于：从相互关联的不同表中选择用于连接的行时所采用的方法不同。

（1）内连接 INNER 查询。内连接是最常见的一种连接，也被称为普通连接或自然连接，它是系统默认形式，在实际使用中可以省略 INNER 关键字。

【例 5-28】也可以改写成如下形式实现：

```
SELECT XS.sno，sname，sdept，cno，grade
FROM XS JOIN XSKC ON XS.sno=XSKC.sno
WHERE grade<60
```

使用 JOIN…ON 替换了上例中的 WHERE 子句的连接条件。内连接与等值连接效果相同，仅当两个表中都至少有一行符合连接条件时，内连接才返回行。

（2）外连接 OUTER 查询。外连接是指连接关键字 JOIN 后面表中指定列连接在前一表中指定列的左边或者右边。如果两表中指定列没有匹配行，则返回空值。外连接的结果不但包含满足连接条件的行，还包含相应表中的所有行。外连接有三种形式，其中的 OUTER 可以省略：

① 左外连接（LEFT OUTER JOIN 或 LEFT JOIN）：包含左边表的全部行（不管右边的表中是否存在与它们匹配的行），以及右边表中全部满足条件的行。

② 右外连接（RIGHT OUTER JOIN 或 RIGHT JOIN）：包含右边表的全部行（不管左边的表中是否存在与它们匹配的行），以及左边表中全部满足条件的行。

③ 全外连接（FULL OUTER JOIN 或 FULL JOIN）：包含左、右两个表的全部行，不管另外一边的表中是否存在与它们匹配的行，其实全外连接将返回两个表的所有行。

在现实生活中，参照完整性约束可以减少对于全外连接的使用。一般情况下左外连接就足够了。但在数据库中没有利用清晰、规范的约束来防范错误数据情况下，全外连接就变得非常有用了，你可以使用它来清理数据库中的数据。

【例 5-29】分别用左外连接和右外连接查询 XS 表和 sc 表中的学生的 Sno、Cno、Sname 和 Grade。比较查询结果的区别并分析。

左外连接 T-SQL 语句如下：

```
SELECT XS.sno，cno，sname，grade
    FROM XS LEFT [outer] JOIN XSKC ON XSKC.sno=XS.sno
```

右外连接 T-SQL 语句如下：

```
SELECT XS.sno，cno，sname，grade
    FROM   XS   RIGHT[outer] JOIN XSKC ON sc.sno=XS.sno
```

完全外连接 T-SQL 语句如下：

```
SELECT XS.sno，cno，sname，grade
    FROM XS   FULL[outer] JOIN XSKC ON sc.sno=XS.sno
```

（3）交叉连接（CROSS JOIN）。交叉连接即两个表的笛卡儿积，返回结果是由第一个表的每行与第二个表的所有行组合后形成的表，因此，数据行数等于第一个表中符合查询条件的数据行数乘以第二个表中符合查询条件的数据行数。交叉连接关键字 CROSS JOIN 后不跟 ON 短语引出的连接条件。

【例 5-30】交叉连接 student 和 sc 两表，查看新表的行数。

T-SQL 语句如下：

```
SELECT * FROM XS
SELECT * FROM XSKC
SELECT XS.*，XSKC.*   FROM XS CROSS JOIN XSKC
```

执行结果如图 7.20 所示，可以看到，XS 表有 239 行，sc 表有 929 行，因此，两表相乘有 222 031 行。

任务 5.6 嵌套查询

在 SELECT 查询语句中，子查询也称为嵌套查询，是一个嵌套在 SELECT 中的查询语句。处于内层的查询称为子查询，处于外层的查询称为父查询。任何允许使用表达式的地方都可以使用子查询。T-SQL 语句支持子查询，正是 SQL 结构化的具体体现。

子查询 SELECT 语句必须放在括号中，子查询可以返回一行或多行数据，在返回的数据中，用作查询条件时，通常也只需要符合条件的其中一列，用子查询来测试 Where 子句中的数据行是否存在于其中。

🔔 **注意：**ORDER BY 子句只能对最终查询结果排序，即在子查询中的 SELECT 语句中不能使用 ORDER BY 子句。

5.6.1 带有 IN 谓词的子查询

由于子查询的结果是记录的集合，故常使用谓词 IN 来实现。

IN 谓词用于判断一个给定值是否在子查询结果集中。当父查询表达式与子查询的结果集中的某个值相等时，返回 TRUE，否则返回 FALSE。同时，可以在 IN 关键字之前使用 NOT，表示表达式的值不在查询结果集中。

【例 5-31】查询至少有一门课程不及格的学生的信息。

T-SQL 语句如下：

```
SELECT * FROM XS WHERE sno IN
```

（SELECT sno FROM XS WHERE grade<60）

在执行包含子查询的 SELECT 语句时，系统先执行子查询，产生一个结果表。在本例中，系统先执行子查询，得到所有不及格学生的 sno，再执行父查询，若 XS 表中某行的 sno 值等于子查询结果表中的任一值，则该行就被选择。

5.6.2 带有比较运算符的子查询

使用带有比较运算符的子查询，是当用户能确切知道子查询返回的是单值时，可以在父查询 WHERE 子句中，使用比较运算符进行比较查询。这种查询可以认为是 IN 子查询的扩展。

【例 5-32】从 XSKC 表中查询王小华同学的考试成绩信息，显示 XSKC 表所有字段。

T-SQL 语句如下：

```
SELECT * FROM XSKC WHERE sno=
    （SELECT sno FROM XS WHERE sname='王小华'）
```

我们通过查询语句：

```
SELECT * FROM XS WHERE sname='王小华'
```

能够验证，查询结果显示的是王小华同学的考试成绩信息。

5.6.3 带有 ANY、SOME 或 ALL 关键字的子查询

使用 ANY、SOME 或 ALL 关键字对子查询进行限制。

ALL 代表所有值，ALL 指定的表达式要与子查询结果集中的每个值都进行比较，当表达式与每个值都满足比较关系时，才返回 TRUE，否则返回 FALSE。

SOME 或 ANY 代表某些或者某个值，表达式只要与子查询结果集中的某个值满足比较关系时，就返回 TRUE，否则返回 FALSE。

【例 5-33】查询考试成绩比王小华同学高的学生信息。

在上题的基础上，我们进一步进行查询嵌套：如果使用 ANY，则查询结果是只要比王小华同学任一门成绩高的学生信息；使用 ALL，则查询结果是比王小华同学所有的成绩都要高的学生信息。

T-SQL 语句为：

```
SELECT * FROM XSKC WHERE grade >ALL
    （SELECT grade FROM XSKC WHERE sno=
        （SELECT sno FROM XS WHERE sname='王小华'））
go
SELECT * FROM XSKC WHERE grade >ANY
    （SELECT grade FROM XSKC WHERE sno=
        （SELECT sno FROM XS WHERE sname='王小华'））
go
```

5.6.4 带有 EXISTS 谓词的子查询

EXISTS 称为存在量词，WHERE 子句中使用 EXISTS 表示当子查询的结果非空时，条件为 TRUE，反之则为 FALSE。EXISTS 前面也可以加 NOT，表示检测条件为“不存在”。

EXISTS 语句与 IN 非常类似，它们都根据来自子查询的数据子集测试记录数据的值。不同之处在于，EXISTS 使用连接将列的值与子查询中的列连接起来，而 IN 不需要连接，它直接用条件值与子查询集中的每一个值进行比较。

【例 5-34】查询没有选修 101 课程的学生的信息。

T-SQL 语句如下：

```
SELECT * FROM XS    WHERE     NOT EXISTS
      （SELECT * FROM XSKC WHERE sno=XS.sno AND cno='101'）
```

任务 5.7　联合查询

除了上面介绍的 SELECT 语句的主要子句外，SELECT 还有个常用子句：UNION 子句。它可以实现更为完备的功能。

5.7.1　UNION 操作符

T-SQL 支持集合的并（UNION）运算，执行联合查询。需要注意的是，参与并运算操作的两个查询语句，其结果应具有相同的字段个数，以及相同的对应字段的数据类型。

并集 union 的语法格式：

```
select 字段列表 from 数据表 1
union [all]
select 字段列表 from 数据表 2
```

功能：将两个数据表的记录结合在一起，如果有重复记录，只显示其中一笔。如果加上 all 关键词，就显示所有重复记录。

【例 5-35】查询“会计贸易”系的女学生和“信息工程”的男学生信息。

```
SELECT *
FROM xs
WHERE 性别='男' AND 所在系='信息工程'
UNION
SELECT *
FROM xs
WHERE 性别='女' AND 所在系='会计贸易'
```

【例 5-36】将 XS 表的学号，与 XSKC 表的学号合并。

```
select 学号 from xs
union all
select 学号 from xskc
```

【例 5-37】查询会计 A2 专业的女学生和软件技术专业的男学生信息。

T-SQL 语句为：

```
SELECT * FROM   xs   where 专业名='会计 A2' and 性别='女'
UNION
SELECT * FROM   xs   where 专业名='软件技术' and 性别='男'
```

5.7.2 INTERSECT 操作符

INTERSECT 操作符返回两个查询检索出的共有行。

交集 intersect 的语法格式：

```
select 字段列表 from 数据表 1
intersect
select 字段列表 from 数据表 2
```

功能：从两个数据表中取出同时存在的记录。

【例 5-38】查询 XSQK 表与 XSKC 表中的相同学号。

```
select 学号 from xs
intersect
select 学号 from xskc
```

【例 5-39】查询选修了课程名中含有“数学”两个字的课程并且也选修了课程名含有“系统”的课程的学生姓名。

```
SELECT 姓名
FROM xs，xskc，kc
WHERE xs.学号=xskc.学号 AND xskc.课程号=kc.课程号
          AND 课程名 LIKE '%数学%'
INTERSECT
SELECT 姓名
FROM xs，xskc，kc
WHERE xs.学号=xskc.学号 AND xskc.课程号=kc.课程号
          AND 课程名 LIKE '%系统%'
```

5.7.3 EXCEPT 操作符

EXCEPT 操作符返回将第二个查询检索出的行从第一个查询检索出的行中减去之后剩余的行。下面这个例子使用了 EXCEPT。

差集 except 的语法格式：

```
select 字段列表 from 数据表 1
except
select 字段列表 from 数据表 2
```

功能：只取出存在第一行 select 命令的记录，但是不存在第 2 行 select 命令的记录。

【例 5-40】查询 XSQK 表中，没有在 XSKC 表中出现过的学生学号。

```
select 学号 from xsqk
except
select 学号 from xskc
```

【例 5-41】查询选修了“高等数学”课，却没有选修“操作系统”课的学生姓名。

```
SELECT 姓名
FROM xs，xskc，kc
```

WHERE xs.学号=xskc.学号 AND xskc.课程号=kc.课程号 AND 课程名='高等数学'
EXCEPT
SELECT 姓名
FROM xs，xskc，kc
WHERE xs.学号=xskc.学号 AND xskc.课程号=kc.课程号 AND 课程名='操作系统'

任务 5.8 使用排序函数

在 SQL Server 2012 中，可以对返回的查询结果排序。排序函数提供了一种按升序的方式组织输出结果集。用户可以为每一行，或每一个分组指定一个唯一的序号。SQL Server 2012 中有四个可以使用的函数，分别是：ROW_NUMBER 函数、RANK 函数、DENSE_RANK 函数和 NTILE 函数。

1. ROW_NUMBER（ ）

ROW_NUMBER 函数返回结果集分区内行的序列号，每个分区的第一行从 1 开始，返回类型为 bigint。

语法格式如下：

ROW_NUMBER（ ）OVER([PARTITION BY value_expression，... [n]] order_by_clause ）

【例 5-42】将学生信息按性别划分区间，同一性别再按年龄来排序。将相同性别的学生再按出生日期进行排序。

代码如下：

SELECT ROW_NUMBER（ ）OVER（PARTITION BY 性别 ORDER BY 出生日期）AS 年龄序号，姓名，出生日期
FROM XS

2. RANK（ ）

RANK 函数返回结果集的分区内每行的排名。RANK 函数并不总返回连续整数。行的排名是相关行之前的排名数加一。返回类型为 bigint。语法格式如下：

RANK（ ）OVER（ [partition_by_clause] order_by_clause）

说明： partition_by_clause 为将 FROM 子句生成的结果集划分为要应用 RANK 函数的分区；order_by_clause 为确定将 RANK 值应用于分区中的行时所基于的顺序。

【例 5-43】按学生出生日期将学生记录进行排序。

代码如下：

SELECT RANK（ ） OVER （ORDER BY 出生日期） AS 出生时间，姓名，出生日期
FROM XS

3. DENSE_RANK（ ）

返回结果集分区中行的排名，在排名中没有任何间断。行的排名等于所讨论行之前的所有排名数加一。返回类型为 bigint。语法格式如下：

DENSE_RANK（ ） OVER（[<partition_by_clause>] <order_by_clause>）

说明： <partition_by_clause>将 FROM 子句生成的结果集划分为多个应用 DENSE_RANK

函数的分区；<order_by_clause>确定将 DENSE_RANK 函数应用于分区中各行的顺序。

【例 5-44】用 DENSE_RANK 函数实现按出生日期将学生记录进行排序。

代码如下：

SELECT DENSE_RANK（ ）OVER（ORDER BY 出生日期）AS 出生先后，姓名，出生日期

FROM xs

4. NTILE（ ）

NTILE 的 Transact-SQL 语法约定如下：

NTILE （integer_expression）OVER（[<partition_by_clause>] <order_by_clause>）

说明：

（1）integer_expression：一个正整数常量表达式，用于指定每个分区必须被划分成的组数。integer_expression 的类型可以是 int 或 bigint。

（2）<partition_by_clause>：将 FROM 子句生成的结果集划分成此函数适用的分区。若要了解 PARTITION BY 语法，请参阅 MSDN 的 OVER 子句（Transact-SQL）。

（3）<order_by_clause>：确定 NTILE 值分配到分区中各行的顺序。当在排名函数中使用<order_by_clause>时，不能用整数表示列。

返回类型：bigint。

【例 5-45】用 NTILE 函数实现对 XS 表进行分组处理。

代码如下：

SELECT NTILE（4） OVER （ORDER BY 出生日期） AS 出生先，姓名，出生日期

FROM XS

任务 5.9 动态查询

动态语句可以由完整的 SQL 语句组成，也可以根据操作分类，分别指定 SELECT 或 INSERT 等关键字，同时也可以指定查询对象和查询条件。

动态 SQL 语句是在运行时由程序创建的字符串，它们必须是有效的 SQL 语句。

普通 SQL 语句可以用 Exec 执行。例如下面的代码：

--普通的 SQL 语句

SELECT * FROM KC

--利用 EXEC 执行 SQL 语句

EXEC（'SELECT * FROM KC'）

--使用扩展存储过程执行 SQL 语句

EXEC sp_executesql 'SELECT * FROM KC'

【例 5-46】用动态查询实现查询课程的信息。

代码如下：

DECLARE @CNAME varchar（20）

SET @CNAME='课程名'

SELECT @CNAME FROM KC --没有语法错误，但结果为固定值“课程名”

```
EXEC（'SELECT '+@CNAME +' FROM KC'）
```

EXEC 命令的参数是一个查询语句，下面可以将字符串改成变量的形式，代码如下：

```
DECLARE @CNAME varchar（20）   --声明一个字段名
SET @CNAME='课程名'
DECLARE @sqlvarchar（1000）   --声明变量用来存放字符串
SET @sql='SELECT '+@CNAME +' FROM KC'
EXEC（@sql）
```

任务 5.10　回到工作场景

（1）查询学生表中所有学生的学号和姓名。

（2）查询学生表中所有学生的年龄。

（3）查询学生表班级编号为“10801”的学生学号和姓名。

（4）查询所有姓“李”并且名字为两个字的学生姓名和班级编号。

（5）查询 20702 班的学生或所有班级的女学生的姓名和电话号码。

（6）查询所有不姓“李”的学生姓名和班级编号。

（7）查询所有出生日期早于 1988 年 4 月 1 日或晚于 1988 年 7 月 31 日的学生姓名、学号和出生日期。

（8）查询所有电话号码不为空的学生姓名、学号和电话号码。

（9）查询 10701 班所有学生的姓名、学号和出生日期，结果按性别升序和出生日期降序排列。

（10）查询课程号为 00100001 的所有成绩，取前 5%。

（11）查询课程号为 00100001 的所有成绩，取前 5 名（含并列名次）。

（12）查询各班级的人数。

（13）查询总人数大于 2 人的各班级人数。

（14）查询所有互为同班同学的学号和姓名。

（15）查询已修课程门数高于 200701001 号的所有学生的学号和成绩。

（16）查询 10701 班的学生学号、姓名和出生日期。

（17）查询班级名称不是电子 200701、电子 200702、机电 200701、机电 200702 的学生学号、姓名和出生日期。

（18）查询不是“电子工程系”学生的学号、姓名和出生日期。

（19）查询与学号为 10701001 的学生同班同学的学号和姓名。

（20）查询成绩低于该门课程平均成绩的学生编号、课程编号和成绩。

任务 5.11　案例训练营

1. 查询课程表中所有课程的课程编号和课程名称。
2. 查询课程表课程编号为 00100001 课程的名称和学分。
3. 查询所有学分等于 4 的课程编号和课程名称。
4. 查询所有学分等于 4 的基础课的课程编号和课程名称。

5. 查询成绩表中小于 80 分或大于 90 分的学生编号、课程编号和成绩。

6. 查询成绩表中课程编号为 00100001 的学生编号、课程编号和成绩，结果按成绩升序排列。

7. 查询成绩表中学生编号为 10701001 的所有成绩，取前 3 项。

8. 查询成绩表中学生编号为 10701001 的学生编号、课程编号和成绩，要求结果集中各栏标题分别为“学生编号”、“课程编号”和“成绩”。

9. 查询成绩表中课程编号为 00100001 的最高成绩。

10. 查询成绩表中各门课程的最高成绩，要求大于 90 分。

11. 查询“高等数学”课程的所有学生编号和成绩。

12. 查询电子工程系学生的学生编号、课程编号和成绩。

13. 查询班级名称为电子 200701、电子 200702、机电 200701、机电 200702 的学生的学生编号、课程编号和成绩。

14. 查询 20702 班比 20701 班所有学生都小的学生的学生编号、课程编号和成绩。

15. 查询比所有 10701 班学生的平均成绩高的学生的学生编号、课程编号和成绩。

模块 6　T-SQL 编程语言

对于大多数的管理任务，SQL Server 2012 既提供了 SQL Server Management Studio 管理平台实现工具，同时又提供了 T-SQL 接口。T-SQL 是 Transact-SQL 的简写，它是 SQL Server 的编程语言，是微软对结构化查询语言（SQL）的具体实现和扩展。利用 Transact-SQL 语言可以编写触发器、存储过程、游标等数据库语言程序，进行数据库开发。本章主要介绍 T-SQL 编程中用到的基础知识，包括运算符、表达式、函数及流程控制语句。

本章学习目标

掌握 T-SQL 编程基础知识；掌握 T-SQL 表达式的使用；掌握 T-SQL 语句的使用。

任务 6.1　工作场景导入

现在，教务处工作人员小吴在工作中需要使用 SQL Server 完成更多的操作。具体的操作需求如下。

判断 2010 年是否为闰年。

在学生表中插入记录，其中学生编号为 20702100，班级编号为 20702，如果有错误则输出错误信息。

将班级编号为 10701 的班级记录的班级编号更改为 10703，然后将该班级所有学生的班级编号也更改为 10703。如果有错误，则输出“无法更改班级编号”，并撤销所有数据更改。

引导问题：

（1）在 SQL Server 中能使用的编程语言是什么？有什么语法元素？

（2）能不能在 SQL Server 中的编程语言中进行错误处理？

（3）如果有多个 T-SQL 语句需要作为一个不可分割的执行单元，该怎么做？

任务 6.2　T-SQL 基础

T-SQL 是 Microsoft 公司在关系型数据库管理系统 SQL Server 中的 SQL-3 标准的实现，是微软对 SQL 的扩展，具有 SQL 的主要特点，同时增加了变量，运算符，函数，流程控制和注释等语言元素，使得其功能更加强大。T-SQL 对 SQL Server 十分重要，SQL Server 中使用图形界面能够完成的所有功能，都可以利用 T-SQL 来实现。使用 T-SQL 操作时，与 SQL Server 通信的所有应用程序都通过向服务器发送 T-SQL 语句来进行，而与应用程序的界面无关。

根据其完成的具体功能，可以将 T-SQL 语句分为四大类，分别为数据定义语句，数据操作语句，数据控制语句和一些附加的语言元素。

下面介绍 T-SQL 语句中的一些基础知识。

6.2.1　T-SQL 的特点

Transact-SQL 语言是微软对 SQL 语言的扩展。不同的数据库供应商一方面采纳了 SQL 语言作为自己数据库的操作语言，另一方面又对 SQL 语言进行了不同程度的扩展。这种扩展主要是基于两个原因：第一个原因是数据库供应商开发的系统早于 SQL 标准的制定时间；第二个原因是不同的数据库供应商为了达到特殊性能和实现新的功能，对标准的 SQL 语言进行了扩展。

Transact-SQL 语言是一种交互式查询语言，具有功能强大、简单易学的特点。该语言既允许用户直接查询存储在数据库中的数据，也可以把语句嵌入到某种高级程序设计语言例如：C、COBOL、Java、C#中。

同任何程序语言一样，Transact-SQL 语言有自己的数据类型、表达式、关键字和语句结构。当然，Transact-SQL 语言与其他语言相比，要简单得多。

6.2.2 标识符

SQL 标识符是由用户定义的 SQL Server 可识别的有特定意义的字符序列。SQL 标识符通常用来表示服务器名、用户名、数据库名、表名、变量名、列名及其他数据库对象名，如视图、存储过程、函数等。标识符的命名原则必须遵守以下规则：

（1）必须以英文字母、#、@或下划线 _ 开头，后续字母、数字、下划线 _ 、#和$组成的字符序列。其中以@和#为首字符的标识符具有特殊意义。

（2）字符序列中不能有空格或除上述字符以外的其他特殊字符。

（3）不能是 Transact-SQL 语言中的保留字，因为它们已被赋予了特殊意义。

说明： Microsoft SQL server 2012 中的保留字是指系统内部定义的、具有特定意义的一串字符序列，可被用来定义、操作或访问数据库。尽管在 SQL Server 2005 中的保留字作为标识符和对象名在语法上是可行的，但规定只能使用分隔标识符。Microsoft SQL Server 2012 中使用 174 个保留字来定义、操作或访问数据库和数据库对象。

（4）字母不区分大小写。

（5）标识符的长度不能超过 128 个字符。在 SQL Server 7.0 之前的版本则限制在 30 个字符之内。

（6）中文版的 SQL Server 可以使用汉字作为标识符。

6.2.3 对象命名规则

数据库对象的命名规则格式如下：

[[[server_name.][database_name.]][owner_name.]]object_name

说明： server_name：对象所在服务器的名称。

database_name：对象所在的数据库名称。

owner_name：表示对象的所有者。若当前用户不是所有者，则当前用户使用过程时必须指定所有者名称。

object_name：表示对象的名称。

6.2.4 T-SQL 语法格式约定

Transact-SQL 语句中的语法格式约定如下：

（1）大写字母：代表 T-SQL 中的关键字，如 UPDATE、INSERT 等。

（2）小写字母或斜体：表示表达式、标识符等。

（3）大括号“{}”：大括号中的内容为必选参数，其中可以包含多个选项，各个选项之间用竖线隔离，用户必须从选项中选择其中一项。

（4）方括号“[]”：它所列出的项为可选项，用户可以根据需要选择使用。

（5）小括号“( )”：语句的组成部分，必须输入。

（6）竖线“|”：表示参数之间是“或”的关系，用户可以从其中选择任何一个。

（7）省略号“…”：表示重复前面的语法项目。

（8）加粗：数据库名、表名、列名、索引名、存储过程、实用工具、数据类型名以及必须按所显示的原样输入的文本。

（9）标签“<label>：：=”：语法块的名称，此规则用于对可在语句中的多个位置使用的过长语法或语法单元部分进行分组和标记。

（10）注释：表示对程序结构及功能的文字说明，一般穿插在程序中并以特殊的标记标注出来。在 SQL Server 中，单行注释使用两个连在一起的减号“ –（注释内容）”表示。多行注释使用“/*……（注释内容）…… */”来表示。

任务 6.3　T-SQL 表达式

6.3.1　常量、变量、函数

1. 常量

常量，也称为文字值或标量值，是表示一个特定数据值的符号。常量的格式取决于它所表示的值的数据类型。在 SQL 中提供了对常量的支持，以方便用户更好更灵活地使用 SQL 语句。SQL 中的常量分为 4 种，分别为字符串常量、整型常量、实型常量、日期时间常量以及符号常量等。

（1）字符串常量。字符串常量括在单引号内，并包含字母、数字字符（a ~ z、A ~ Z 和 0 ~ 9）以及特殊字符，如感叹号（！）、at 符（@）和数字号（#）。将为字符串常量分配当前数据库的默认排序规则，除非使用 COLLATE 子句为其指定了排序规则。用户输入的字符串通过计算机的代码页计算，如有必要，将被转换为数据库的默认代码页。字符串常量的引入，极大地方便了使用 SQL 语句进行查询、添加等操作。例如，xuesheng 就是字符串常量。

（2）数字常量。整数和浮点数类型的数据都可以作为数字常量使用。

整数型常量以没有用引号括起来并且不包含小数点的数字字符串来表示。整数型常量必须全部为数字，它们不能包含小数，例如：1000。

实型常量又称浮点常量，是一个十进制表示的符号实数。符号实数的值包括整数部分、尾数部分和指数部分。例如：5.55，-12E5。字母 E 或 e 之前必须有数字，且 E 或 e 后面指数必须为整数，如 e3、21e3.5、e3、e 等都是不合法的指数形式。

（3）日期和时间常量。Datetime 常量使用特定格式的字符日期或时间值来表示，并被单引号括起来。例如'April 15，1998'为日期常量，'14：30：24'为时间常量。

大多数数据库系统都提供了时间和日期的转换函数，以使其系统中时间和日期的格式得以统一。

🔔 **注意：**通常时间和日期的使用都必须结合转换函数一起使用，以保证进行操作时时间和日期的格式是相同的。

（4）符号常量。SQL 语言还包含了许多特殊的符号常量，如 CURRENT_DATE、CURRENT_TIME、USER、SYSTEM_USER、SESSION_USER 等。这些都是在当前数据库系统中使用得比较多的，也很有用的符号常量。

2. 变量

变量是指在程序执行过程中其值可发生变化的量，它是一种语言中必不可少的组成部分，在程序中通常用来保存程序执行过程中的计算结果或者输入输出结果。

🔔 **注意：**① 变量遵循“先定义再使用”的原则。

② 定义一个变量包括用合法的标识符作为变量名和指定变量的数据类型。

③ 建议给变量取名时能用代表变量用途的标识符。

Transact-SQL 语言中有两种形式的变量：一种是用户自己定义的局部变量，另一种是系统提供的全局变量。

（1）局部变量。局部变量一般用在批处理、存储过程和触发器中。

局部变量的声明语法：

DECLARE @变量名 数据类型[，...n]

说明：

- DECLARE 关键字用于声明局部变量。
- 局部变量名前必须加上字符“@”，用于表明该变量名是局部变量。
- 同时声明几个变量时彼此间用“，”分隔。
- 局部变量的赋值。

局部变量可以借助以下两种方法赋值。

① 通过 SET 来赋值。其语法：

SET @变量名=表达式

【例 6-1】创建两个局部变量@var1，@var2，并赋值，然后输出变量的值。

Declare @var1 char（4），@var2 char（20）

Set @var1='我们'

Set @var2=@var1+'都是好朋友！'

Select @var1，@var2

运行结果如图 6.1 所示。

```
Declare @var1 char(4),@var2 char(20)
Set @var1='我们'
Set @var2=@var1+'都是好朋友！'
Select @var1,@var2
```

（无列名）	（无列名）
我们	我们都是好朋友！

图 6.1　例 6-1 执行结果

说明：

- 局部变量没有赋值时其值是 NULL。
- 不能在一个 SET 语句中同时对几个变量赋值，如果想借助 SET 给几个变量赋值，则必须分开书写。

② 通过 SELECT 赋值。其语法：

SELECT @变量名=表达式[，...n][FROM 表名][WHERE 条件表达式]

【例 6-2】使用查询给变量赋值。

Use xscj

```
Declare @stu char(8)
Select @stu=姓名
From xsqk
Where 学号='0303101'
Select @stu as 姓名
```

运行结果如图 6.2 所示。

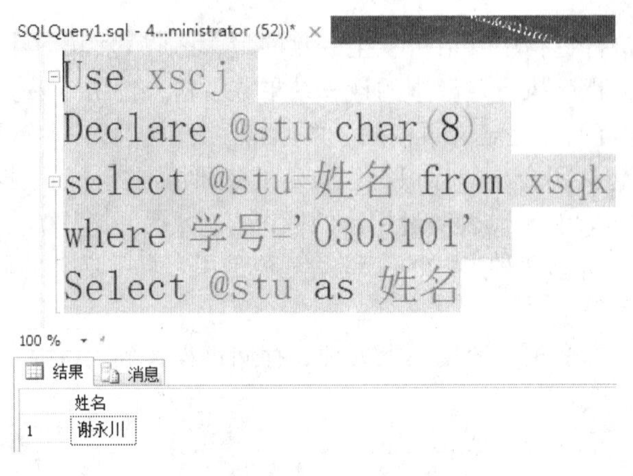

图 6.2 例 6-2 执行结果

说明：

- 用 SELECT 语句赋值时如果省略了 FROM 子句等同于上面的 SET 方法。不省略时，那么就将查询到的记录数据赋给局部变量。如果返回了多行记录，那么就将最后一行记录的数据赋给局部变量。所以尽量限制 WHERE 的条件，使得只有一条记录返回。
- SELECT 可以同时给几个变量赋值。

（2）全局变量。全局变量是 SQL Server 系统本身提供且预先声明的变量。全局变量在所有存储过程中随时有效，用户只能使用，不能改写，也不能定义与全局变量同名的局部变量。引用全局变量时，必须以标记符“@@”开头。

3. 函数

函数从本质上讲，是一个子程序，它将经常要使用的代码封装在一起，以便在需要时可多次使用而无需重复编程。T-SQL 语言与其他大多数编程语言一样，包含许多函数，同时用户也可以自定义函数。SQL Server 2012 中的函数可分为内部函数和自定义函数两种。

（1）内部函数。内部函数的作用是用来帮助用户获得系统的有关信息、执行有关计算、实现数据转换以及统计功能等操作。SQL 所提供的内部函数又分为系统函数、日期函数、字符函数、数学函数、集合函数等。

① 系统函数。系统函数可以帮助用户在不直接访问系统表的情况下，获取 SQL Server 系统表中的信息。系统函数对 SQL Server 服务器和数据库对象进行操作，并返回服务器配置和数据库对象数值等信息。系统函数可用于选择列表、WHERE 子句以及其他任何允许使用表达式的地方。

一些常用的系统函数的功能如表 6.1 所示。

表 6.1　系统函数及功能

函数名	功　能
APP_NAME（ ）	返回建立当前会话的程序名称，返回值类型为 nvarchar（128）
COALESCE（expression）	返回参数中的一个非空表达式，如果所有的参数值均为 NULL，则 COALESCE 函数返回 NULL
COL_LENGTH	返回列长度，而不是列中存储的任何单个字符串的长度
COL_NAME	返回列名
CURRENT_TIMESTAMP	返回系统当前日期和时间，返回值的数据类型为 datetime
DATALENGTH（expression）	返回表达式数据长度的字节数，返回类型为 int。由于 varchar、nvarchar、text、ntext、varbinary、image 等类型列数据的长度是可变的，因此常用 DATALENGTH 函数计算数据的实际长度。对于空值 NULL，DATALENGTH 函数计算出的长度仍然为 NULL，而不是 0
DB_ID	返回 ID
DB_NAME	返回数据库名称
GETANSINULL（database）	返回本次会话中数据库默认空值设置
HOST_ID（ ）	返回本主机的标识符，返回值的数据类型为 int
HOST_NAME（ ）	返回本主机的名称，返回值的数据类型为 ncahr
INDEX_COL	返回索引列的名称
PARSENAME	返回一个对象名称中指定部分的名称，一个数据对象由对象名、所有者、数据库名和服务器名组成
STATS_DATE（object_id，stats_id）	返回表或索引视图上统计信息的最新更新日期
SUSER_ID	返回用户登录 ID
SUSER_NAME	返回用户登录名
USER_ID	返回用户 ID
USER_NAME	返回用户名

【例 6-3】返回 xs 表中专业名字段的长度。

SQL 语句如下：

```
USE xscj
SELECT COL_LENGTH（'xs'，'专业名'） AS '专业名长度'
FROM xs
Go
```

程序执行结果如图 6.3 所示。

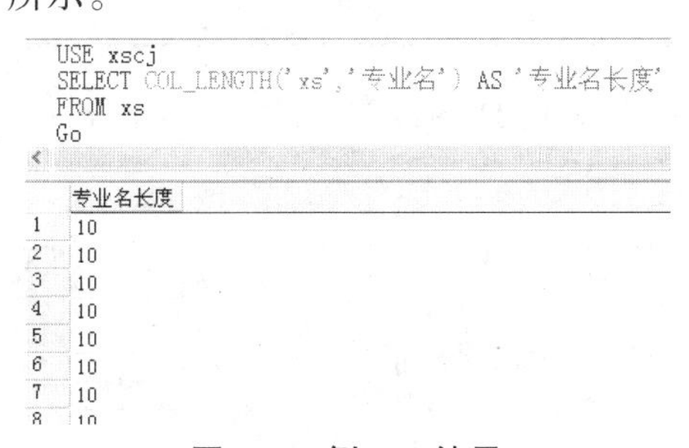

图 6.3　例 6.3 结果

② 数学函数。数学函数是能够对数字表达式进行算术运算，并能将结果返回给用户的函数。数学函数可以对数据类型为 Integer、real、float、money 和 smallmoney 的列进行操作，它的返回值是 6 位小数。如果使用出错，则返回 null 值并显示提示信息。常用的数学函数及功能如表 6.2 所示。

表 6.2 数学函数及功能

函数名	功 能
ABS	返回给定数值表达式值的绝对值。返回值的数据类型与表达式值的数据类型相同
ACOS	返回以弧度表示的角度值，该角度值的余弦为给定的 float 表达式。此函数也叫反余弦函数
ASIN	返回以弧度表示的角度值，该角度值的正弦为给定的 float 表达式。此函数也叫反正弦函数
ATAN	返回以弧度表示的角度值，该角度值的正切为给定的 float 表达式。此函数也叫反正切函数
CEILING	返回大于或等于所给数字表达式值的最小整数
COS	返回给定表达式值（以弧度为单位）的三角余弦值
COT	返回给定 float 表达式值（以弧度为单位）的三角余切值
DEGREES	将指定的弧度转换为角度
EXP	返回给定的 float 表达式的指数值
FLOOR	返回小于或等于给定表达式值的最大整数
LOG	返回给定的 float 表达式值的自然对数
LOG10	返回给定的 float 表达式值的以 10 为底的对数
PI	返回圆周率的值
POWER	返回给定表达式乘指定次方的值
RADIANS	将给定的度数转换为对应的弧度值
RAND	返回 0 到 1 之间的随机 float 数
ROUND	将数字表达式四舍五入到指定的精度
SIGN	返回指定表达式值的符号。零（0）、正（+）、负（-）
SIN	返回以给定表达式值为弧度的三角正弦
SQUARE	返回给定表达式值的平方
SQRT	返回给定表达式值的平方根
TAN	返回以给定表达式值为弧度的三角正切值

【例 6-4】下面的例子是通过 RAND 函数产生的不同的随机值。

SQL 语句如下：

```
DECLARE @count smallint
SET @count=1
SELECT RAND（@COUNT）AS '随机值'
```

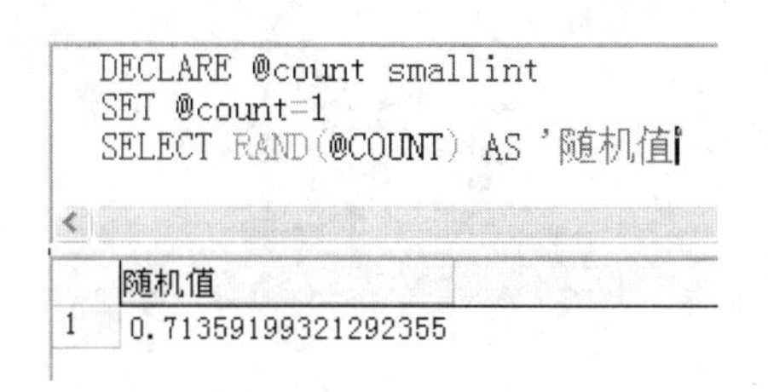
DECLARE @count smallint
SET @count=1
SELECT RAND(@COUNT) AS '随机值'
随机值
1 0.71359199321292355

图 6.4 例 6-4 结果

③ 字符串函数。字符串函数是用来实现字符之间的转换、查找、截取等的操作。常用的字符串函数及功能如表 6.3 所示。

表 6.3 字符串函数及功能

函数名	功 能
ASCII	返回字符串表达式最左端字符的 ASCII 代码值
CHAR	将 int ASCII 代码转换为对应的字符
CHARINDEX	返回字符串中指定表达式的起始位置
DIFFERENCE	以整数返回 2 个字符表达式的 SOUNDEX 值之差
LEFT	返回从给定的字符串左边开始向右取指定个数的字符
LEN	返回给定字符串中的字符个数。注意：一个汉字占两个西文字符位置
LOWER	将指定的字符串中的大写字符转换为小写，其他不变
LTRIM	返回清除给定字符串起始空格后的字符串
NCHAR	用给定的整数代码返回 Unicode 字符
PATINDEX	返回指定表达式中某模式第一次出现的起始位置；如果在全部有效的文本和字符数据类型中没有找到该模式，则返回 0
REPLACE	用第三个表达式替换第一个字符串表达式中出现的所有第二个给定字符串表达式
QUOTENAME	返回带有分隔符的 Unicode 字符串，分隔符的加入可使输入的字符串成为有效的 SQL Server 分隔标识符
REVERSE	返回字符表达式的反转
RIGHT	返回从给定的字符串右边开始向左取指定个数的字符
RTRIM	返回清除给定字符串尾随空格后的字符串
SOUNDEX	返回由四个字符组成的代码（SOUNDEX）以评估两个字符串的相似性
SPACE	返回由给定重复空格组成的字符串
STR	返回由数字数据转换来的字符数据
STUFF	删除指定长度的字符并在指定的起始点插入字符
SUBSTRING	返回从给定的字符串中指定的位置开始向右取给定个数的字符
UNICODE	返回输入表达式的第一个字符的整数值
UPPER	将指定的字符串中的小写字符转换为大写，其他不变

【例 6-5】返回专业名最左边的 6 个字符。

SQL 语句如下：

```
USE xscj
SELECT LEFT（专业名，6）as 新专业名
FROM xs
ORDER BY 专业名
Go
```

程序执行结果如图 6.5 所示。

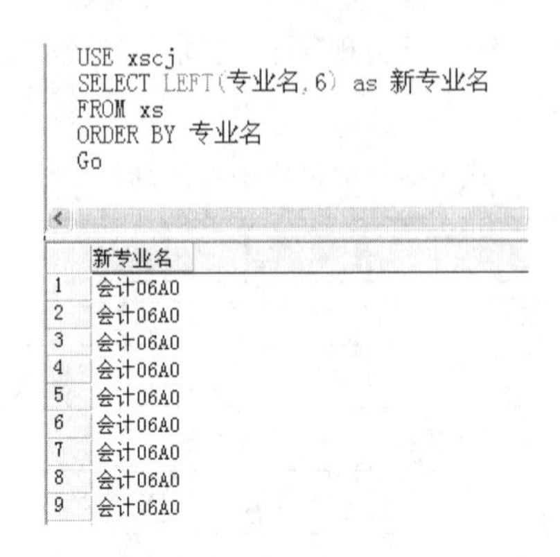

图 6.5　例 6-5 结果

④ 日期函数。日期函数的功能是显示有关日期和时间的相关信息，该函数可操作 datetime 和 smalldatetime 数据类型的值，可对这些值执行算术运算。SQL Server 2012 中常用的日期函数及其功能如表 6.4 所示。

表 6.4　日期函数及功能

函数名及格式	功　能
MONTH（date）	返回指定日期中的月份，返回的数据类型为 int
DAY（date）	返回指定日期中的日数，返回的数据类型为 int
GETDATE（）	以 SQL Server 内部格式，返回当前系统日期和时间
DATEADD（datepart，num，date）	返回在指定的日期 date 上加上 datepart 与 num 参数指定的时间间隔的日期时间值。返回的数据类型为 datetime 或 smalldatetime
DATEDIFF（datepart，date1，date2）	返回由 date1 和 date2 间的时间间隔，其单位由 datepart 指定
DATENAME（datepart.date）	返回日期中指定部分对应的名称
DATEPART（datepart..date）	返回日期中指定部分对应的整数值
YEAR（date）	返回日期中的年份，其返回值的数据类型为 int

【例 6-6】显示系统当前的时间和日期。

SQL 语句如下：

```
SELECT '当前日期'=GETDATE（），'年'=YEAR（GETDATE（）），
'月'=MONTH（GETDATE（）），'日'=DAY（GETDATE（））
```

程序执行结果如图 6.6 所示。

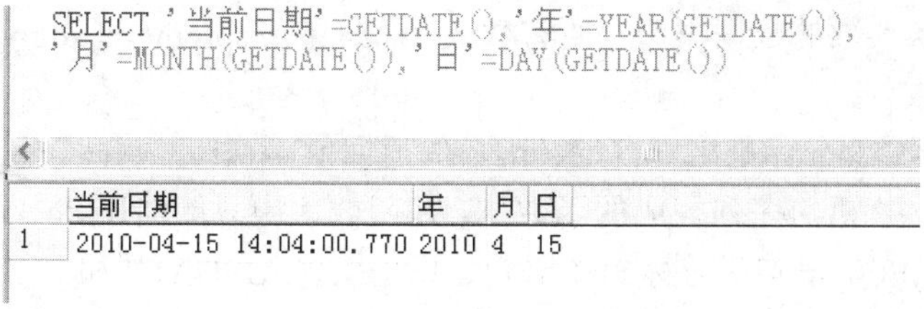

```
SELECT '当前日期'=GETDATE(),'年'=YEAR(GETDATE()),
'月'=MONTH(GETDATE()),'日'=DAY(GETDATE())
```

	当前日期	年	月	日
1	2010-04-15 14:04:00.770	2010	4	15

图 6.6　例 6-6 的运行结果

⑤ 聚合函数。常用的聚合函数及功能如表 6.5 所示，更多内容详见第 6 章。

表 6.5　聚合函数及功能

函数	功能
COUNT	返回一个集合中的项数
MIN	返回表达式中的最小值
MAX	返回表达式中的最大值
SUM	求表达式中各项和
AVG	求表达式中各项平均值

（2）用户自定义函数。自定义函数是 SQL Server 2012 提供给用户的一种功能，用户按照 SQL Server 的语法规定编写自己的函数，以满足特殊需要。SQL Server 2012 支持的用户自定义函数分为三种，分别是：标量用户自定义函数、直接表值用户自定义函数和多语句表值用户自定义函数。

① 标量用户自定义函数。标量用户自定义函数返回一个简单的数值，如 int、char、decimal 等，但禁止使用 text、ntext、image、cursor 和 timestamp 作为返回的参数。该函数的函数体被封装在以 BEGIN 语句开始，END 语句结束的范围内。

定义标量用户自定函数的语法格式如下：

```
CREATE FUNCTION [所有者名.]函数名
（[@形式参数名 1 形参数据类型，... @形式参数名 n]）
RETURNS  函数返回值数据类型
[WITH encryption]
[AS]
BEGIN
函数体
RETURN  标量表达式
END
```

说明：

所有者名：数据库所有者名，通常写为 dbo。

函数名：用户定义的函数名称。函数名称必须符合标识符的命名规则，且对所有者来说，函数名称在数据库中必须唯一。

@形式参数名：用户定义的函数中形参名称。函数执行时，每个已经声明参数的值必须由用户指定，除非该参数的默认值已经定义。CREATE FUNCTION 语句中可以声明一个或多个参数，用@符号作为第一个字符来指定形参名，每个函数的参数局限于该函数。

形参数据类型：参数的数据类型。所有数值类型（包括 bigint 和 sql_variant）都可用于用户自定义函数的参数。

函数返回值数据类型：标量用户自定义函数的返回值。text、ntext、image、timestamp 除外。

函数体：用 T-SQL 语句序列构成的函数体。在函数体中只能使用 declare 语句、赋值语句、流程控制语句、SELECT 语句、游标操作语句、INSERT、UPDATE 和 DELETE 语句以及执行扩展存储过程的 EXECUTE 语句等语句类型。

标量表达式：指定标量函数返回的数量值，为函数实际返回值，返回值为 text、ntext、image 和 timestamp 之外的系统数据类型。

With ENCRYPTION：用于指定 SQL Server 加密包含 CREATE FUNCTION 语句文本的系统表列，使用 ENCRYPTION 可以避免将函数作为 SQL Server 复制的一部分发布。

【例 6-7】计算全体学生选修某门功课的平均成绩。

SQL 语句如下：

```
USE xscj
GO
CREATE FUNCTION average（@cnum char（8））
RETURNS int
AS
BEGIN
  DECLARE @aver int
  SELECT @aver=（SELECT avg（成绩）
  FROM xskc
    WHERE 课程号=@cnum
     GROUP BY 课程号
    )
  RETURN @aver
END
GO
```

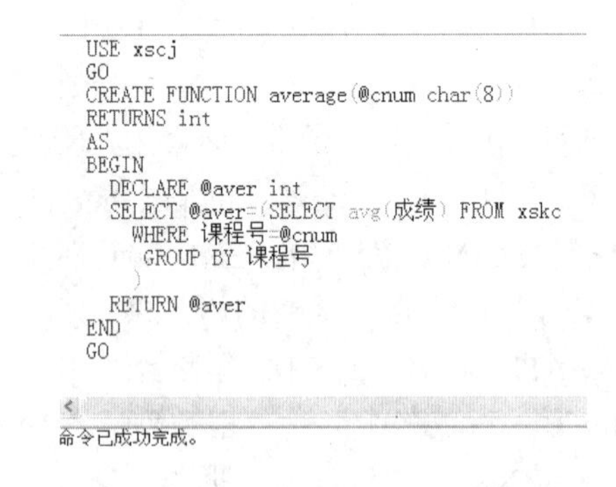

图 6.7　例 6-7 的运行结果

程序执行结果如图 6.7 所示。

标量用户自定义函数定义好后就可以使用了。当调用标量用户自定义函数时，必须提供至少由两部分组成的名称（所有者名.函数名）。可以使用以下两种方式调用标量用户自定义函数：

- 在 SELECT 语句中调用。语法格式如下：

所有者名.函数名（实参 1，…，实参 n）

说明：实参可为已赋值的局部变量或表达式。

【例 6-8】调用已定义的标量函数，求课程号为“101”的平均成绩。

SQL 语句如下：

```
USE   xscj
GO
DECLARE @course char（6）
set @course='101'
```

```
USE  xscj
GO
DECLARE @course char(6)
set @course='101'
SELECT dbo.average(@course) as 课程平均成绩
GO
```

	课程平均成绩
1	72

图 6.8　例 6-8 的运行结果

SELECT dbo.average（@course） as 课程平均成绩

GO

程序执行结果如图 6.8 所示。

● 利用 EXEC 语句执行。用 T-SQL 的 EXECUTE 语句调用用户函数时，参数的标识次序与函数定义中的参数标识次序可以不同。语法格式：

所有者名.函数名 实参 1，…，实参 n 或所有者名.函数名 形参 1=实参 1，…，形参 n=实参 n

【例 6-9】求课程号为“101”的平均成绩。

SQL 语句如下：

```
USE    xscj
GO
DECLARE @course char（6）
DECLARE @aver int
set @course='101'
execute @aver=dbo.average @course
SELECT @aver AS '101'
GO
```

```
USE  xscj
GO
DECLARE @course char(6)
DECLARE @aver int
set @course='101'
execute @aver=dbo.average @course
SELECT @aver AS '101'
GO
```

	101
1	72

图 6.9　例 6-9 的运行结果

程序执行结果如图 6.9 所示。

② 内嵌表值函数。表值函数都返回一个 Table 型数据，对直接表值用户自定义函数而言，返回的结果只是一系列表值，没有明确的函数体。该表是单个 SELECT 语句的结果集。内嵌表值函数用于实现参数化视图。内嵌表值函数必须先定义，后才能调用。

定义内嵌表值函数的语法格式如下：

```
CREATE FUNCTION [所有者名.]函数名（[@参数名 1    数据类型，... @参数名 n]]）
RETURNS TABLE
[WITH encryption]
[AS]
RETURN
[select  语句]
```

说明：

TABLE：指定返回值为一个表。

Select 语句：单个 SELECT 语句确定返回的表的数据。

【例 6-10】创建一个函数返回同一个专业学生的基本信息。

SQL 语句如下：

```
USE xscj
GO
CREATE FUNCTION xsinfo（@sdept nchar（16））
RETURNS TABLE
AS
RETURN  （SELECT *
            FROM xs
```

```
        WHERE 专业名=@sdept );
GO
```

内嵌表值函数只能通过 SELECT 语句调用，内嵌表值函数调用时，可以仅使用函数名。

【例 6-11】查询专业名为“软件”的学生基本信息。

SQL 语句如下：

```
USE xscj
GO
SELECT * FROM dbo.xsinfo（‘软件’）
GO
```

程序执行结果如图 6.10 所示。

```
USE xscj
GO
SELECT * FROM dbo.xsinfo('软件')
GO
```

	学号	姓名	专业名	性别	出生日期	总学分	备注
1	001112	苏文通	软件	1	1986-08-03 00:00:00	26	NULL
2	001221	涂秀娟	软件	0	1986-04-06 00:00:00	32	NULL
3	001241	胡俊	软件	0	1985-02-03 00:00:00	30	NULL
4	001288	李庆吉	软件	1	1986-08-09 00:00:00	35	NULL
5	002316	林姗姗	软件	0	1987-01-12 00:00:00	35	NULL
6	002537	刘湘	软件	0	1988-11-02 00:00:00	33	NULL
7	001359	王世俊	软件	1	1985-10-02 00:00:00	35	NULL
8	001533	李德建	软件	1	1987-05-07 00:00:00	36	NULL
9	002316	郑学东	软件	1	1988-09-09 00:00:00	35	NULL

图 6.10　例 6-11 的运行结果

③ 多语句表值函数。内嵌表值函数和多语句表值函数都返回表，两者不同之处在于：内嵌表值函数没有函数主体，返回的表是单个 SELECT 语句的结果集；而多语句表值函数在 BEGIN…END 块中定义的函数主体包含 T-SQL 语句，这些语句可生成行并将行插入表中，最后返回表。

多语句表值函数定义的语法格式如下：

```
CREATE FUNCTION [所有者名.]函数名
（[@参数名 1  参数数据类型，...@参数名 n]]）
RETURNS @返回表名  TABLE <表格式定义>
[WITH encryption]
[AS]
BEGIN
Insert @返回表名
函数体（多表查询语句）
        RETURN
END
```

说明：

@返回表名：为表变量，用于存储作为函数值返回的记录集。

函数体：为 T-SQL 语句序列，函数体只用于标量函数和多语句表值函数。在标量函数中，函数体是一系列合起来求得标量值的 T-SQL 语句。在多语句表值函数中，函数体是一系列在表变量@返回表名中插入记录行的 T-SQL 语句。

语法格式中的其他项同标量函数的定义。

多语句表值函数的调用与内嵌表值函数的调用方法相同，只能使用 SELECT 语句调用。

【例 6-12】创建一个函数返回选修课成绩高于一定分数的学生信息。

SQL 语句如下：

```
USE xscj
GO
CREATE FUNCTION h_grade（@highgrade float）
RETURNS @h_grade TABLE（sno char（8），sname char（8），k_sno char（6），grade float）
AS
BEGIN
 INSERT @h_grade
    SELECT xs.学号，xs.姓名，课程号，成绩
     FROM xs，xskc
       WHERE xs.学号=xskc.学号
           AND 成绩>@highgrade
    RETURN
END
GO
```

④ 用户定义函数的删除。对于一个已创建的用户定义函数，可有两种方法删除：

- 通过 SQL Server Management Studio 管理平台删除，这个非常简单，请读者自己完成。
- 利用 T-SQL 语句中的 DROP FUNCTION 删除。其语法格式如下：

DROP FUNCTION 所有者名.函数名，n

说明：n 表示可以同时删除多个用户定义的函数。

6.3.2 运算符

运算符是一种符号，用来指定要在一个或多个表达式中执行的操作。SQL Server 2012 中的运算符有算术运算符、关系运算符、逻辑运算符、字符串连接运算符、赋值运算符、位运算符。

1. 算术运算符

算术运算符用于在数字表达式上进行算术运算，参与运算的表达式值必须是数字数据类型。算术运算符如表 6.6 所示。加（+）和减（–）运算符也可用于 datetime 及 smalldatetime 值执行算术运算。

表 6.6 算术运算符及其含义

运算符	名　称	描　述
+	加	执行两个算术数相加的运算，也可以将一个以天为单位的数字加到日期中
–	减	执行一个数减去另一个数的算术运算，也可以从日期中减去以天为单位的数字
*	乘	执行一个数乘以另一个数的算术运算
/	除	执行一个数除以另一个数的算术运算。如果两个数都是整数，则结果是整数
%	取余	返回两个整数相除后的余数，余数符号与被除数相同。例 12%5=2，–12%5=–2

2. 关系（比较）运算符

关系运算符也称比较运算符，用于测试两个表达式的值之间的关系，其运算结果为逻辑值，可以为三者之一：TRUE、FALSE 或 UNKNOWN。除了 text、ntext 和 image 数据类型的表达式外，其他任何类型的表达式都可用于比较运算符中。关系运算符如表 6.7 所示。

表 6.7　关系运算符及其含义

运算符	描述	运算符	描述
=	等于	<>	不等于
>	大于	!=	不等于
<	小于	!<	不小于
>=	大于或等于	!>	不大于
<=	小于或等		

说明：!=、!>和!<为 SQL Server 在 ANSI 标准基础上新增加的比较运算符。

3. 逻辑运算符

逻辑运算符用于对某个条件进行测试，运算结果为 TRUE 或 FALSE。SQL Server 提供的逻辑运算符如表 6.8 所示。

表 6.8　逻辑运算符及其含义

运算符	描　述
ALL	如果一系列的比较都为 true，则为 true
AND	若两个布尔表达式都为 true，则为 true
ANY	若与比较的范围中的任意一个比较，所得值都为 true 时，则结果为 true
BETWEEN	若操作数在某个范围之内，则为 true
EXISTS	若子查询包含一些行，则为 true
IN	若操作数等于表达式列表中的一个，则为 true
LIKE	若操作数与一种模式相匹配，则为 true
NOT	对任何其他布尔运算符的值取反
OR	若两个布尔表达式中的一个为 true，则为 true
SOME	若在一系列比较中，有些为 true，则为 true

4. 字符串连接运算符

字符串连接运算符（+）用来实现字符串之间的连接操作，它是将两个字符串连接成较长的字符串，如”abc”+”def”存储为”abcdef”。在 SQL Server 中，字符串的其他操作都是通过字符串函数来实现的。字符串连接运算符可操作的数据类型有 char、varchar、nchar、nvarchar、text、ntext 等。

5. 赋值运算符

Transact-SQL 中用等号（=）作为赋值运算符，附加 SELECT 或 SET 命令来进行赋值，它将表达式的值赋给某一变量，或为某列指定列标题。

6. **位运算符**

位运算符可以对整型或二进制数据进行按位与（&）、按位或（|）、按位异或（^）及按位求反（~）运算。SQL 支持的按位运算符如表 6.9 所示。

表 6.9　位运算符

<table>
<tr><th>运算符</th><th>描　述</th><th>运算符</th><th>描　述</th></tr>
<tr><td>&</td><td>两个位均为 1，结果为 1，否则为 0</td><td>^</td><td>两个位值不同时，结果为 1，否则为 0</td></tr>
<tr><td>|</td><td>只要一个位为 1，结果为 1，否则为 0</td><td>~</td><td>对应位取反，即 1 变为 0，0 变为 1</td></tr>
</table>

位运算符的操作数可以是整数数据类型或二进制数据类型（IMAGE 数据类型除外）。其中按位与（&）、按位或（|）、按位异或（^）运算需要两个操作数，而按位求反（~）运算是单目运算，它只能对 int、smallint、tinyint 或 bit 类型的数据进行求反运算。

7. **运算符的优先级**

当一个复杂表达式中包含有多个运算符时，运算符的优先级决定了表达式计算和比较操作的先后顺序。运算符的优先级由高到低的先后顺序如表 6.10 所示。

表 6.10　运算符的优先级

<table>
<tr><th>级别</th><th>运算符</th></tr>
<tr><td>1</td><td>~（位取反）、+（正）、（负）</td></tr>
<tr><td>2</td><td>*（乘）、/（除）、%（取余）</td></tr>
<tr><td>3</td><td>+（加）、+（连接）、-（减）、&（位与）</td></tr>
<tr><td>4</td><td>=、>、<、>=、<=、<>、!>、!<（关系运算符）</td></tr>
<tr><td>5</td><td>^（位异或）、|（位或）、&（位与）</td></tr>
<tr><td>6</td><td>NOT</td></tr>
<tr><td>7</td><td>AND</td></tr>
<tr><td>8</td><td>ALL、ANY、BETWEEN、IN、LIKE、OR、SOME</td></tr>
<tr><td>9</td><td>=（赋值）</td></tr>
</table>

说明： ① 若表达式中含有相同优先级的运算符，则从左到右依次处理。
② 括号可以改变运算符的运算顺序，其优先级最高。
③ 表达式中如果有嵌套的括号，则首先对嵌套最内层的表达式求值。

任务 6.4　批处理及 T-SQL 流程控制语句

Transact-SQL 程序设计对于 SQL Server 2012 系统而言是至关重要的，是使用 SQL Server 2012 的主要形式。

6.4.1　批处理

批处理是包含一条或多条 Transact-SQL 语句的组，从应用程序一次性地发送到 SQL Server 2012 进行执行。SQL Server 将批处理的语句编译为一个可执行单元，称为执行计划。执行计划中的语句每次执行一条。

编译错误（如语法错误）可使执行计划无法编译。因此未执行批处理中的任何语句。

运行时错误（如算术溢出或违反约束）会产生以下两种影响之一：

● 大多数运行时错误将停止执行批处理中当前语句和它之后的语句。

● 某些运行时错误（如违反约束）仅停止执行当前语句。而继续执行批处理中其他所有语句。

在遇到运行时错误之前执行的语句不受影响。唯一的例外是如果批处理在事务中而且错误导致事务回滚。回滚运行过程中，遇到错误之前所进行的未提交的数据修改。当批处理结束时，数据库引擎将回滚所有不可提交的活动事务。

假定在批处理中有 10 条语句。如果第五条语句有一个语法错误，则不执行批处理中的任何语句。如果编译了批处理，而第二条语句在执行时失败，则第一条语句的结果不受影响，因为它已经执行。

以下规则适用于批处理：

● CREATE DEFAULT、CREATE FUNCTION、CREATE PROCEDURE、CREATE RULE、CREATE TRIGGER 和 CREATE VIEW 语句不能在批处理中与其他语句组合使用。批处理必须以 CREATE 语句开始。所有跟在该批处理后的其他语句将被解释为第一个 CREATE 语句定义的一部分。

● 不能在同一个批处理中更改表，然后引用新列。

● 如果 EXECUTE 语句是批处理中的第一句，则不需要 EXECUTE 关键字。如果 EXECUTE 语句不是批处理中的第一条语句，则需要 EXECUTE 关键字。

由于批处理文件可能包含以纯文本存储的凭据。在批处理执行期间，凭据可能会回显到用户屏幕上。

【例 6-13】利用批处理创建一个视图。

SQL 语句如下：

```
USE   xscj
Go
Create view view_xs
As
Select * from xs
Go
```

【例 6-14】批处理在查询中的应用。

SQL 语句如下：

```
Use   xscj
Go
Select * from xs
Go
Select   学号，姓名
From xs
Where  性别=1
Go
```

程序执行结果如图 6.11 所示：

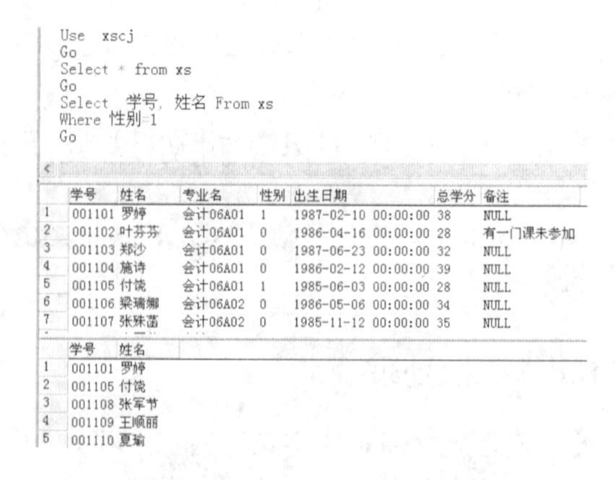

	学号	姓名	专业名	性别	出生日期	总学分	备注
1	001101	罗婷	会计06A01	1	1987-02-10 00:00:00	38	NULL
2	001102	叶芬芬	会计06A01	0	1986-04-16 00:00:00	28	有一门课未参加
3	001103	郑沙	会计06A01	0	1987-06-23 00:00:00	32	NULL
4	001104	施诗	会计06A01	0	1986-02-12 00:00:00	39	NULL
5	001105	付饶	会计06A01	1	1985-06-03 00:00:00	28	NULL
6	001106	梁璐娜	会计06A02	0	1986-05-06 00:00:00	34	NULL
7	001107	张殊菡	会计06A02	0	1985-11-12 00:00:00	35	NULL

	学号	姓名
1	001101	罗婷
2	001105	付饶
3	001108	张军节
4	001109	王顺丽
5	001110	夏瑜

图 6.11　例 6-14 的运行结果

6.4.2 流程控制语句

流程控制语句是用来控制程序执行和流程分支的命令。如果在程序中不使用流程控制语言，那么 T-SQL 语句将按出现的顺序依次执行。在 SQL Server 2012 中常用的流程控制语句及功能如表 6.11 所示。

表 6.11 流程控制语句及功能

语句	功能
BEGIN...END	定义语句块
IF...ELSE	条件选择语句。当条件成立时，执行 IF 后的语句；否则执行 ELSE 后的语句
CASE	分支处理语句
WHILE	循环语句
BREAK	终止循环语句
CONTINUE	重新起用循环
WAITFOR	设置语句执行的延时时间
GOTO	无条件转移
RETURN	无条件退出语句

1. 块语句

将两条或两条以上的 T-SQL 语句封装起来作为一个整体称为块语句。块语句的语法格式：

```
BEGIN
    {SQL 语句…}
END
```

说明：

块语句至少要包含一条 T-SQL 语句；

块语句的 BEGIN 和 END 关键字必须成对使用，不能单独使用，且 BEGIN 和 END 必须单独占一行；

块语句常用于分支结构和循环结构中；

块语句可以嵌套使用。

当流程控制语句必须执行一个包含 2 条语句以上的 T-SQL 语句时使用 BEGIN…END 语句。

2. 分支语句

分支语句用于对一个给定的条件进行测试，并根据测试的结果来执行不同的语句块。SQL Server 2012 提供了 3 种形式的分支语句：

- IF…ELSE…判断语句；
- IF EXISTS/IF NOT EXISTS 语句；
- CASE 语句。

（1）IF…ELSE…语句。

IF…ELSE 语句的语法格式如下：

IF <条件表达式>

{语句 1|块语句 1}

[ELSE

{语句 2|块语句 2}]

说明：

<条件表达式>可以是其值为“真”或“假”的各种表达式的组合。

ELSE 部分为可选项，如果只针对<条件表达式>为 TRUE 的一种结果执行语句|块语句，则不必书写 ELSE 语句。

IF...ELSE 语句可以嵌套使用，但最多可嵌套 150 层。

执行顺序：当流程执行遇到 IF 语句时，首先判断 IF 后<条件表达式>的值，若为“真”，则执行语句 1|块语句 1；如果其值为“假”，则执行语句 2|块语句 2。无论哪种情况，都将执行 IF...ELSE 语句的下一条语句。

（2）IF EXISTS|IF NOT EXISTS 语句。

IF EXISTS/IF NOT EXISTS 语句的语法规则如下：

IF EXISTS/IF NOT EXISTS <子查询>

{语句 1|块语句 1}

ELSE

{语句 2|块语句 2}

【例 6-15】查询是否有选修课成绩高于 80 分的学生。有，则输出该学生的姓名，否则输出“不存在选修课成绩高于 80 分的学生”。

SQL 语句如下：

```
USE xscj
GO
IF EXISTS（SELECT * FROM xskc WHERE  成绩>80）
    BEGIN
       SELECT  姓名，专业名  FROM xs
     JOIN xskc
       ON xs.学号=xskc.学号
         WHERE  成绩>80
    END
ELSE
   PRINT'不存在选修课成绩高于 80 分的学生'
```

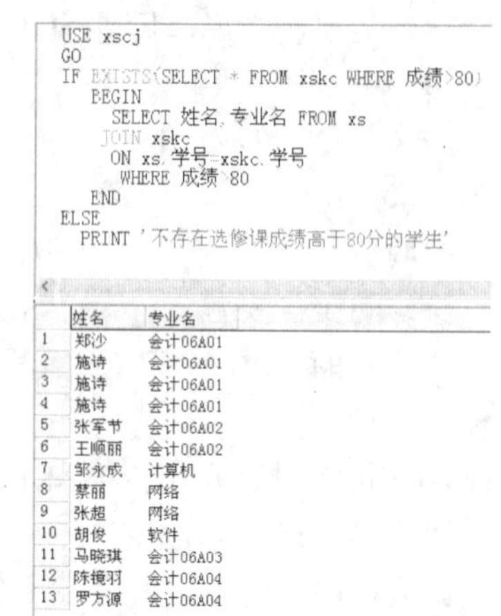

图 6.12　例 6-15 的运行结果

程序执行结果如图 6.12 所示。

（3）CASE 语句。当〈条件表达式〉的结果有多种情况时，使用 CASE 语句可以很方便地实现多种选择情况，从而可以避免编写多重的 IF...ELSE 嵌套循环。CASE 语句有两种语法格式。

语法格式一：

CASE〈表达式〉

WHEN 结果 1 THEN〈语句 1|块语句 1〉

WHEN 结果 2 THEN〈语句 2|块语句 2〉

…

ELSE

```
<语句 n|块语句 n>
END
```

表达式可以由常量、列名、子查询、运算符、字符串运算符组成。其执行过程是：将 CASE 后表达式的值与各 WHEN 子句中的表达式值进行比较。如果两者相等，则返回 THEN 后面的表达式，然后跳出 CASE 语句，否则返回 ELSE 子句中的表达式。

语法格式二：

```
CASE WHEN <条件表达式 1>
        THEN <语句 1|块语句 1>
        WHEN <条件表达式 2>
        THEN <语句 2|块语句 2>
        …
END
```

其中 THEN 后的表达式与语法格式一中的 CASE 表达式中的表达式相同，在布尔表达式中允许使用比较运算符和逻辑运算符。

【例 6-16】为选修课程的成绩分出等级。

SQL 语句如下：

```
USE xscj
GO
SELECT 学号，课程号，成绩，等级=
      CASE
        WHEN 成绩>=90 THEN '优'
        WHEN 成绩>=75 AND 成绩<90 THEN '良'
        WHEN 成绩<75 AND 成绩>=60 THEN '及
格'
        WHEN 成绩<60 THEN '不及格'
      END
   FROM xskc
GO
```

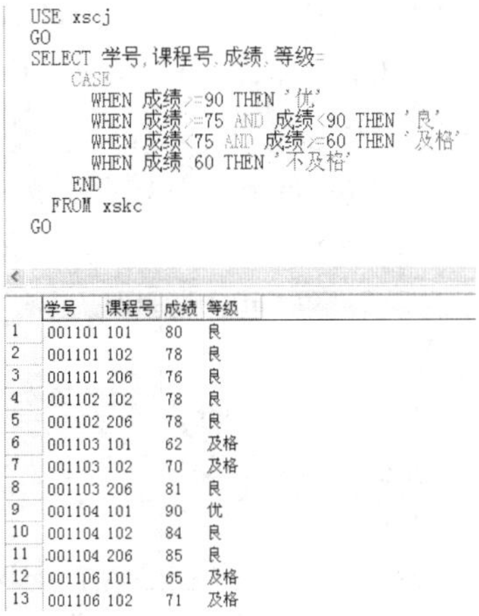

```
USE xscj
GO
SELECT 学号,课程号,成绩,等级=
    CASE
      WHEN 成绩>=90 THEN '优'
      WHEN 成绩>=75 AND 成绩<90 THEN '良'
      WHEN 成绩<75 AND 成绩>=60 THEN '及格'
      WHEN 成绩 60 THEN '不及格'
    END
  FROM xskc
GO
```

	学号	课程号	成绩	等级
1	001101	101	80	良
2	001101	102	78	良
3	001101	206	76	良
4	001102	102	78	良
5	001102	206	78	良
6	001103	101	62	及格
7	001103	102	70	及格
8	001103	206	81	良
9	001104	101	90	优
10	001104	102	84	良
11	001104	206	85	良
12	001106	101	65	及格
13	001106	102	71	及格

图 6.13　例 6-16 的运行结果

程序执行结果如图 6.13 所示。

3. WHILE 语句

在程序设计中，可以使用 WHILE 语句根据给定的条件是否重复执行一组 SQL 语句。WHILE 语句的语法格式如下：

```
WHILE <条件表达式>
BEGIN
SQL 语句
      [BREAK]
   SQL 语句
   [CONTINUE]
  SQL 语句
```

```
END
```

说明：

BEGIN…END：BEGIN 与 END 之间的语句称为循环体。

条件表达式：用于设置循环执行的条件，当取值为 TRUE 时重复执行循环；当取值为 FALSE 时，终止循环。

BREAK：终止循环。当程序执行遇到此语句时，BREAK 与 END 之间的语句不再继续执行，而跳转到 END 之后的后续语句。

CONTINUE：当程序执行遇到此语句时将提前结束本次循环，忽略 CONTINUE 与 END 之间的语句，而重新开始下一次循环。

如果条件表达式中包含一个 SELECT 语句，则这个 SELECT 语句必须放在括号中。

【例 6-17】使用 WHILE 语句计算所给局部变量的变化值。

SQL 语句如下：

```
DECLARE @r int，@s int，@t int
Select @r=2，@s=3
While @r < 5
    Begin
Print @r
While @s< 5
    Begin
    Select @t= 100*@r +@s
    Print @t
    Select @s=@s+1
    End
Select @r=@r+2
Select @s=1
End
```

```
DECLARE @r int, @s int, @t int
Select @r=2,@s=3
While @r < 5
   Begin
Print @r
While @s< 5
   Begin
   Select @t= 100*@r +@s
   Print @t
   Select @s=@s+1
   End
Select @r=@r+2
Select @s=1
End

2
203
204
4
401
402
403
404
```

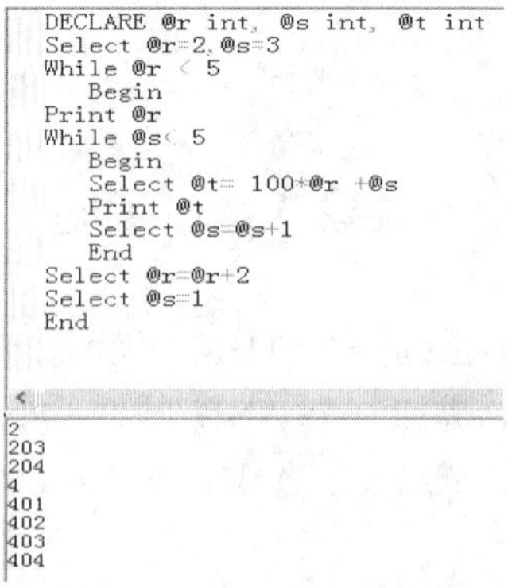

图 6.14　例 6-17 的运行结果

程序执行结果如图 6.14 所示。

【例 6-18】顺向输出字符串“We are friends!”中的每个字符及对应的 ASCII 码值。

```
DECLARE @P int，@str char（20）
Set @p=1
Set @str='We are friends!'
While @p<=datalength（@str）
Begin
Select substring（@str，@p，1） as 字符，ascii（substring（@str，@p，1）） as 字符对应的 ascii 码值
Set @p=@p+1
End
```

4. 其他语句

（1）RETURN。RETURN 语句使程序从批处理、语句块、查询或存储过程中无条件的退

出，不执行位于 RETURN 后面的语句，返回到上一个调用它的程序。RETURN 语句的语法格式如下：

```
RETURN [整数表达式]
```

在括号内可指定一个返回值。如果没有指定返回值，SQL Server 系统会根据程序执行的结果返回一个内定值，内定值的含义如表 6.12 所示。

表 6.12　RETURN 命令返回的内定值

返回值	含义	返回值	含义
0	程序执行成功	-7	资源错误，如磁盘空间不足
-1	找不到对象	-8	非致命的内部错误
-2	数据类型错误	-9	已达到系统的极限
-3	死锁	-10　-11	致命的内部不一致性错误
-4	违反权限原则	-12	表或指针破坏
-5	语法错误	-13	数据库破坏
-6	用户造成的一般错误	-14	硬件错误

当用于存储过程时，RETURN 不能返回空值。

（2）GOTO 语句。GOTO 语句是用来改变程序执行的流程，使程序跳到标识符的指定的程序行再继续往下执行。其语法格式如下：

```
标识符:
...
GOTO 标识符
```

标识符需要在其名称后加上一个冒号，如：city:

【例 6-19】用 GOTO 语句求 1 ~ 100 的和。

SQL 语句如下：

```
DECLARE @SUM INT，@I INT
SET @I=1
SET @SUM=0
LABEL:
SET @SUM=@SUM+@I
SET @I=@I+1
IF @I<=100
GOTO LABEL
SELECT '1 ~ 100 之间的和是'=@SUM
```

（3）WAITFOR。WAITFOR 语句指定一个时刻或延缓一段时间来执行一个 Transact-SQL 语句、语句块、存储过程。WAITFOR 语句的语法格式如下：

```
WAITFOR {DELAY <'时间'>|TIME<'时间'>}
```

说明：DELAY 指定等待的时间间隔，TIME 子句指定一具体时间点，时间必须为 datetime 类型的数据，且不能包括日期。其格式为 hh：mm：ss，如 15：30：29。

【例 6-20】下面程序的作用是系统等待 10 秒钟后执行 SELECT 操作。

```
USE xscj
```

```
GO
WAITFOR DELAY '00：00：10'
SELECT * FROM kc
GO
```

程序执行结果如图 6.15 所示。

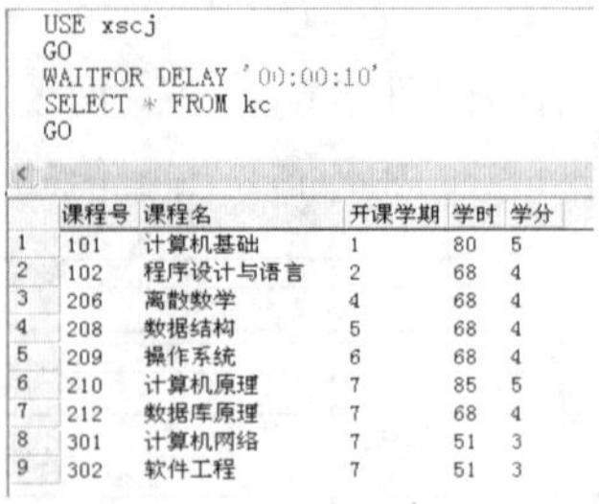

```
USE xscj
GO
WAITFOR DELAY '00:00:10'
SELECT * FROM kc
GO
```

	课程号	课程名	开课学期	学时	学分
1	101	计算机基础	1	80	5
2	102	程序设计与语言	2	68	4
3	206	离散数学	4	68	4
4	208	数据结构	5	68	4
5	209	操作系统	6	68	4
6	210	计算机原理	7	85	5
7	212	数据库原理	7	68	4
8	301	计算机网络	7	51	3
9	302	软件工程	7	51	3

图 6.15　例 6-20 的运行结果

（4）PRINT 语句。SQL Server 中除了可以使用 SELECT 语句向用户返回信息外，还可以使用 PRINT 语句返回信息，其语法格式为：

PRINT 字符串|函数|局部变量|全局变量|表达式

【例 6-21】下面的代码是返回相应信息。

SQL 语句如下：

```
DECLARE @x CHAR（22），@y CHAR（18）
SELECT @X='职业学院'，@y='计算机科学与工程系'
PRINT @X+@Y
```

程序运行结果如下：

职业学院 计算机科学与工程系

任务 6.5　回到工作场景

（1）查询判断 2010 年是否为闰年。

（2）在学生表中插入记录，学生编号为 20702100，班级编号为 20702，如果有错误则输出错误信息。

（3）将班级编号为 10701 的班级记录的班级编号更改为 10703，然后将该班级所有学生的班级编号也更改为 10703。如果有错误，则输出“无法更改班级编号”，并撤销所有数据更改。

任务 6.6　案例训练营

1. 输出 1+2+3+4+…+99+100 的结果。

2. 输出字符串“ABCDEFGHIJ”中间的 6 个字符。

3. 判断 2010 年 9 月 1 日是该年份第几天（不用系统函数）。

4. 计算并输出 10*10、20*10、30*10 的结果，结果用 tinyint 变量@result 保存，如果有错误则输出错误号和错误信息。

5. 用事务在系别表中添加一条系记录，系名是“通信工程系”，在班级表中添加一条班级记录，班级编号是 30901，班级名称是通信 200901，专业是通信工程，系别编号是 3。如果有错误，则输出“无法添加记录”，并撤销所有记录删除操作。

6. 创建一个用户定义函数，利用该函数计算从键盘上任意输入的一个整数的阶乘。

7. 求出 100-999 所有的水仙花数。

8. 水仙花数：如果三位数的个位的三次方加十位的三次方加上百位上的三次方之和为其本身，那么这个数就为水仙花数。

模块 7　使用视图和索引优化查询

本章学习目标

掌握视图的概念及分类；掌握创建、修改、删除和使用视图的方法；了解视图的作用；理解 SQL Server 2012 中数据库、表和索引之间的关系和概念；掌握用 SSMS 和 T-SQL 语句创建索引的方法；掌握用 SSMS 和 T-SQL 语句修改、删除索引的方法。

任务 7.1　工作场景导入

教务处信息管理员小张在工作中需要使用 SQL Server 完成更多的操作。具体的操作需求如下：

教务处为了更好管理学生成绩，需要经常查看学生选课的情况，故信息管理员小李需要创建视图 ViewStuScore，该视图主要用来查询学号、姓名、课程名称和成绩。

信息管理员小李需要修改视图 ViewStuScore，要求添加学生所在的班级信息。

工作人员张老师需要使用视图 ViewStuScore 修改学生成绩。

信息管理员小李需要在学生表的学生编号字段上创建聚集索引 PK_Student，在学生表的班级编号和姓名字段上创建非聚集索引 IX_Student。

小王管理一个教学管理数据库，他发现数据库中有两万条记录，现在要执行这样一个查询：select * from table where num=10000。如果没有索引，必须遍历整个表，直到 num 等于 10000 的这一行被找到为止；如果在 num 列上创建索引，SQL Server 不需要任何扫描，直接在索引里面找 10000，就可以得知这一行的位置。可见，索引的建立可以加快数据的查询速度。

引导问题：

（1）什么是视图？视图的作用是什么？

（2）如何创建、修改和删除视图？

（3）如何维护视图？

（4）如何选择不同类别的索引？

（5）如何创建索引？

（6）查询时，如何利用索引？

任务 7.2　视图概述

7.2.1　视图的概念

视图是从基表中导出的逻辑表，它不像基表一样物理地存储在数据库中，视图没有自己独立的数据实体。视图作为一种基本的数据库对象，是查询一个表或多个表的另一种方法，通过将预先定义好的查询作为一个视图对象存储在数据库中，然后就可以像使用表一样在查询语句中调用它。

7.2.2 视图的分类

1. 标准视图

通常情况下的视图都是标准视图，标准视图选取了来自一个或多个数据库中一个或多个表及视图中的数据，在数据库中仅保存其定义，在使用视图时系统才会根据视图的定义生成记录。

2. 索引视图

若在 Transact-SQL 中创建索引视图，视图创建的第一个索引必须是唯一聚集索引。创建唯一聚集索引后，可以创建更多非聚集索引。为视图创建唯一聚集索引可以提高查询性能，因为视图在数据库中的存储方式与具有聚集索引的表的存储方式相同，查询优化器可使用索引视图加快执行查询的速度。

3. 分区视图

分区视图将一个或多个数据库中一组表中的记录抽取且合并。通过使用分区视图，可以连接一台或者多台服务器成员表中的分区数据，使得这些数据看起来就像来自同一个表中一样。分区视图的作用是将大量的记录按地域分开存储，使得数据安全和处理性能得到提高。

7.2.3 视图的特点

① 虚表，是从一个或几个基本表（或视图）导出的表。

② 只存放视图的定义，不会出现数据冗余。

③ 基表中的数据发生变化，从视图中查询出的数据也随之改变。

任务 7.3 创建视图

创建视图语句格式：

```
CREATE  VIEW <视图名>  [(<列名>  [, <列名>]…)]
        AS  <子查询>
        [WITH  CHECK  OPTION];
```

1. 建立视图

DBMS 执行 CREATE VIEW 语句时只是把视图的定义存入数据字典，并不执行其中的 SELECT 语句。

在对视图查询时，按视图的定义从基本表中将数据查出。组成视图的列名全部省略或全部指定。

若省略，则由子查询中 SELECT 目标列中的诸字段组成明确指定视图的所有列名：

（1）某个目标列是集函数或列表达式。

（2）目标列为*。

（3）多表连接时选出了几个同名列作为视图的字段。

（4）需要在视图中为某个列启用新的更合适的名字。

2. 行列子集视图

【例 7-1】创建一视图 xs_view，能查看所有网络专业学生的学号，姓名，专业名，总成绩。

```
create view xs_view
as
select 学号，姓名，专业名，总成绩
    from xs
where 专业名='网络'
```

从单个基本表导出只是去掉了基本表的某些行和某些列，视图只存在结构的定义，不存在实际的数据。透过视图进行增、删、改操作时，不得破坏视图定义中的谓词条件（即子查询中的条件表达式）。

3. WITH CHECK OPTION 视图

【例 7-2】建立信息系学生的视图，并要求透过该视图进行的更新操作只涉及信息系学生。

```
CREATE VIEW IS_Student
                AS
SELECT Sno，Sname，Sage
FROM    Student
WHERE    Sdept= 'IS'
                WITH CHECK OPTION;
```

对 IS_Student 视图的更新操作要求：

修改操作：DBMS 自动加上 Sdept= 'IS'的条件

删除操作：DBMS 自动加上 Sdept= 'IS'的条件

插入操作：DBMS 自动检查 Sdept 属性值是否为'IS'，如果不是，则拒绝该插入操作，如果没有提供 Sdept 属性值，则自动定义 Sdept 为'IS'。

4. 基于多个基表的视图

【例 7-3】建立信息系选修了 1 号课程的学生视图。

```
        CREATE VIEW IS_S1（Sno，Sname，Grade）
                AS
                SELECT Student.Sno，Sname，Grade
                FROM    Student，SC
WHERE    Sdept= 'IS' AND
Student.Sno=SC.Sno AND
SC.Cno= '1';
```

5. 基于视图的视图

【例 7-4】建立信息系选修了 1 号课程且成绩在 90 分以上的学生的视图。

```
        CREATE VIEW IS_S2
          AS
            SELECT Sno，Sname，Grade
FROM    IS_S1
```

```
WHERE   Grade>=90;
```

6. **带表达式的视图**

【例 7-5】定义一个反映学生出生年份的视图。

```
CREATE   VIEW BT_S（Sno，Sname，Sbirth）
    AS
  SELECT Sno，Sname，2000-Sage
FROM   Student
```

设置一些派生属性列，也称为虚拟列，如 Sbirth，带表达式的视图必须明确定义组成视图的各个属性列名。

7. **建立分组视图**

【例 7-6】将学生的学号及其平均成绩定义为一个视图。假设 SC 表中“成绩”列 Grade 为数字型。

```
CREATE   VIEW S_G（Sno，Gavg）
    AS
      SELECT Sno，AVG（Grade）
FROM   SC
          GROUP BY Sno;
```

8. **一类不易扩充的视图**

以 SELECT * 方式创建的视图可扩充性差，应尽可能避免。

【例 7-7】将 Student 表中所有女生记录定义为一个视图

```
CREATE VIEW   F_Student1（stdnum，name，sex，age，dept）
AS   SELECT *
FROM   Student
        WHERE Ssex='女';
```

缺点：修改基表 Student 的结构后，Student 表与 F_Student1 视图的映像关系被破坏，导致该视图不能正确工作。

```
CREATE VIEW   F_Student2 （stdnum，name，sex，age，dept）
   AS   SELECT Sno，Sname，Ssex，Sage，Sdept
FROM   Student
          WHERE Ssex='女';
```

为基表 Student 增加属性列不会破坏 Student 表与 F_Student2 视图的映像关系。

常见的视图形式：行列子集视图；WITH CHECK OPTION 的视图；基于多个基表的视图；基于视图的视图；带表达式的视图；分组视图。

任务 7.4　修改视图

SQL Server 中提供了两种修改视图的方法：

（1）在 SQL Server 管理平台中，用鼠标右击需要修改的视图，从弹出的菜单中选择“设计”选项，出现视图修改对话框。该对话框与创建视图的对话框相同，可以按照创建视图的方法修改视图。

（2）使用 ALTER VIEW 语句修改视图，但首先必须拥有使用视图的权限，然后才能使用 ALTER VIEW 语句。ALTER VIEW 语句的语法格式与 CREATE VIEW 语法格式基本相同，除了关键字不同。该语句的语法形式如下：

```
ALTER VIEW [ schema_name.]view_name[（column [，…，n ]）]
[WITH [ENCRYPTION]
AS select_statement[ ； ]
[ WITH CHECK OPTION ]
```

【例 7-8】修改例 7-3 创建的视图，对视图的定义文本加密。

```
ALTER VIEW   v_计科
WITH ENCRYPTION     --为视图加密
AS
SELECT 学生.*
FROM 学生，系部
WHERE 学生.系部编号=系部.系部编号 AND 系部名称='计算机科学'
GO
```

无论什么时候修改视图的数据，实际上都是在修改视图的基表中的数据。如果满足一些限制条件，可以通过视图自由地插入、删除和更新数据。一般地，如果希望通过视图修改数据,视图必须定义在一个表上并且不包括合计函数或在 SELECT 语句中不包括 GROUP BY 子句。在修改视图时，需要注意通过视图修改数据的以下准则：

（1）如果在视图定义中使用了 WITH CHECK OPTION 子句，则所有在视图上执行的数据修改语句都必须符合定义视图的 SELECT 语句中所设置的条件。如果使用了 WITH CHECK OPTION 子句，修改行时需注意不让它们在修改完成后从视图中消失。任何可能导致行消失的修改都会被取消，并显示错误。

（2）INSERT 语句必须为不允许空值并且没有为 DEFAULT 定义的基础表中的所有列指定值。

（3）在基础表的列中修改的数据必须符合对这些列的约束，例如为 Null 性约束及 DEFAULT 定义等。例如，如果要删除一行，则相关表中的所有基础 FOREIGN KEY 约束必须仍然得到满足，删除操作才能成功。

（4）不能使用由键集驱动的游标更新分布式分区视图（远程视图）。此项限制可通过在基础表上而不是在视图本身上声明游标得到解决。

（5）bcp 或 BULK INSERT 和 INSERT ...SELECT * FROM OPENROWSET(BULK...) 语句不支持将数据大容量导入分区视图。

（6）不能对视图中的 text、ntext 或 image 列使用 READTEXT 语句和 WRITETEXT 语句。

任务 7.5　查看视图

从用户角度：查询视图与查询基本表相同，DBMS 实现视图查询的方法。

1. **视图实体化法**（View Materialization）

视图实体化法如下：

① 有效性检查：检查所查询的视图是否存在。

② 执行视图定义，将视图临时实体化，生成临时表。

③ 查询视图转换为查询临时表。

④ 查询完毕删除被实体化的视图（临时表）。

视图实体化法语法结构如下：

```
create materializedview mview_name
build immediate -------------说明 1
refresh fast on commit--------说明 2
enable query rewrite----------说明 3
as    select * from ^^^^^^;
```

说明 1：默认选项就是 build immediate，意思是立刻建立实体化视图

另一种方法是 build deferred，此选项将在以后的某个时刻装在实体化视图及其数据

说明 2：refresh fast on commit 用 fast 的刷新类型来刷新。

说明 3：ENABLE QUERY REWRITE 是查询重写选项。

把对视图的查询转化为对基本表的查询称为视图的消解（View Resolution）。

2. **视图消解法**（View Resolution）

把对视图的查询转化为对基本表的查询称为视图的消解，步骤如下：

① 进行有效性检查，检查查询的表、视图等是否存在。如果存在，则从数据字典中取出视图的定义。

② 把视图定义中的子查询与用户的查询结合起来，转换成等价的对基本表的查询

③ 执行修正后的查询。

【例 7-9】在信息系学生的视图中找出年龄小于 20 岁的学生。

```
        SELECT    Sno，Sage
        FROM        IS_Student
        WHERE     Sage<20;
```

IS_Student 视图的定义（视图定义例 1）：

```
    CREATE VIEW IS_Student
       AS
         SELECT Sno，Sname，Sage
FROM    Student
           WHERE    Sdept= 'IS';
```

视图消解法转换后的查询语句为：

```
SELECT    Sno，Sage
FROM    Student
WHERE    Sdept= 'IS'    AND    Sage<20;
```

【例 7-10】查询信息系选修了 1 号课程的学生。

```
SELECT    Sno，Sname
```

```
FROM      IS_Student，SC
WHERE   IS_Student.Sno =SC.Sno AND
SC.Cno= '1';
```

视图消解法的局限：有些情况下，视图消解法不能生成正确查询。采用视图消解法的DBMS会限制这类查询。

【例 7-11】在 S_G 视图中查询平均成绩在 90 分以上的学生学号和平均成绩。

```
SELECT *
FROM    S_G
WHERE   Gavg>=90;
```

S_G 视图定义：

```
        CREATE VIEW S_G （Sno，Gavg）
          AS
SELECT   Sno，AVG（Grade）
FROM   SC
GROUP BY Sno;
```

查询转换错误：

```
SELECT Sno，AVG（Grade）
FROM       SC
WHERE   AVG（Grade）>=90
GROUP BY Sno;
```

正确：

```
SELECT   Sno，AVG（Grade）
FROM   SC
GROUP BY Sno
HAVING AVG（Grade）>=90;
```

任务 7.6 更新视图

用户角度：更新视图与更新基本表相同。DBMS 实现视图更新的方法：

- 视图实体化法（View Materialization）。
- 视图消解法（View Resolution）。

如果在对定义视图语句中带有 WITH CHECK OPTION 子句的视图进行更新，DBMS 在更新该视图时会进行检查，防止用户通过视图对不属于视图范围内的基本表数据进行更新。

【例 7-12】将信息系学生视图 IS_Student 中学号为 95002 的学生姓名改为“刘辰”。

```
UPDATE   IS_Student
SET   Sname= '刘辰'
WHERE   Sno= '95002';
```

转换后的语句：

```
UPDATE   Student
SET Sname= '刘辰'
```

WHERE Sno= '95002' AND Sdept= 'IS';

使用视图插入数据与在基表中插入数据一样，都可以通过 INSERT 语句来实现。插入数据的操作是针对视图中的列的插入操作，而不是针对基表中的所有的列的插入操作。由于进行插入操作视图不同于基表，所以使用视图插入数据要满足一定的限制条件：

（1）使用 INSERT 语句进行插入操作的视图必须能够在基表中插入数据，否则插入操作会失败。

（2）如果视图上没有包括基表中所有属性为 NOT NULL 的行，那么插入操作会由于那些列的 NULL 值而失败。

（3）如果在视图中包含使用统计函数的结果，或者是包含多个列值的组合，则插入操作不成功。

（4）不能在使用了 DISTINGCT,GROUP BY 或 HAVING 的语句的视图中插入数据。

（5）如果创建视图的 CREATE VIEW 语句中使用了 WITH CHECK OPTION，那么所有对视图进行修改的语句必须符合 WITH CHECK OPTION 中限定条件。

（6）对于由多个基表连接而成的视图来说，一个插入操作只能作用于一个基表上。

【例 7-13】向信息系学生视图 IS_S 中插入一个新的学生记录：95029，赵新，20 岁。

```
INSERT
INTO IS_Student
VALUES（'95029'，'张新'，20）;
```

转换为对基本表的更新：

```
INSERT INTO    Student（Sno，Sname，Sage，Sdept）
VALUES（'95029'，'张新'，20，'IS'  ）;
```

【例 7-14】删除视图 CS_S 中学号为 95029 的记录。

```
DELETE
FROM IS_Student
WHERE Sno= '95029';
```

转换为对基本表的更新：

```
DELETE
FROM Student
WHERE Sno= '95029' AND Sdept= 'IS';
```

更新视图的限制：一些视图是不可更新的，因为对这些视图的更新不能唯一地有意义地转换成对相应基本表的更新（对两类方法均如此）。

【例 7-15】视图 S_G 为不可更新视图。

```
   CREATE VIEW S_G （Sno，Gavg）
     AS
SELECT    Sno，AVG（Grade）
FROM      SC
GROUP BY Sno;
```

对于如下更新语句：

```
UPDATE   S_G
SET     Gavg=90
```

WHERE Sno= '95001';

由于视图 S_G 导出时,包含有分组 GROUP BY 子句和聚合函数 AVG( )操作，则不允许对这个视图执行更新操作。

更新视图有以下三条规则：

（1）若视图是基于多个表使用联接操作而导出的，那么对这个视图执行更新操作时，每次只能影响其中的一个表。

（2）若视图导出时包含有分组和聚合操作，则不允许对这个视图执行更新操作。

（3）若视图是从一个表经选择、投影而导出的，并在视图中包含了表的主键字或某个候选键，这类视图称为‘行列子集视图’。对这类视图可执行更新操作。

对视图更新的限制：

（1）若视图是由两个以上基本表导出的，则此视图不允许更新。

（2）若视图的字段来自字段表达式或常数，则不允许对此视图执行 INSERT 和 UPDATE 操作，但允许执行 DELETE 操作。

（3）若视图的字段来自集函数，则此视图不允许更新。

（4）若视图定义中含有 GROUP BY 子句，则此视图不允许更新。

（5）若视图定义中含有 DISTINCT 短语，则此视图不允许更新。

（6）若视图定义中有嵌套查询，并且内层查询的 FROM 子句中涉及的表也是导出该视图的基本表，则此视图不允许更新。

（7）在一个不允许更新的视图上定义的视图也不允许更新。

【例 7-16】视图 GOOD_SC（选课成绩在平均成绩之上的元组）。

```
CREATE VIEW GOOD_SC
  AS
    SELECT   Sno，Cno，Grade
       FROM       SC
          WHERE Grade >
              （SELECT AVG（Grade）
                 FROM       SC）;
```

任务 7.7　删除视图

如果视图不再需要了，通过执行 DROP VIEW 语句，可以把视图的定义从数据库中删除。删除一个视图，就是删除其定义和赋予它的全部权限。删除一个表并不能自动删除引用该表的视图，因此，视图必须明确地删除。在 DROP VIEW 语句中，可以同时删除多个不再需要的视图。

DROP VIEW 语句的基本语法格式如下所示：

DROP VIEW　<视图名>;

该语句从数据字典中删除指定的视图定义，由该视图导出的其他视图仍定义在数据字典中，但已不能使用，必须显式删除。删除基表时，由该基表导出的所有视图定义都必须显式删除。

【例 7-17】删除视图 IS_S1。

DROP VIEW IS_S1;

删除一个视图后，虽然它所基于的表和数据不会受到任何影响，但是依赖于该视图的其他对象或查询将会在执行时出现错误。

🔔 **注意：** 删除视图后重建与修改视图不一样。删除一个视图，然后重建该视图，那么必须重新指定视图的权限。但是，当使用 ALTER VIEW 语句修改视图时，视图原来的权限不会发生变化。

任务 7.8　查看视图信息

SQL Server 允许用户获得视图的一些有关信息，如视图的名称、视图的所有者、创建时间、视图的定义文本等。视图的信息存放在以下几个 SQL Server 系统表中：

Sysobjects：存放视图名称等基本信息。

Syscolumns：存放视图中定义的列。

Sysdepends：存放视图的依赖关系。

Syscomments：存放定义视图的文本。

1. 查看视图的基本信息

在企业管理器中可以查询视图的基本信息。可以使用系统存储过程 SP_HELP 来显示视图的名称、拥有者、创建时间等信息。例如，创建一名为 XK_view 的视图，能查询选课学生的学号、姓名、专业名、课程号、成绩，执行结果如图 7.1 所示。

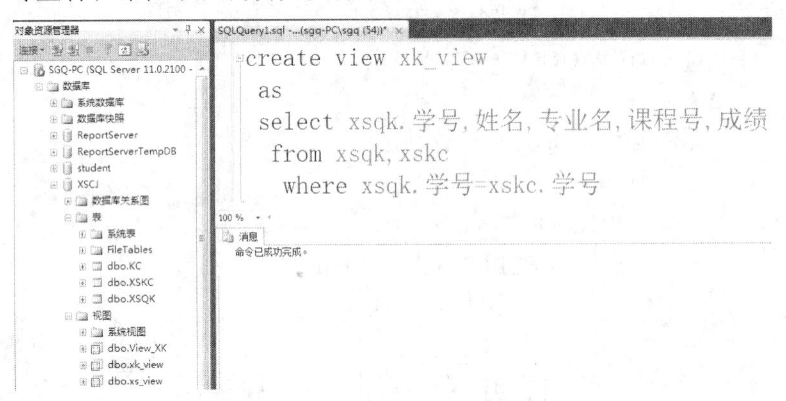

图 7.1　XK_view 视图的创建

利用 SP_HELP 命令查看视图 XK_view 的基本信息，可以使用如下语句：

SP_HELP XK_view

执行上述语句后，显示结果如图 7.2 所示。

2. 查看视图的文本信息

如果视图在创建或修改时没有被加密，那么可以使用系统存储过程 SP_HELPTEXT 来显示视图定义的语句。否则，如果视图被加密，那么连视图的拥有者和系统管理员都无法看到它的定义。例如，查看视图 XK_view 的文本信息，可以使用如下语句：

SP_HELPTEXT XK_view

执行上面语句后，显示 XK_view 视图的文本信息如图 7.3 所示。

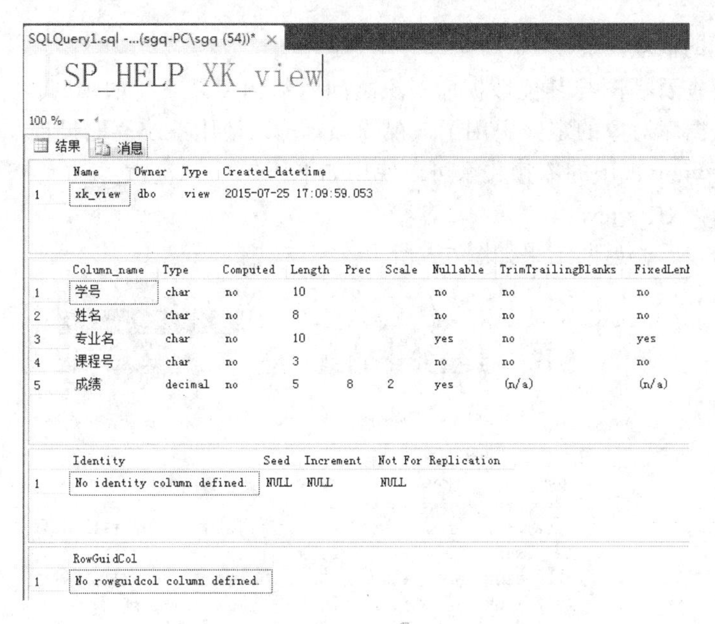

	Name	Owner	Type	Created_datetime
1	xk_view	dbo	view	2015-07-25 17:09:59.053

	Column_name	Type	Computed	Length	Prec	Scale	Nullable	TrimTrailingBlanks	FixedLenl
1	学号	char	no	10			no	no	no
2	姓名	char	no	8			no	no	no
3	专业名	char	no	10			yes	no	yes
4	课程号	char	no	3			no	no	no
5	成绩	decimal	no	5	8	2	yes	(n/a)	(n/a)

	Identity	Seed	Increment	Not For Replication
1	No identity column defined.	NULL	NULL	NULL

	RowGuidCol
1	No rowguidcol column defined.

图 7.2　XK_view 视图的基本信息

```
SQLQuery1.sql -...(sgq-PC\sgq (54))*
SP_HELPTEXT XK_view
```

100 %

结果　消息

	Text
1	create view xk_view
2	as
3	select xsqk.学号,姓名,专业名,课程号,成绩
4	from xsqk,xskc
5	where xsqk.学号=xskc.学号

图 7.3　XK_view 视图的文本信息

如果查看的视图已被加密，则会返回该视图被加密的信息。例如，查看被加密的视图 XK_view，会返回如下信息。例如，对象‘XK_view’的文本已加密，显示结果如图 7.4 所示。

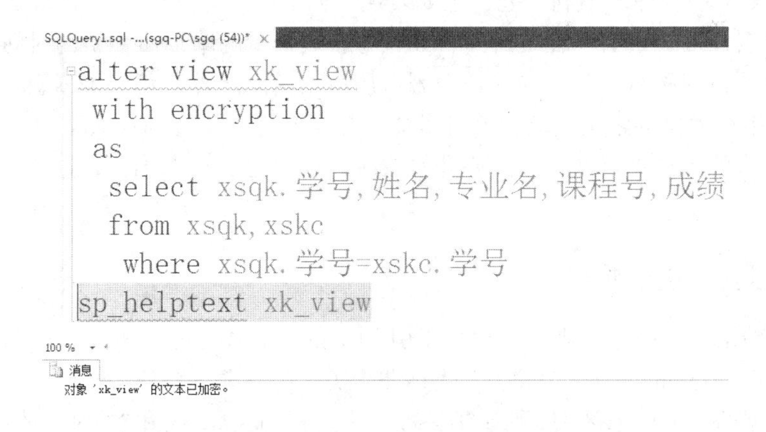

图 7.4　XK_view 视图加密后的查看文本结果

3. **查看视图的依赖关系**

有时候需要查看视图与其他数据库对象之间的依赖关系，比如视图在那些表的基础上创建、又有哪些数据库对象的定义引用了该视图等。可以使用系统存储过程 sp_depends 查看。例如，查看 XK_view 视图的依赖关系可以使用如下语句：

SP_depends XK_view

执行上面语句后，返回结果如图 7.5 所示。

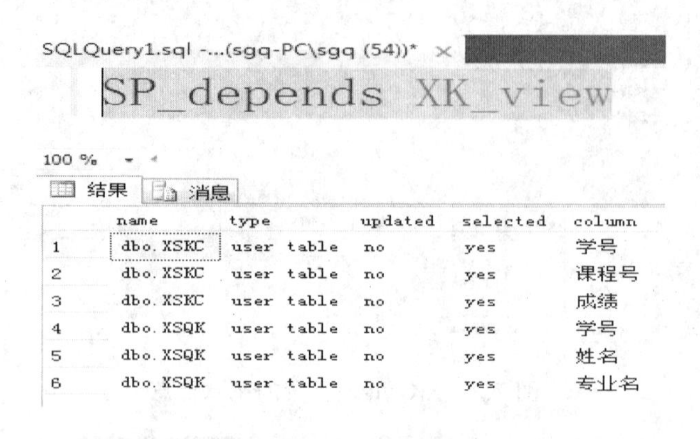

	name	type	updated	selected	column
1	dbo.XSKC	user table	no	yes	学号
2	dbo.XSKC	user table	no	yes	课程号
3	dbo.XSKC	user table	no	yes	成绩
4	dbo.XSQK	user table	no	yes	学号
5	dbo.XSQK	user table	no	yes	姓名
6	dbo.XSQK	user table	no	yes	专业名

图 7.5 XK_view 视图的依赖关系

任务 7.9 索 引

7.8.1 索引优缺点

（1）索引的优点有以下几条：

① 通过创建唯一索引，可以保证数据库表中每一行数据的唯一性。

② 可以大大加快数据的查询速度，这也是创建索引的最主要的原因。

③ 实现数据的参照完整性，可以加速表与表之间的连接。

④ 在使用分组和排列子句进行数据查询时，也可以显著减少查询中分组和排序的时间。

（2）增加索引也有许多不利之处，主要表现在如下几个方面：

① 创建索引和维护索引要耗费时间，并且随着数据量的增加所耗费的时间也会增加。

② 索引需要占用磁盘空间，除了数据表占用数据空间之外，每一个索引还要占用一定的物理空间，如果有大量的索引，索引文件可能比数据文件更快达到最大文件大小。

③ 当对表中的数据进行增加、删除和修改时，索引也要动态维护，这样就降低了数据的维护速度。

7.8.2 索引的分类

如果以存储结构来区分，则有“聚集索引”（Clustered Index，也称聚类索引、簇集索引）和“非聚集索引”（Nonclustered Index，也称非聚类索引、非簇集索引）。

如果以数据的唯一性来区别，则有“唯一索引”（Unique Index）和“非唯一索引”（Nonunique Index）。

若以键列的个数来区分，则有“单列索引”与“多列索引”。

1. **聚集索引**

聚集索引将数据行的键值在表内排序并存储对应的数据记录，使得数据表物理顺序与索引顺序一致。当以某字段作为关键字建立聚集索引时，表中数据以该字段作为排序根据。因此，一个表只能建立一个聚集索引，但该索引可以包含多个列（组合索引）。

聚集索引的结构示意图如图 7.6 所示。

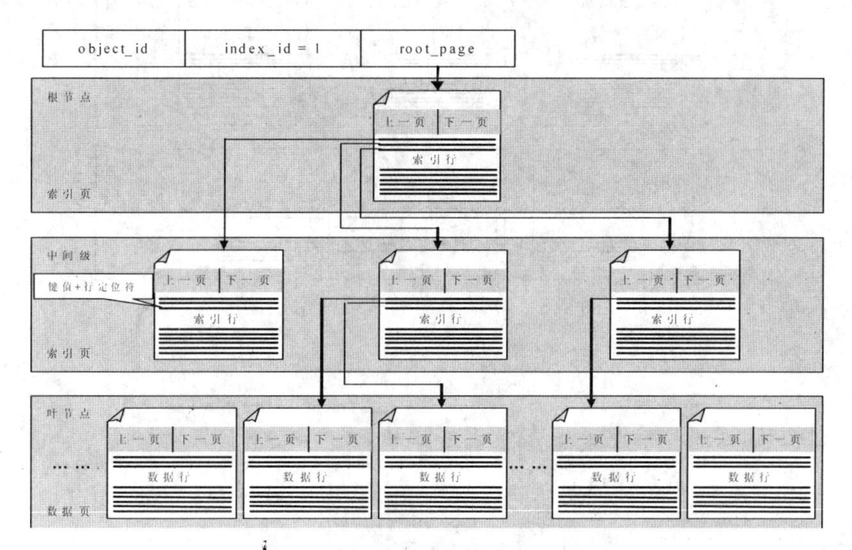

图 7.6　聚集索引的结构示意图

在聚集索引上查找数据行如图 7.7 所示。

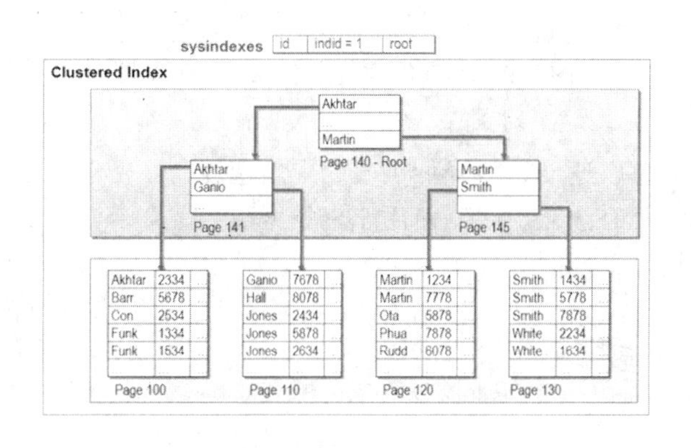

图 7.7　聚集索引上查找数据行示意图

2. **非聚集索引**

非聚集索引完全独立于数据行的结构。数据存储在一个地方，索引存储在另一个地方。非聚集索引中的数据排列顺序并不是表格中数据的排列顺序。

SQL Server 默认情况下建立的索引是非聚集索引。一个表可以拥有多个非聚集索引，每个非聚集索引提供访问数据的不同排序顺序。

非聚集索引的结构示意图，如图 7.8 所示。

在非聚集索引上查找数据行，如图 7.9 所示。

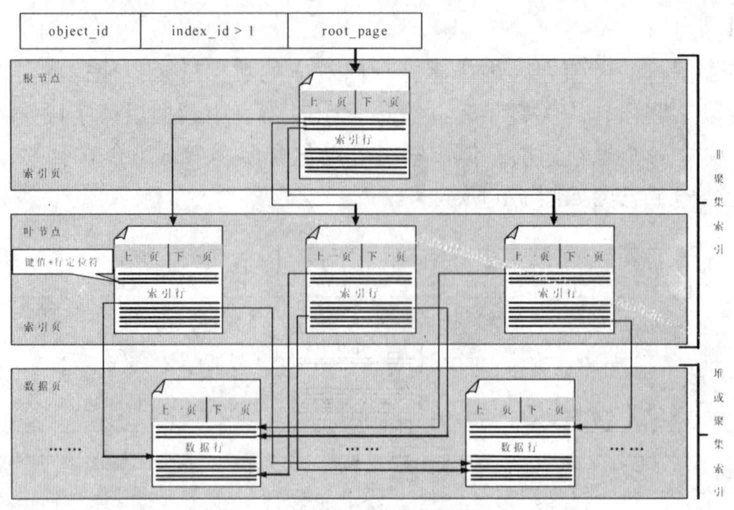

图 7.8　非聚集索引的结构示意图

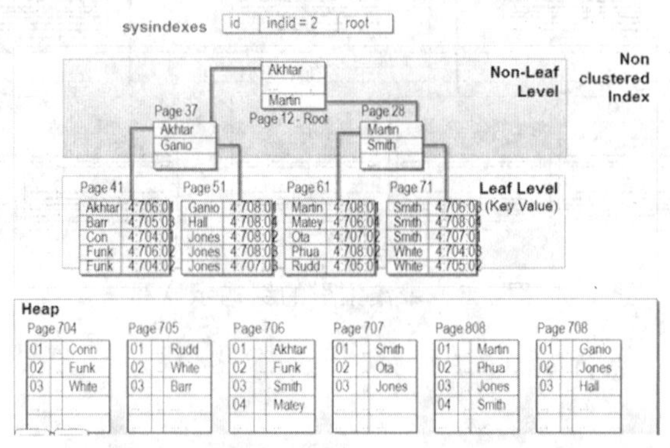

图 7.9　非聚集索引上查找数据示意图

非聚集索引特点：

非聚集索引提高了存取速度，但降低了表的更新速度。

如果硬盘和内存空间有限，应限制使用非聚集索引。

修改一个表的数据时，同时要维护索引。

聚集型索引和非聚集型索引的比较如表 7.1 所示，建立聚集索引的必要性和要考虑建非聚集索引的情况如图 7.10 所示。

表 7.1

性能指标／索引类别	存取速度	索引的数量	所需空间
聚集索引	快	一表一个	少
非聚集索引	慢	一表可以多个	多

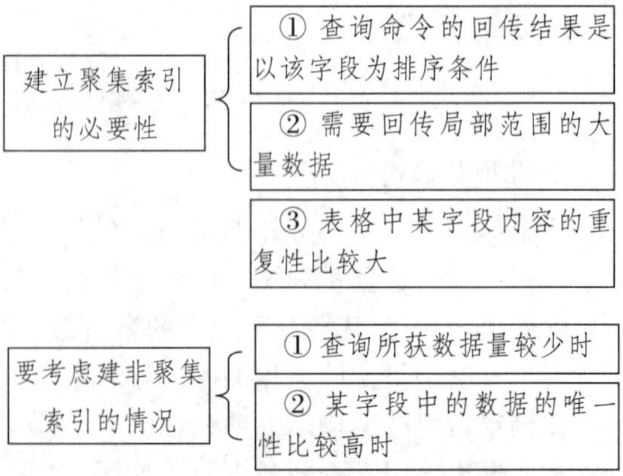

建立聚集索引的必要性
- ① 查询命令的回传结果是以该字段为排序条件
- ② 需要回传局部范围的大量数据
- ③ 表格中某字段内容的重复性比较大

要考虑建非聚集索引的情况
- ① 查询所获数据量较少时
- ② 某字段中的数据的唯一性比较高时

图 7.10

3. 唯一索引

唯一索引是指索引值必须是唯一的。聚集索引和非聚集索引均可用于强制表内的唯一性，方法是在现有表上创建索引时指定 UNIQUE 关键字。确保表内唯一性的另一种方法是使用 UNIQUE 约束。唯一索引示意图如图 7.11 所示。

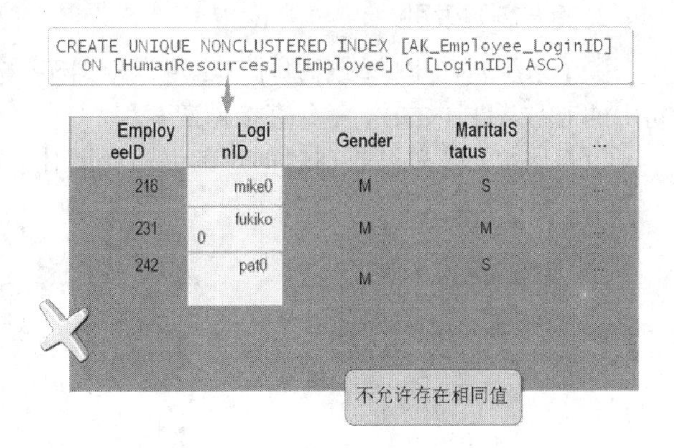

图 7.11 唯一索引示意图

4. 索引视图

对视图创建唯一聚集索引后，结果集将存储在数据库中，就像带有聚集索引的表一样，这样的视图称为索引视图，即是为了实现快速访问而将其结果持续存放于数据库内并创建索引的视图。索引视图在基础数据不经常更新的情况下效果最佳。维护索引视图的成本可能高于维护表索引的成本。如果基础数据更新频繁，索引视图数据的维护成本就可能超过使用索引视图带来的性能收益。

5. 全文索引

全文索引可以对存储在数据库中的文本数据进行快速检索。全文索引是一种特殊类型的基于标记的功能性索引，它是由 SQL Server 全文引擎生成和维护的。每个表只允许有一个全文索引。

任务 7.10 索引的设计原则

索引设计应考虑以下准则：

（1）索引并非越多越好，一个表中如果有大量的索引，不仅占用大量的磁盘空间，而且会影响 INSERT、DELETE、UPDATE 等语句的性能。因为当表中数据更改的同时，索引也会进行调整和更新。

（2）避免对经常更新的表进行过多的索引，并且索引中的列尽可能少。而对经常用于查询的字段应该创建索引，但要避免添加不必要的字段。

（3）数据量小的表最好不要使用索引，由于数据较少，查询花费的时间可能比遍历索引的时间还要短，索引可能不会产生优化效果。

（4）在条件表达式中经常用到的、不同值较多的列上建立索引，在不同值少的列上不要建立索引。比如在学生表的【性别】字段上只有【男】与【女】两个不同值，因此就无需建立索引。如果建立索引，不但不会提高查询效率，反而会严重降低更新速度。

（5）当唯一性是某种数据本身的特征时，指定唯一索引。使用唯一索引能够确保定义的列的数据完整性，提高查询速度。

（6）在频繁进行排序或分组（即进行 GROUP BY 或 ORDER BY 操作）的列上建立索引，如果待排序的列有多个，可以在这些列上建立组合索引。

1. 系统自动创建索引

系统在创建表中的其他对象时可以附带地创建新索引。通常情况下，在创建 UNIQUE 约束或 PRIMARY KEY 约束时，SQL Server 会自动为这些约束列创建聚集索引。

2. 用户创建索引

除了系统自动生成的索引外，也可以根据实际需要，使用对象资源管理器或利用 SQL 语句中的 CREATE INDEX 命令直接创建索引。

（1）使用对象资源管理器创建索引。利用对象资源管理器创建索引，如图 7.12 所示。

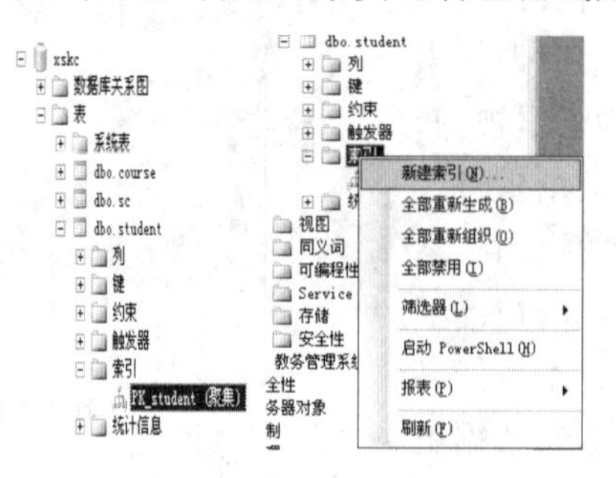

图 7.12

通过 Management Studio 管理索引，如图 7.13 所示。修改索引类型，如图 7.14（a）所示。查看索引类型，如图 7.14（b）所示。

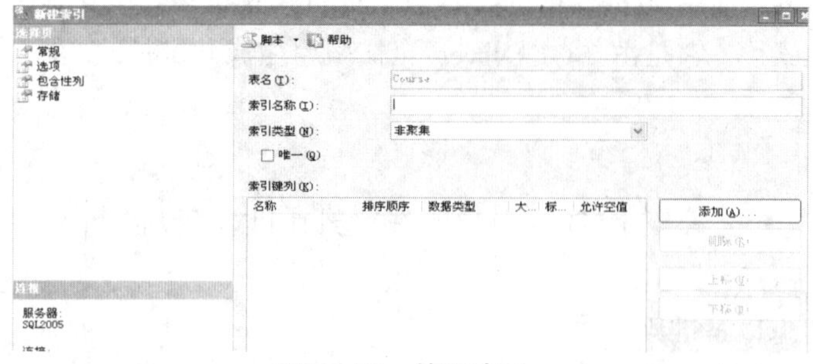

图 7.13 管理索引

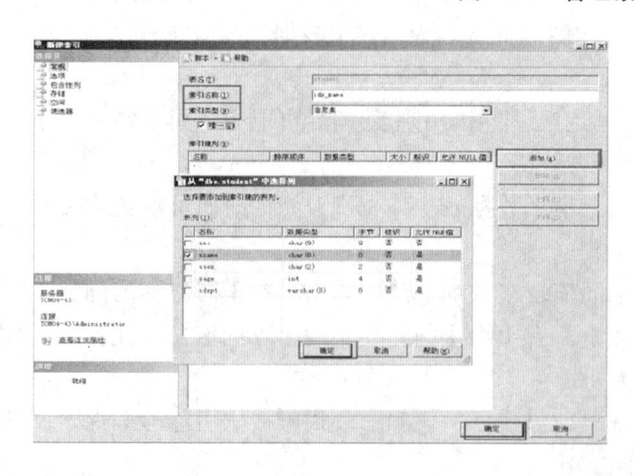

（a）修改索引类型

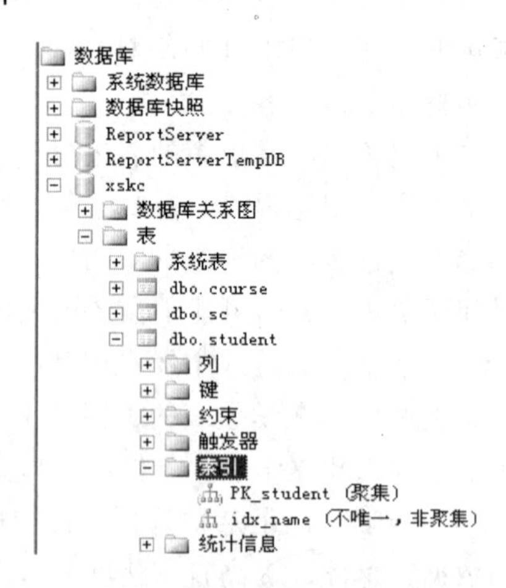

（b）查看索引类型

图 7.14 修改并查看索引类型

（2）用命令方式创建索引。创建索引最简化的命令格式：

create index 索引名 on 表名（索引字段名）

对 KC 表课程号建立索引 ix_kh：

create index ix_kh on kc（课程号）

① 完整的语法形式。

```
CREATE  [ UNIQUE ]                          /*是否为唯一索引*/
[ CLUSTERED | NONCLUSTERED ] /*索引的组织方式*/
INDEX  index_name     /*索引名称*/
ON { table | view } （ column [ ASC | DESC ] [，...n ] ）
[INCLUDE column_name [，...n]] /*指定索引定义依据的对象*/
[ WITH <index_option> /*索引选项*/
[，] FILLFACTOR = fillfactor ] ]
[[，] IGNORE_DUP_KEY ]
[[，] DROP_EXISTING ]
[[，] STATISTICS_NORECOMPUTE ]
[[，] SORT_IN_TEMPDB ]
[ ON filegroup ]                    /*指定索引文件所在的文件组*/
```

说明：

UNIQUE：为表或视图创建唯一索引。

CLUSTERED：表示创建聚集索引，键值的逻辑顺序决定表中对应行的物理顺序。

NONCLUSTERED：用于指定创建的索引为非聚集索引。

index_name：索引的名称。

column：索引所基于的一列或多列。

[ASC|DESC]：确定特定索引列的升序或降序排序方向。默认值为 ASC。

FILLFACTOR：填充因子，或填充率。

IGNORE_DUP_KEY：当向包含一个唯一聚集索引的列中插入重复数据时，将忽略该 insert 或 update 语句。

INCLUDE（column_name [，... n] ）：指定要添加到非聚集索引的叶级别的非键列。

DROP_EXISTING：指定应删除并重新生成已命名的先前存在的聚集、非聚集索引或 XML 索引。

② 包含性索引。在 SQL Server 2012 中，可以通过将非键列添加到非聚集索引的叶级别来扩展非聚集索引的功能。通过包含非键列，可以创建覆盖更多查询的非聚集索引。这是因为非键列具有下列优点：

- 它们可以是不允许作为索引键列的数据类型。
- 在计算索引键列数或索引键大小时，数据库引擎不考虑它们。
- 带有包含性非键列的索引可以显著提高查询性能。

语法格式如下：

```
CREATE INDEX INX_TB_A_B
ONTB（A，B）
INCLUDE（C）
```

说明：

● 只能是针对非聚集索引。

● 比起复合索引，它是有性能上的提升的，因为索引的大小变小了。

非聚集索引的叶级别示意图如图 7.15 所示。

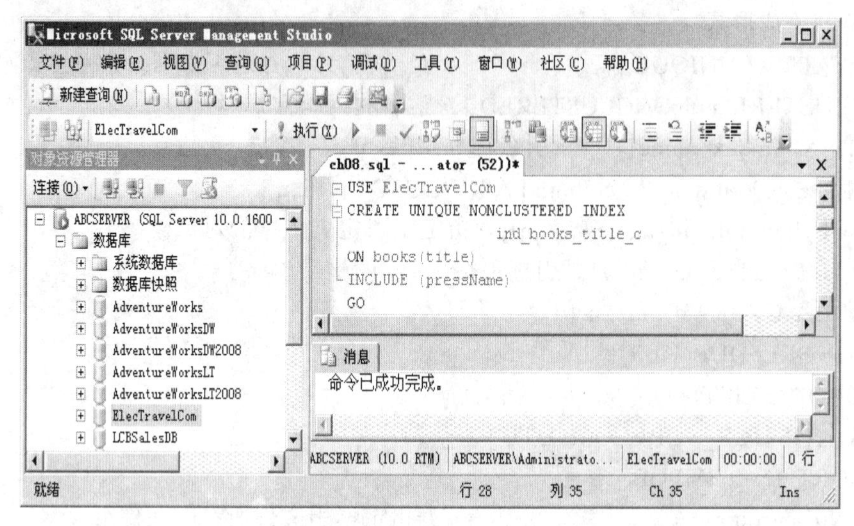

图 7.15　非聚集索引的叶级别示意

【例 7-18】使用 CREATE INDEX 语句为表 XS 创建一个非聚集索引，索引字段为 name，索引名为 idx_name。

```
CREATE     INDEX     idx_name
ON XS  （  name  ）
```

【例 7-19】根据 XS 表的学号和姓名列创建索引 idx_xhxm。

```
Use   xskc
Create Index idx_xhxm
on XS（sno，sname）
```

【例 7-20】根据 sc 表的学号列创建唯一聚集索引。如果输入重复键值，将忽略该 insert 或 update 语句。

```
Create   unique clustered
Index idx_sno_unique on xskc   （sno）
With ignore_dup_key
```

其中，IGNORE_DUP_KEY 的作用是在向表中插入数据的时候，如果遇到表中已经存在索引列的值，insert 语句就会失败，并且回滚整个 insert 语句。

【例 7-21】根据 sc 表的学号创建索引，使用降序排列，填满率为 60%。

```
Create Index idx_sno   on XSKC（sno desc）
With filefacter = 60
```

向一个已满的索引页添加某个新行时，SQL Server 把大约一半的行移到新页中以便为新行腾出空间。这种重组称为页拆分。页拆分会降低性能并使表中的数据存储产生碎片。

创建索引时，可以指定一个填充因子，以便在索引的每个叶级页上留出额外的间隙和保留一定百分比的空间，供将来表的数据存储容量进行扩充和减少页拆分的可能性，其示意如

图 7.16 所示。

Index Pages

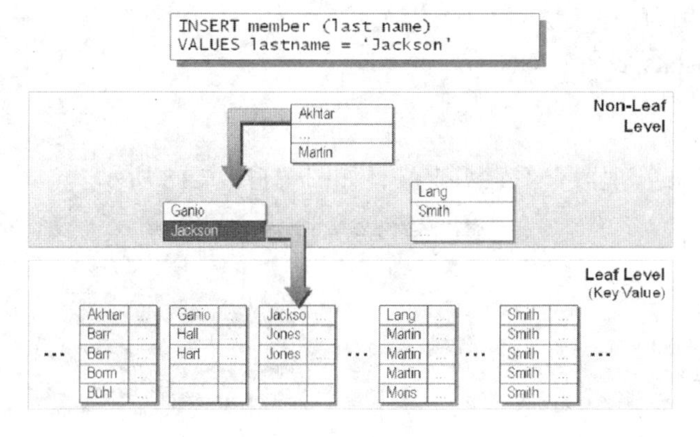

图 7.16 索引页示意

填充因子是索引的一个特性，用于定义该索引页上的可用空间量。填充因子的值是从 1 到 100 的百分比数值，指定在创建索引后对数据页的填充比例。值为 100 时表示页将填满，所留出的存储空间量最小。只有当不会对数据进行更改时（例如，在只读表中）才会使用此设置。值越小表示数据页上的空闲空间越大，这样可以减少在索引增长过程中对数据页进行拆分的需要，但需要更多的存储空间。当表中数据发生更改时，这种设置更为适当。

【例 7-22】使用 CREATE INDEX 语句为表 KC 创建一个唯一聚集索引，索引字段为 course_id，索引名为 idx_course_id，要求成批插入数据时忽略重复值，不重新计算统计信息，填充因子取 40。

```
CREATE UNIQUE CLUSTERED INDEX idx_course_id
ON KC（course_id）
WITH PAD_INDEX,
FILLFACTOR = 40,
IGNORE_DUP_KEY,
STATISTICS_NORECOMPUTE
```

说明：

pad_index：指定索引中间级中每个页（节点）上保持开放的空间。

PAD_INDEX：只有在指定了 FILLFACTOR 时才有用，因为 PAD_INDEX 使用由 FILLFACTOR 所指定的百分比。

FILLFACTOR：默认情况下，给定中间级页上的键集，SQL Server 将确保每个索引页上的可用空间至少可以容纳一个索引允许的最大行。如果为 FILLFACTOR 指定的百分比不够大，无法容纳一行，SQL Server 将在内部使用允许的最小值替代该百分比。

STATISTICS_NORECOMPUTE：该选项指定过期的索引统计不自动重新计算。为了恢复自动统计更新，可以执行没有 NORECOMPUTE 子句的 UPDATE STATISTICS 命令。查询的时候要根据索引的统计来判断使用这个索引是否有效，还是利用全表的扫描更有效。所以保持索引的统计经常的更新有利于查询的优化。

```
--创建索引的时候关闭索引的统计
create index ind_tb_col
```

on 表名（列名）

with STATISTICS_NORECOMPUTE

--开启自动统计更新

EXEC sp_autostats 表名，'ON'

3. 管理索引

（1）利用对象资源管理器查看索引定义，如图 7.17、7.18 所示。

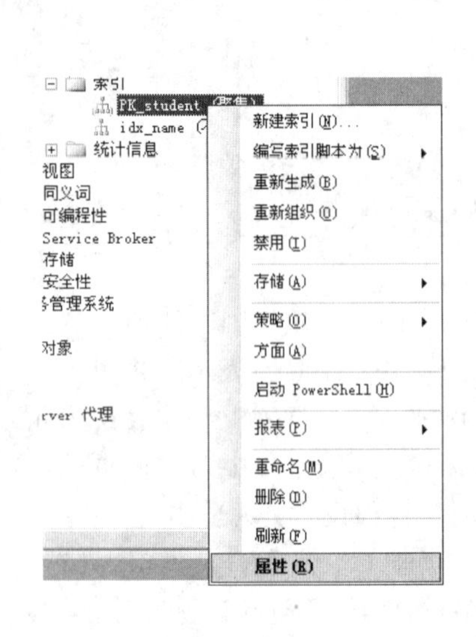

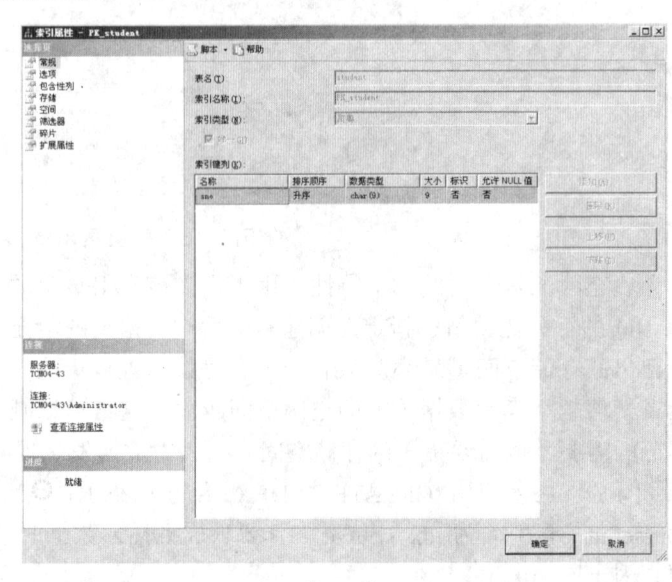

图 7.17　对象资源管理器查看索引定义

图 7.18　对象资源管理器查看索引属性

（2）利用系统存储过程查看索引定义。利用系统提供的存储过程 sp_helpindex 可以查看索引信息，其语法格式如下：

sp_helpindex[@objname =] 'object_name',

其中，[@objname =] 'object_name' 表示所要查看的当前数据库中表的名称。即等价于：sp_helpindex 表名

【例 7-23】查看 XSCJ 数据库中 XS 表的索引信息。

Exec sp_helpindex student

结果如图 7.19 所示。

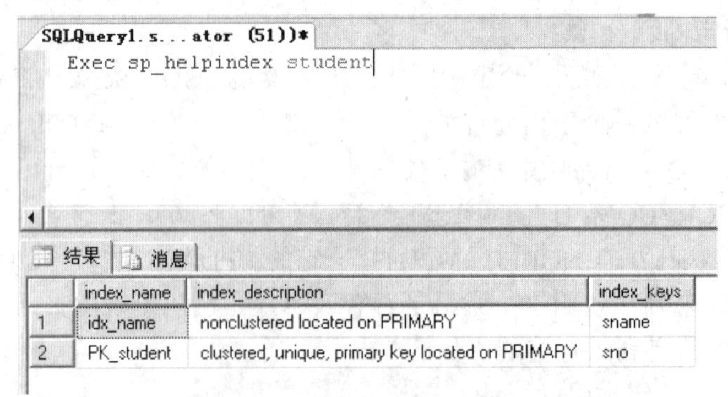

	index_name	index_description	index_keys
1	idx_name	nonclustered located on PRIMARY	sname
2	PK_student	clustered, unique, primary key located on PRIMARY	sno

图 7.19　例 7-23 执行结果

4. **更名索引**

（1）利用对象资源管理器更名索引。

① 启动 SQL Server Management Studio。

② 在对象资源管理器窗口里，展开 SQL Server 实例，选择“数据库”| XS |“表”| dbo.stu_info |“索引”| idx_name，单击鼠标右键，然后从弹出的快捷菜单中选择“重命名”命令。此时所要更名索引的索引名处于编辑状态，输入新的索引名称。

（2）利用系统存储过程更名索引。利用系统提供的存储过程 sp_rename 可以对索引进行重命名，语法如下：

sp_rename '表名.旧索引名'，'新索引名'

如将 kc 表的索引 ix_kh，改名为 id_kk：

sp_rename 'kc.ix_kh'，'id_kk'

【例 7-24】将 XS 表中的索引 idx_name 更名为 idx_stu_name。

Exec sp_rename 'XS.idx_name'，'idx_stu_name'

（3）修改索引。

【例 7-25】将 idx_cname 进行修改，使其成为唯一索引。

```
Drop index KC.idx_name
CREATE    unique    INDEX     idx_name
   ON    KC（cname  ）
ALTER INDEX idx_name ON KC REBUILD
```

使用 T-SQL 语句进行修改索引的操作实际上是先将索引进行删除，然后再重新定义索引。最后使用“ALTER INDEX 索引名 ON 数据表 REBUILD ”语句重置索引以完成修改。

5. **删除索引**

（1）利用对象管理器删除索引。选择“数据库”| student |“表”| dbo.stu_info |“索引”| idx_name，单击鼠标右键，然后从弹出的快捷菜单中选择“删除”命令，打开“删除对象”对话框。

（2）利用 T-SQL 语句删除索引。删除索引的语法格式如下：

DROP INDEX table_name.index_name [,. . . n]

其中，index_name 为所要删除的索引的名称。删除索引时，不仅要指定索引，而且必须要指定索引所属的表，即简化为 drop index 表名.索引名，如：drop index kc.id_kk

【例 7-26】删除 stu_info 表中的 idx_name 索引。

DROP INDEX stu_info.idx_name

DROP INDEX 不能删除系统自动创建的索引，如主键或唯一性约束索引，也不能删除系统表中的索引。

6. **维护索引**

某些不合适的索引影响到 SQL Server 的性能。随着应用系统的运行，数据不断地发生变化，当数据变化达到某一个程度时将会影响到索引的使用。这时需要对索引进行维护。索引的维护包括重建索引和更新索引统计信息。

随着在执行大块 I/O 的时候，重建非聚集索引可以降低分片。重建索引实际上是重新组织

B-树空间。无论何时对基础数据执行插入、更新或删除操作，SQL Server 2012 数据库引擎都会自动维护索引。

在 SQL Server 2012 中，可以通过重新组织索引或重新生成索引来修复索引碎片，以维护大块 I/O 的效率。

SQL Server 提供了多种维护索引的方法。

（1）检查整理索引碎片。使用 DBCC SHOWCONTIG 检查有无索引碎片，或使用 DBCC INDEXDEFRAG 整理索引碎片。

① 检查碎片。DBCC SHOWCONTIG 语句用来显示指定表的数据和索引的碎片信息。当对表进行大量的修改或添加数据之后，应该执行此语句来查看有无碎片。其语法格式如下：

DBCC SHOWCONTIG

（[{ table_name | table_id | view_name | view_id }，index_name | index_id]）

【例 7-27】检查 student 表的索引 idx_stu_name 的碎片信息。

DBCC SHOWCONTIG （ student，idx_stu_name ）

结果如图 7.20 所示。

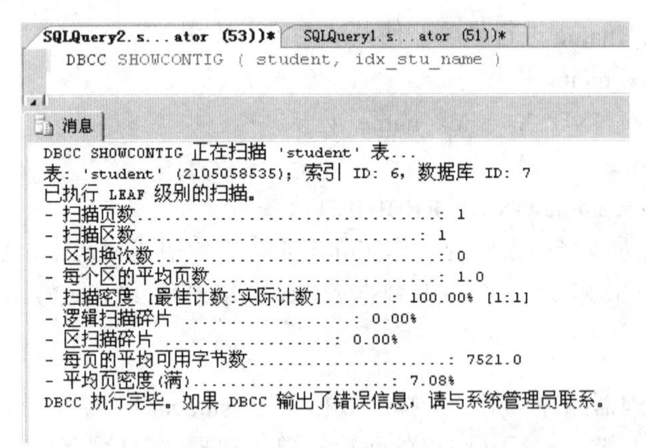

图 7.20　例 7-27 执行结果

② 整理碎片。使用 DBCC INDEXDEFRAG 来整理索引碎片，其语法格式如下：

DBCC INDEXDEFRAG

（ [{ database_name | database_id}，{ table_name | table_id | view_name | view_id }，index_name | index_id] ）

【例 7-28】整理 student 数据库中 stu_info 表的索引 idx_name 上的碎片。

DBCC INDEXDEFRAG（student，stu_info，idx_name）

（2）重新组织索引。重新组织索引是通过对叶级页进行物理重新排序，使其与叶节点的逻辑顺序（从左到右）相匹配，从而对表或视图的聚集索引和非聚集索引的叶级别进行碎片整理以使页有序，以提高索引扫描的性能。

使用 ALTER INDEX REORGANIZE 按逻辑顺序重新排序索引的叶级页。由于这是联机操作，因此在语句运行时仍可使用索引。此方法的缺点是在重新组织数据方面不如索引重新生成操作效果好，而且不更新统计信息。

（3）重新生成索引。重新生成索引将删除原索引并创建一个新索引。此过程中将删除碎片，通过使用指定的或现有的填充因子设置压缩页来回收磁盘空间，并在连续页中对索引行重新排序（根据需要分配新页）。可以使用两种方法重新生成聚集索引和非聚集索引：

① 带 REBUILD 子句的 ALTER INDEX。

② 带 DROP_EXISTING 子句的 CREATE INDEX。这种方法的缺点是索引在删除和重新创建周期内为脱机状态，并且操作属原子级。如果中断索引创建，则不会重新创建该索引。

（4）更新索引统计信息。当在一个包含数据的表上创建索引的时候，SQL Server 会创建分布数据页来存放有关索引的两种统计信息：分布表和密度表。优化器利用这个页来判断该索引对某个特定查询是否有用。当表的数据改变之后，统计信息有可能是过时的，从而影响优化器追求最优工作的目标。因此，需要对索引统计信息进行更新。其语法格式如下：

```
UPDATE STATISTICS table_or_indexed_view_name
    [
        {   { index_or_statistics__name }
          | (  {index_or_statistics_name } [，...n ]  ) }
]
    [    WITH
        [
[ FULLSCAN ]
            | SAMPLE number { PERCENT | ROWS } ]
            | RESAMPLE
            | <update_stats_stream_option>[，...n ]
        ]
[ [，] [ ALL | COLUMNS | INDEX ]
[ [，] NORECOMPUTE ]
    ] ;
```

说明：

table_or_indexed_view_name：要更新其统计信息的表或索引视图的名称。

index_or_statistics_name：要更新其统计信息的索引的名称，或要更新的统计信息的名称。

FULLSCAN：通过扫描表或索引视图中的所有行来计算统计信息。

SAMPLE number { PERCENT | ROWS }：当查询优化器更新统计信息时要使用的表或索引视图中近似的百分比或行数。

RESAMPLE：使用最近的采样速率更新每个统计信息。

ALL | COLUMNS | INDEX：指定 UPDATE STATISTICS 语句是否影响列统计信息、索引统计信息或所有现有统计信息。

NORECOMPUTE：指定不自动重新计算过期统计信息。

【例 7-29】更新 XSCJ 数据库中 XS 表中全部索引的统计信息。

```
UPDATE STATISTICS stu_info
```

任务 7.10　回到工作场景

（1）创建视图 Viewstudentscore，包括学生的学生编号、学生姓名、课程名称和成绩，并使用该视图查询所有学生的学生编号、姓名、课程名称和成绩。

（2）修改视图 Viewstudentscore，要求添加学生的班级编号，并使用该视图查询所有学生的姓名、班级编号、课程名称和成绩。

（3）使用视图 Viewstudentscore 修改学生成绩：学生编号是 10701001，课程名称是高等数学，成绩是 100。

（4）在学生表的学生编号字段上创建聚集索引 PK_Student，在学生表的班级编号和姓名字段上创建非聚集索引 IX_Student。

任务 7.11 案例训练营

1. 创建视图 Viewclasscourse，查询班级编号、班级名称和课程名称。
2. 查询班级编号是 10701 的班级的所有课程名称。
3. 修改视图 Viewclasscourse，查询系别编号、班级编号、班级名称和课程名称。
4. 删除视图 Viewclasscourse。
5. 在课程表的课程编号字段上创建聚集索引 PK_Course，在课程表的课程名称字段上创建非聚集索引 IX_Course。

模块 8　事务、锁和游标

本章学习目标

了解事务处理的概念和方法；掌握执行、撤销和回滚事务；了解引入锁的原因和锁的类型；掌握如何设置事务和锁的相关操作；了解游标的概念和分类；掌握游标的基本操作。

任务 8.1　工作场景导入

学校财务处让出纳小李和小王去银行取钱，对于同一个银行账户 A 内有 200 元，小李进行提款操作 100 元，小王进行转账操作 100 元到 B 账户。如果事务没有进行隔离可能会并发如下问题：

第一类丢失更新；脏读；虚读；不可重复读；第二类丢失更新。

【例 8-1】事务：从[杨百万]账户转给[邱发财]账户 8 万元。

```
create table 银行账户表
          （账号 char（6），账户 nchar（10），存款余额 money）
insert 银行账户表（账号，账户，存款余额）
          values （'100001'，'杨百万'，1 000 000）
insert 银行账户表（账号，账户，存款余额）
          values （'100002'，'李有财'，80 000）
insert 银行账户表（账号，账户，存款余额）
          values （'100003'，'邱发财'，10）
select * from 银行账户表
update 银行账户表 set 存款余额=存款余额-80 000
      where 账号='100001'
update 银行账户表 set 存款余额=存款余额+80 000
      where 账号='100003'
select * from 银行账户表
```

引导问题：

（1）如何防止丢失更新？

（2）如何防止脏读和虚读？

（3）如何实现可重复读？

任务 8.2　事务管理

8.2.1 事务的概念

1. 定义

事务（Transaction）是由一条或者多条 T-SQL 语句组成的一个工作单元，如果有其中任意一条语句执行失败被取消的话，这些语句的执行都被取消。

2. 事务的属性（ACDI 属性）

原子性（Atomicity）：对数据的修改，要么都完成，要么都取消。

一致性（Consistency）：事务完成时，保持数据的一致性、完整性。

隔离性（Isolation）：并行事务之间相互隔离。

持久性（Durability）：事务完成后，对数据所做的所有修改就保存到数据库中。

3. 特点

可保证操作的一致性和可恢复性；可由用户定义，它包括一系列的操作或语句；每一条 T-SQL 语句都可以是一个事务；在多服务器环境中，可定义分布式事务。

8.2.2 事务的模式

事务有三种模式：显式事务、隐性事务和自动提交事务。

1. 自动提交事务

这是 SQL Server 的默认模式。每条单独的 Transact-SQL 语句都是一个事务，在其完成后提交，不必指定任何语句控制事务。

【例 8-2】自动提交事务。

```
create table 学生会干部表
（姓名 nchar（4），
  性别 nchar（1）`check（性别 in （'男'，'女'）），
  职务 nchar（5））
insert 学生会干部表（姓名，性别，职务） values （'任波'，'男'，'主席'）
insert 学生会干部表（姓名，性别，职务） values （'金驰'，'女'，'副主席'）
insert 学生会干部表（姓名，性别，职务） values （'陈忠和'，'男'，'体育部长'）
insert 学生会干部表（姓名，性别，职务） values （'刁美娟'，'女'，'宣传文艺部长'）
insert 学生会干部表（姓名，性别，职务） values （'宋佳'，'女'，'组织部长'）
go
--SELECT  * FROM 学生会干部表
```

2. 显式事务

明确地用 begin transaction 语句定义事务开始，用 commit 或 rollback 语句定义事务结束。

【例 8-3】显式事务方式。

```
set xact_abort on
begin transaction
insert 学生会干部表（姓名，性别，职务） values （'任重'，'男'，'主席'）
insert 学生会干部表（姓名，性别，职务） values （'张驰'，'女'，'副主席'）
insert 学生会干部表（姓名，性别，职务） values （'陈钧'，'南'，'体育部长'）
insert 学生会干部表（姓名，性别，职务） values （'梁美娟'，'男'，'宣传文艺部长'）
insert 学生会干部表（姓名，性别，职务） values （'乔美佳'，'女'，'组织部长'）
```

```
commit
go
--select * from 学生会干部表
```

说明：

SET XACT_ABORT：当 SET XACT_ABORT 为 ON 时，如果 Transact-SQL 语句产生运行时错误，整个事务将终止并回滚。当为 OFF 时，只回滚产生错误的 Transact-SQL 语句，而事务将继续进行处理。默认设置为 OFF。

COMMIT：标志一个成功的隐性事务或用户定义事务的结束。用于提交事务中的一切操作，结束一个用户定义的事务，使得事务对数据库的修改有效。

3. 隐性事务

SQL 脚本使用 SET IMPLICIT_TRANSACTIONS ON 语句启动隐性事务模式。使用 SET IMPLICIT_TRANSACTIONS OFF 语句关闭隐性事务模式。使用 COMMIT TRANSACTION、COMMIT WORK、ROLLBACK TRANSACTION 或 ROLLBACK WORK 语句结束每个事务。

在隐性事务模式设置为打开之后，当 SQL Server 首次执行下列任何语句时，都会自动启动一个事务：ALTER TABLE，INSERT，CREATE，OPEN，DELETE，REVOKE，DROP，SELECT，FETCH，TRUNCATE TABLE，GRANT，UPDATE

在发出 COMMIT 或 ROLLBACK 语句之前，该事务将一直保持有效。在第一个事务被提交或回滚之后，下次执行这些语句中的任何语句时，SQL Server 都将自动启动一个新事务。SQL Server 将不断地生成一个隐性事务链，直到隐性事务模式关闭为止。

【例 8-4】隐式事务方式。

```
set xact_abort on
set implicit_transactions on          --启动隐性事务模式
insert 学生会干部表 （姓名，性别，职务） values （'任重'，'男'，'主席'）
insert 学生会干部表 （姓名，性别，职务） values （'张驰'，'女'，'副主席'）
insert 学生会干部表 （姓名，性别，职务） values （'陈钧 '，'南'，'体育部长'）
insert 学生会干部表 （姓名，性别，职务） values （'梁美娟'，'男'，'宣传文艺部长'）
insert 学生会干部表 1（姓名，性别，职务） values （'乔美佳'，'女'，'组织部长'）
commit
```

8.2.3 事务的应用案例

【例 8-5】事务的显式开始和显式回滚。

在 SQL Server Management Studio 的【标准】工具栏上，单击【新建查询】按钮。此时将使用当前连接打开一个查询编辑器窗口。输入如下代码，单击【SQL 编辑器】工具栏上的【执行】按钮，在【结果】/【消息】窗格中查看结果。

```
USE TempDB； /*使用 TempDB 作为当前数据库*/
GO
--TempDB 数据库中若存在用户创建的表 TestTable，则删除它
IF OBJECT_ID（N'TempDB..TestTable'，N'U'）IS NOT NULL
DROP TABLE TestTable；
```

```
GO
CREATE TABLE TestTable（[ID] int，[name] nchar（10））
GO
DECLARE @TransactionNamevarchar（20）；/*声明局部变量*/
set @TransactionName  = 'Transaction1'；/*局部变量赋初值*/
PRINT @@TRANCOUNT/*向客户端返回当前连接上已发生的 BEGIN TRANSACTION 语句数*/
BEGIN TRAN @TransactionName/*显式开始事务*/
PRINT @@TRANCOUNT
INSERT INTO TestTable VALUES（1，'李伟'）/*插入记录到表*/
INSERT INTO TestTable VALUES（2，'李强'）/*插入记录到表*/
ROLLBACK TRAN @TransactionName/*显式回滚事务，取消插入操作，将表中数据恢复到初始状态*/
PRINT @@TRANCOUNT
BEGIN TRAN @TransactionName
PRINT @@TRANCOUNT
INSERT INTO TestTable VALUES（3，'王力'）
INSERT INTO TestTable VALUES（4，'王为'）
If @@error>0 --如果系统出现意外
    ROLLBACK TRAN @TransactionName    --则进行回滚操作
Else
    COMMIT TRAN @TransactionName/*显式提交事务*/
PRINT @@TRANCOUNT
SELECT * FROM TestTable/*查询表的所有记录*/
--结果
--ID name
-------------
--3 王力
--4 王为

DROP TABLE TestTable/*删除表*/
```

【例 8-6】为教师表插入一名教师的信息，如果正常运行则插入数据表中，反之则回滚。此题注意学习 SAVE TRANSACTION 语句。

```
USE TempDB；/*使用 TempDB 作为当前数据库*/
GO
--TempDB 数据库中若存在用户创建的表 Teacher，则删除之
IF OBJECT_ID（N'TempDB..Teacher'，N'U'）IS NOT NULL
DROP TABLE Teacher；
GO
CREATE TABLE Teacher
```

```
( [ID] int, [name] nchar ( 10 ), [birthday] datetime, depatrment nchar ( 4 ), salary int null )
GO

Begin transaction
Insert into teacher values ( '101', '周德强', 1990-03-22, '计算机学院', 1000 )
Insert into teacher values ( '102', '黎开明', 1980-08-28, '计算机学院', 1000 )
select * from Teacher;
update teacher set salary=salary+100    --给每名教师的薪水加 100
Save transaction savepoint1
Insert into teacher values ( '105', '程书红', 1975-03-22, '计算机学院', null )
If @@error>0
rollback transaction savepoint1
If @@error>0
rollback transaction
Else
commit transaction
select * from Teacher;
```

【例 8-7】删除“电子工程”系，将“电子工程”系的学生划归到“信息工程学院”。

```
USE 教学管理
GO
begin transaction my_transaction_delete
use 教学管理 /*使用数据库“教学管理”*/
go
delete from 系部  where  系别 = '电子工程'

save transaction after_delete    /* 设置事务恢复断点*/
update 学生
set 系别 = '信息工程学院'  where  系别 = '电子工程'
/*“工业工程”系学生的系别编号改为“企业管理”系的系别编号*/
if @@error<>0 or @@rowcount=0 then
/* 检测是否成功更新，@@ERROR 返回上一个 SQL 语句状态，非零即说明出错，错则回滚之 */
begin
rollback tran after_delete
/* 回滚到保存点 after_delete，如果使用 rollback my_transaction_delete，则会回滚到事务开始前*/
commit tran
print '更新学生表时产生错误'
return
end
```

```
commit transaction my_transaction_delete
go
```

【例 8-8】使用 SQL Server 2012 的存储过程实现银行转账业务的事务处理。

具体操作如下所示：

```
USE master;
GO
IF DB_ID（'BankDB'）
IS NOT NULL
DROP DATABASE BankDB;
GO
--创建数据库 BankDB
CREATE DATABASE BankDB;
GO
--选择当前数据库为 BankDB
USE BankDB;
GO
--创建表 accout
IF OBJECT_ID （ 'account'，'U' ） IS NOT NULL
    DROP TABLE account;
GO

CREATE TABLE account（
id INT IDENTITY（1，1） PRIMARY KEY，--设置主键
cardno CHAR（20） UNIQUE NOT NULL，--创建非空唯一值索引
balance NUMERIC（18，2）
）
--插入记录到表 account
INSERT INTO account VALUES（'01'，100.0）
INSERT INTO account VALUES（'02'，200.0）
GO

--创建存储过程以演示转账事务
IF EXISTS （SELECT name FROM sys.objects
            WHERE name = N'sp_transfer_money'）
    DROP PROCEDURE sp_transfer_money;
GO
CREATE PROCEDURE sp_transfer_money--创建存储过程
@out_cardno CHAR（20），--转出账户
@in_cardno CHAR（20），--转入账户
@money NUMERIC（18，2）--转账金额
```

```
AS
BEGIN
DECLARE @remain NUMERIC（18，2）
SELECT @remain=balance FROM account WHERE cardno=@out_cardno
IF @money>0
    IF @remain>=@money
        BEGIN
          BEGIN TRANSACTION T1 --开始执行事务
            --执行的第一个操作，转账出钱，减去转出的金额
            UPDATE   account   SET   balance   =   balance-@money   WHERE
cardno=@out_cardno
            --执行第二个操作，接受转账的金额，余额增加
UPDATE account SET balance = balance+@money WHERE cardno=@in_cardno

            IF @@error>0 --如果系统出现意外
                BEGIN
                ROLLBACK TRAN T1   --则进行回滚操作，恢复到转账开始之前状态
                RETURN 0
                END
            ELSE
                BEGIN
                    COMMIT
TRANSACTION T1/*显式提交事务*/
                    PRINT '转账成功.'
                END
            END
    ELSE
        BEGIN
        PRINT '余额不足.'
        END
ELSE
    PRINT '转账金额应大于.'
END
GO

--执行存储过程
EXEC sp_transfer_money '01'，'02'，50
```

【例 8-9】某学籍管理系统中需要将某学生的学号由 2010066103 改为 2010066200，这里的修改就涉及“选课”表和“学生”表两个表（相关表的定义模块 2）。本例中的事务就是为了保证这两个表的数据一致性。

```
USE 教学管理
GO
BEGIN TRAN MyTran              /* 开始一个事务 */
    UPDATE 选课                  /* 更新选课表 */
        SET 学号='2010066200'    WHERE 学号='2010066103'
    IF @@ERROR<>0     /*检测是否成功更新，@@ERROR 返回上一个 SQL 语句状态，
非零即说明出错，错则回滚之*/
    BEGIN
        PRINT '更新选课表时出现错误'
        ROLLBACK TRAN              /* 回滚 */
        RETURN
    END
UPDATE 学生                      /* 更新学生表 */
        SET 学号='2010066200'    WHERE 学号='2010066103'
    IF @@ERROR<>0
    BEGIN
        PRINT '更新学生表时出现错误'
        ROLLBACK TRAN                  /* 回滚 */
        RETURN
    END
COMMIT TRAN MyTran /* 提交事务 */
```

8.2.4 使用事务时的注意事项

在使用事务时，用户不可以随意定义事务，它有一些考虑和限制。

① 事务应该尽可能短。

② 避免事务嵌套。

任务 8.3 锁

8.3.1 事务的缺陷

为了提高系统效率、满足实际应用的要求，系统允许多个事务并发执行，即允许多个用户同时对数据库进行操作。但由于并发事务对数据的操作不同，可能会带来丢失更新（Lose Update）、脏读（Dirty Read）、不可重复读（Unrepeateable Read）和幻读（Phantom Read）等数据不一致的问题。

8.3.2 锁的概念

在单用户数据库中，由于只有一个用户修改信息，不会产生数据不一致的情况，因此并不需要锁。当允许多个用户同时访问和修改数据时，就需要使用锁来防止对同一个数据的并发修改，避免产生丢失更新、脏读、不可重复读和幻读等问题。

锁（lock）的基本原则是允许一个事务更新数据，当必须回滚所有修改时，能够确信在第一个事务修改完数据之后，没有其他事务在数据上进行过修改。即锁提供了事务的隔离性。

8.3.3 隔离性的级别

1. 隔离的级别

（1）未提交读（Read Uncommitted）。

（2）已提交读（Read Committed）。

（3）可重复读（Repeatable Read）。

（4）可串行读（Serializable）。

（5）快照（Snapshot）和已提交读快照（Read Committed Snapshot）。

2. 隔离级别的选择

选择用于事务的适当隔离级别是非常重要的。由于获取和释放锁所需的资源因隔离级别不同而不同，因此隔离级别不仅影响数据库的并发性实现，而且还影响包含该事务的应用程序的整体性能。通常，使用的隔离级别越严格，要获取并占有的资源就更多，因而对并发性提供的支持就越少，而整体性能也会越低。

3. 隔离级别的设定

尽管隔离级别是为事务锁定资源服务的，但隔离级别是在应用程序级别指定的。当没有指定隔离级别时，系统缺省地使用“游标稳定性”隔离级别。

对于嵌入式 SQL 应用程序，隔离级别在预编译或将应用程序绑定到数据库时指定。

大多数情况下，隔离级别是用受支持的编译语言（如 C 或 C++）编写，通过 PRECOMPILE PROGRAM、BIND 命令或 API 的 ISOLATION 选项来设置。

8.3.4 锁的空间管理及粒度

锁可以防止事务的并发问题，它在多个事务访问下能够保证数据库完整性和一致性。

1. 锁定

锁是防止其他事务访问指定的资源控制、实现并发控制的一种主要手段。封锁是指一个事务在对某个数据对象操作之前，先向系统提出请求，对其加锁，在事务结束之后释放锁。在事务释放它的锁之前，其他事务不能更新此数据对象。

2. 锁定粒度

在 SQL Server 中，可被锁定的资源从小到大分别是行、页、扩展盘区、表和数据库。被锁定的资源单位称为锁定粒度，可见，上述五种资源单位其锁定粒度是由小到大排列的。锁定粒度不同，系统的开销将不同，并且锁定粒度与数据库访问并发度是一对矛盾，锁定粒度大，系统开销小但并发度会降低；锁定粒度小，系统开销大，但可提高并发度。

8.3.5 锁的类别

锁的类别如表 8.1 所示。

表 8.1

锁模式（S）	描述
共享	用于只读操作，如 select 语句
更新（U）	用于可更新的资中。防止多个会话在读取、锁定以及随后可能进行的资源更新时发生常见形式的死锁
排他	用于数据修改操作，例如 INSERT、UPDATE 或 DELETE。确保不会同时对同一资源进行多重更新
意向	用于建立锁的层次结构。意向锁的类型为意向共享锁（IS）、意向排他锁（IX）以及共享意向排他锁（SIX）
架构	
大容量更新	

1. 系统自动加锁

```
begin transaction
        update student
        set sname='ooo'
        where sno='2007056101'
        waitfor delay '00:00:30'
commit transaction
```

```
begin transaction
        select * from student
        where sno='2007056101'
commit transaction
```

若同时执行上述两个语句，则 select 查询必须等待 update 执行完毕才能执行，即要等待 30 秒。

2. 人为加锁

```
begin transaction
        select * from student with (updlock)
        where sno='2007056101'
        waitfor delay '00:00:30'
commit transaction
```

```
begin transaction
        select * from student where sno='2008056101'
        update student
        set sname='vvv'
        where sno='2007056101'
commit transaction
```

```
create database test
on
（name=test，
filename='e：\sql\test.mdf'
 ）
log on
（name=test_log，
filename='e：\sql\test_log.ldf'
 ）
go
use test
go
create table table1
（A char（2），
B char（2）
 ）
```

若同时执行上述两个语句，则第二个连接中的 select 查询可以执行，而 update 必须等待第一个连接中的共享锁结束后才能执行，即要等待 30 秒。

8.3.6　如何在 SQL Server 中查看数据库中的锁

1. 使用 SSMS 查看锁信息

打开 SQL Server 2012 的 SSMS，在查询分析器中使用快捷键“Ctrl+2”，即可查看到进程、锁以及对象等信息，如图 8.1 所示。

2. 使用系统存储过程 sp_lock 查看锁的信息

SQL Server 2012 提供系统存储过程帮助用户查看锁的信息。使用格式为：

```
EXECUTE sp_lock
```

执行结果如图 8.2 所示。

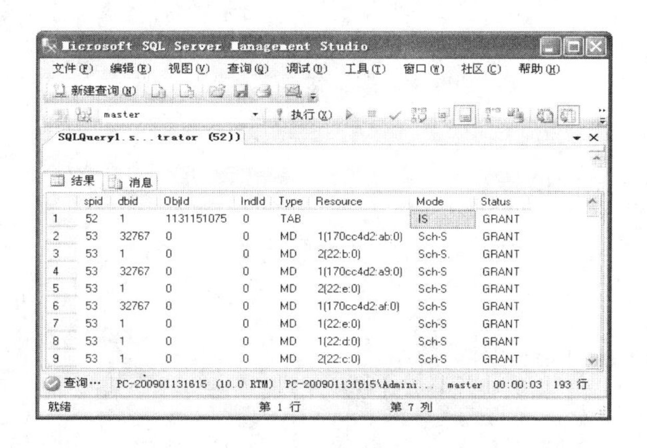

图 8.1　进程、锁以及对象查看

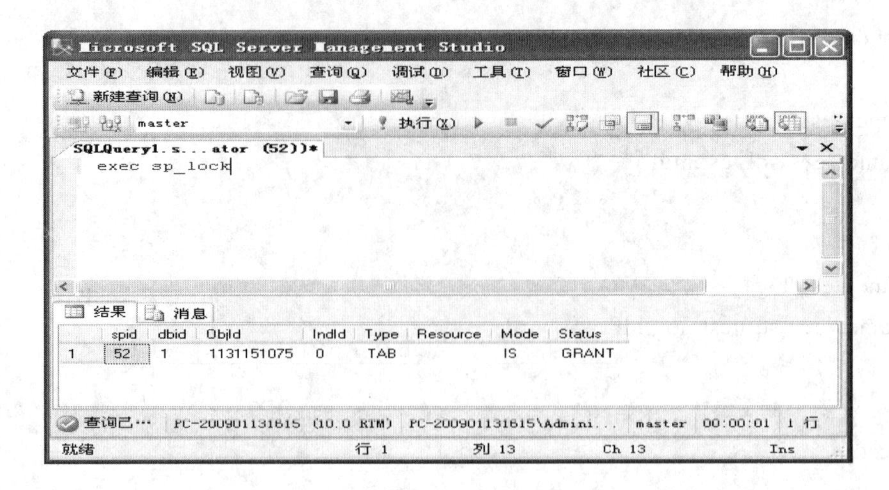

图 8.2 查看锁的信息

8.3.7 死锁及其防止

1. 死锁问题

死锁是有两个或以上的事务处于等待状态，每个事务都在等待另一个事务解除封锁，它才能继续执行下去，结果任何一个事务都无法执行，这种现象就是死锁。

（1）出现死锁可能的情况：

① 两个事务同时锁定了两个单独的对象，并且第一个事务要求在另外一个事务锁定的对象上获得一锁；

② 在一个数据库中有若干个长时间运行的事务执行并操作。

（2）降低死锁的原则：按同一顺序访问对象；避免事务中的用户交互；保持事务简短并在一个批处理中；使用低隔离级别。

2. 死锁及其处理

对于死锁，SQL Server 2012 自动进行定期搜索，并根据各会话的死锁优先级结束一个代价最低的事务；然后将被中断的事务回滚，同时向应用程序返回 1025 号错误信息。

3. 死锁举例

```
create database test
on
（name=test,
filename='e：\sql\test.mdf'
  ）
log on
（name=test_log,
filename='e：\sql\test_log.ldf'
  ）
go
```

```
use test
go
create table table1
(A char (2),
B char (2)
  )
```

A	B
a1	b1
a2	b2

增设 table2（D，E）

```
create table table2
(D char (2),
E char (2)
  )
```

在第一个连接中执行以下语句：

```
begin tran update table1
set A='aa' where B='b2'
waitfor delay '00：00：30'
update table2 set D='d5' where E='e1'
commit tran
```

在第二个连接中执行以下语句：

```
begin tran
update table2 set D='d5' where E='e1'
waitfor delay '00：00：10'
update table1 set A='aa' where B='b2'
commit tran
```

D	E
d1	e1
d2	e2

若同时执行，系统会检测出死锁，并中止进程，如图 8.3 所示。

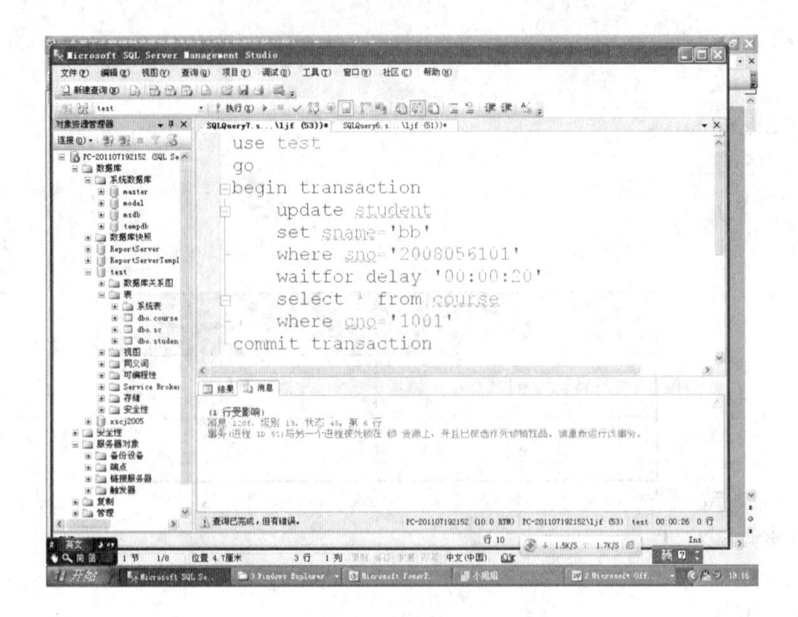

图 8.3　死锁检测

而未锁死的情况下执行结果如图 8.4 所示。

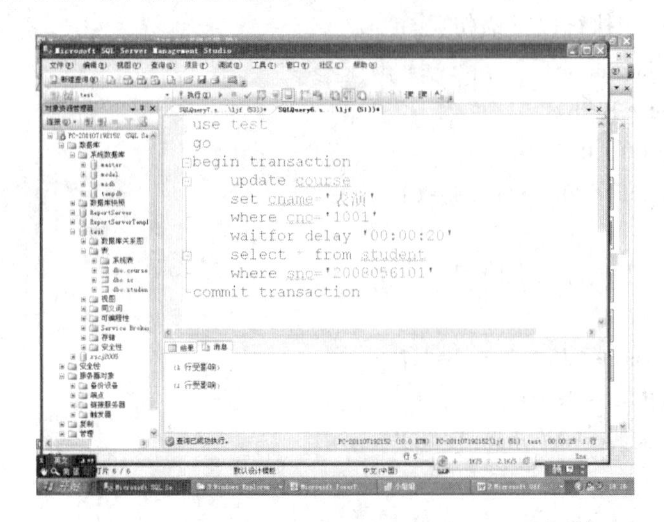

图 8.4　未锁死成功执行

任务 8.4　游　标

对一个表进行查询操作时可以使用户得到数据库中有关数据，而这些数据是作为结果集，即表的形式存在的。

在实际应用中，一个复杂的应用程序往往采用非数据库语言（如 C、VB、ASP 或其他开发工具）内嵌 T-SQL 的形式来开发，而这些非数据库语言无法将表作为一个单元来处理，这就需要一种机制来保证每次处理表中的一行或几行。

为了解决这个问题，导流引入了游标的概念，以实现对表中的数据逐行处理。

8.4.1 游标的概念及功能

游标是一种处理数据的方法，具有对结果集进行逐行处理的能力。可以把游标看作一种特殊的指针，它与某个查询结果相联系，可以指向结果集的任意位置，可以将数据放在数组、应用程序中或其他地方，允许用户对指定位置的数据进行处理。

使用游标，可以实现的主要功能有：允许对 SELECT 返回的表中每一行进行相同或不同的操作，而不是一次对整个结果集进行同一种操作；从表中的当前位置检索一行或多行数据；游标允许应用程序提供对当前位置的数据进行修改、删除的能力；与其他用户对结果集包含的数据所做的修改，支持不同的可见性级别。

在实现上，游标总是与一条 SQL 选择语句相关联。因为游标由结果集和结果集中指向特定记录的游标位置组成。当决定对结果集进行处理时，必须声明一个指向该结果集的游标。

8.4.2 游标使用步骤

游标使用遵循 5 个步骤：

声明游标；打开游标；读取数据并处理数据；关闭游标；释放游标。

（1）声明数据游标，格式：

```
declare 游标名称 cursor
static
    for select 子句
```

（2）打开游标，格式：

```
open 游标名称
```

（3）读取数据游标的记录，格式：

```
fetch[next|prior/first/last/absolute n/relative n]
    from 游标名称 [into @变量名......]
```

其中：Fetch first：提取游标中的第一行。

Fetch next：提取上次提取行之后的行。

Fetch prior：提取上次提取行之前的行。

Fetch absolute n：如果 n 为正整数，则提取游标中从第 1 行开始的第 n 行。如果 n 为负整数，则提取游标中的倒数第 n 行。如果 n 为 0，则没有行被提取。

Fetch relative n：如果 n 为正整数，提取上次提取行之后的第 n 行。如果 n 为负整数，提取上次提取行之前的第 n 行。如果 n 为 0，则同一行被再次提取。

T-SQL 游标限于一次只能提取一行。

（4）关闭游标，格式：

```
close 游标名称
```

（5）移除游标，格式：

```
deallocate 数据游标名称
```

完整示例如下：

```
declare xs_cursor cursor
static
```

```
for select 学号,姓名,联系电话
from xsqk
open xs_cursor
```

调试游标

```
    fetch next from xs_cursor
fetch last from xs_cursor
fetch prior from xs_cursor
fetch first from xs_cursor
fetch absolute 8 from xs_cursor
fetch relative 8 from xs_cursor
fetch relative -4 from xs_cursor
```

执行结果如图 8.5 所示。

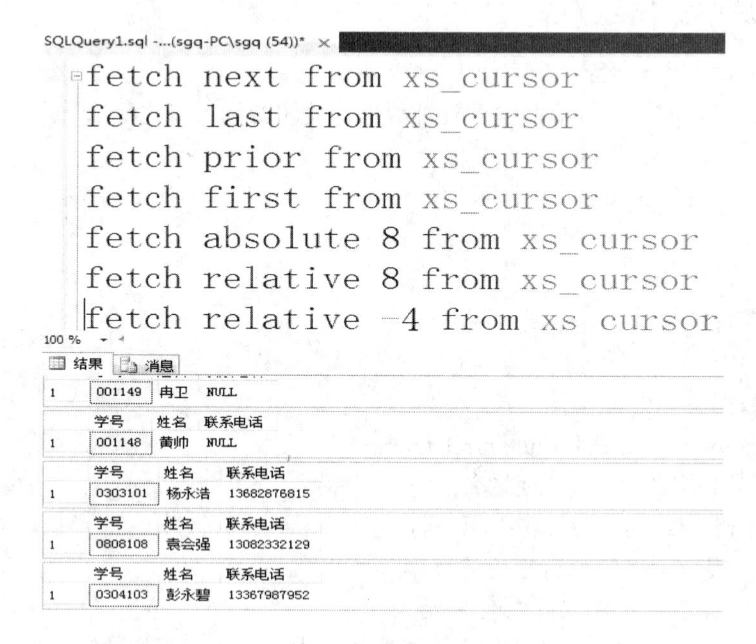

图 8.5 游标示例

从前往后顺序读取每一条记录

```
declare @id char(10)
declare @name char(10)
declare @tel char(15)
fetch next from xs_cursor into @id,@name,@tel
while @@fetch_status=0
begin
print @id+'_'+@name+'____'+@tel
fetch next from xs_cursor into @id,@name,@tel
end
```

执行结果如图 8.6 所示。

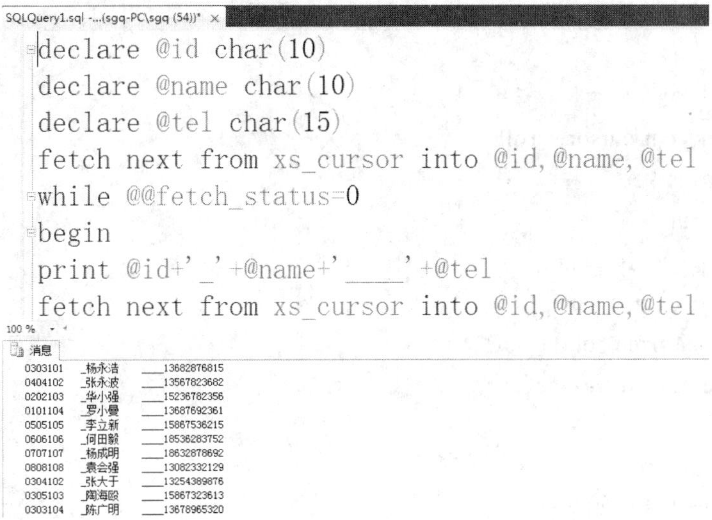

SQLQuery1.sql -...(sgq-PC\sgq (54))*

```
declare @id char(10)
declare @name char(10)
declare @tel char(15)
fetch next from xs_cursor into @id,@name,@tel
while @@fetch_status=0
begin
print @id+'_'+@name+'____'+@tel
fetch next from xs_cursor into @id,@name,@tel
```

100 %

消息

```
0303101   _杨永浩   ____13682876815
0404102   _张永波   ____13567823682
0202103   _华小强   ____15236782356
0101104   _罗小曼   ____13687692361
0505105   _李立新   ____15867536215
0606106   _何田毅   ____18536283752
0707107   _杨成明   ____18632878692
0808108   _袁会强   ____13082332129
0304102   _张大于   ____13254389876
0305103   _陶海殴   ____15867323613
0303104   _陈广明   ____13678965320
```

图 8.6　从前往后顺序读取结果

反过来从后往前顺序读取每一条记录

```
declare @id char（10）
declare @name char（10）
declare @tel char（15）
fetch last from xs_cursor into @id，@name，@tel
while @@fetch_status=0
begin
print @id+'_'+@name+'____'+@tel
fetch prior from xs_cursor into @id，@name，@tel
end
```

执行结果如图 8.7 所示。

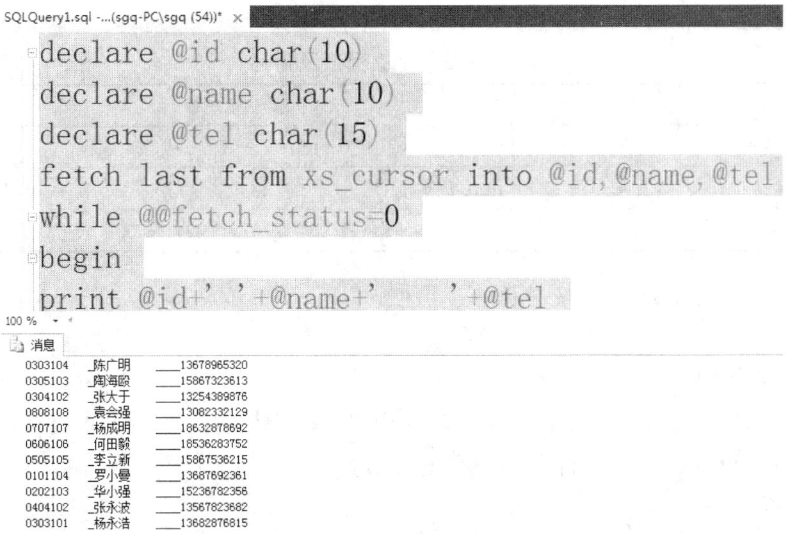

SQLQuery1.sql -...(sgq-PC\sgq (54))*

```
declare @id char(10)
declare @name char(10)
declare @tel char(15)
fetch last from xs_cursor into @id,@name,@tel
while @@fetch_status=0
begin
print @id+'_'+@name+'____'+@tel
```

100 %

消息

```
0303104   _陈广明   ____13678965320
0305103   _陶海殴   ____15867323613
0304102   _张大于   ____13254389876
0808108   _袁会强   ____13082332129
0707107   _杨成明   ____18632878692
0606106   _何田毅   ____18536283752
0505105   _李立新   ____15867536215
0101104   _罗小曼   ____13687692361
0202103   _华小强   ____15236782356
0404102   _张永波   ____13567823682
0303101   _杨永浩   ____13682876815
```

图 8.7　从后往前顺序读取结果

再建一个 scroll 游标示例。

```
use xscj
go
declare course_cur cursor scroll
for select * from kc
open course_cur
fetch first from course_cur
fetch last from course_cur
fetch absolute 4 from course_cur
fetch relative -2 from course_cur
close course_cur
deallocate course_cur
```

执行结果如图 8.8 所示。

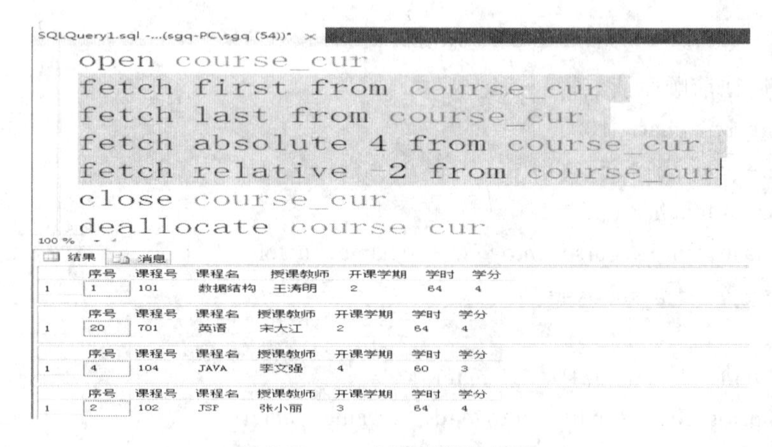

图 8.8　scroll 游标演示结果

说明：@@fetch_status 系统函数。其功能为返回最近一次执行 fetch 命令的状态值，返回值及描述如表 8.2 所示。

表 8.2　返回值及描述

返回值	描述
0	Fetch 命令被成功执行
-1	Fetch 命令失败或行数据超过游标数据结果集的范围
-2	所读取的数据不存在

8.4.3　游标运用

1. 读取游标中的数据

（1）使用 fetch 将值存入变量。fetch 语句的输出存储于局部变量而不是直接返回给客户端。Print 语句将变量组合成单一字符串并将其返回给客户端。

【例 8-10】

```
use test
```

```
go
declare @id char（4），@name varchar（50）
declare course_cur cursor
for select cno，cname from course
open course_cur
fetch next from course_cur
into @id，@name
while @@FETCH_STATUS=0
begin
      print '        '+@id+'    '+@name
      fetch next from course_cur
      into @id，@name
end
close course_cur
deallocate course_cur
```

执行结果如图 8.9 所示。

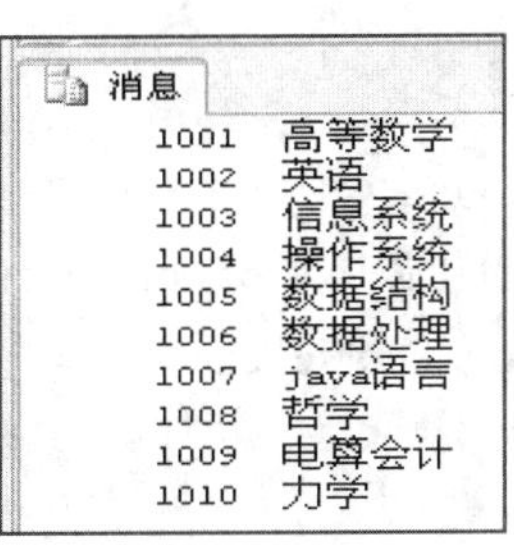

图 8.9 游标执行结果

（2）用游标修改数据。

【例 8-11】将课程表中学分不大于 3 的加 1 分。

```
use test
go
declare course_cur cursor
for select credit from course
open course_cur
declare @xf tinyint
fetch next from course_cur
into @xf
while @@FETCH_STATUS=0
begin
      if （@xf<=3）
            update course
            set credit=credit+1
            where CURRENT of course_cur
      fetch next from course_cur
      into @xf
end
close course_cur
deallocate course_cur
```

（3）用游标删除数据。

【例 8-12】将课程表中学分不大于 3 的记录删除。

```
use test
```

```
go
declare course_cur cursor
for select credit from course
open course_cur
declare @xf tinyint
fetch next from course_cur
into @xf
while @@FETCH_STATUS=0
begin
    if （@xf<=3）
        delete course
        where CURRENT of course_cur
    fetch next from course_cur
    into @xf
end
close course_cur
deallocate course_cur
```

（4）游标嵌套。即在一个游标里使用另一个游标。

【例 8-13】逐条读出各系学生名单，结果如图 8.10 所示。

```
use test
go
declare sdept_cur1 cursor
for select sdept from sdept_table
open sdept_cur1
declare @xi varchar（50）
fetch next from sdept_cur1
into @xi
while @@FETCH_STATUS=0
begin
    print @xi+'系学生名单：'
    declare student_cur2 cursor
    for select sname from student
    where sdept=@xi
    open student_cur2
    declare @xm varchar（8）
    fetch next from student_cur2
    into @xm
    while @@FETCH_STATUS=0
        begin
            print @xm
```


图 8.10　要求显示数据

```
            fetch next from student_cur2
            into @xm
        end
    close student_cur2
    deallocate student_cur2
    print ''
    fetch next from sdept_cur1
    into @xi
end
close sdept_cur1
deallocate sdept_cur1
```

（5）使用游标变量。

游标也是一种数据类型。因此，可以用游标声明变量。声明变量的方式同声明其他变量的方式一样。游标变量的用法与游标一样。

【例 8-14】逐条查看 course 表中的每条记录。

```
use test
declare @游标变量  cursor
set @游标变量=cursor
for select * from course
open @游标变量
fetch next from @游标变量
while @@FETCH_STATUS =0
fetch next from @游标变量
close @游标变量
deallocate @游标变量
```

【例 8-15】使用游标变量打开 student 表，并显示所有学生姓名及入学成绩。

```
use test
go
declare @游标变量  cursor
set @游标变量=cursor
for select sname，scomegrade from student
open @游标变量
declare @xm varchar（8），@rxcj smallint
fetch next from @游标变量
into @xm，@rxcj
while @@FETCH_STATUS =0
begin
    print @xm+'      '+convert（char（3），@rxcj）
    fetch next from @游标变量
    into @xm，@rxcj
```

```
end
close @游标变量
deallocate @游标变量
```

（6）使用 order by 子句改变游标中行的顺序。

【例 8-16】使用游标变量打开 student 表，并显示所有学生姓名及入学成绩，按成绩降序显示。

```
use test
go
declare @游标变量  cursor
set @游标变量=cursor
for select sname，scomegrade from student
order by scomegrade desc
open @游标变量
declare @xm varchar（8），@rxcj smallint
fetch next from @游标变量
into @xm，@rxcj
while @@FETCH_STATUS =0
begin
    if LEN（@xm）>=3
        print @xm+'      '+convert（char（3），@rxcj）
    else
        print @xm+'          '+convert（char（3），@rxcj）
    fetch next from @游标变量
    into @xm，@rxcj
end
close @游标变量
deallocate @游标变量
```

利用@@fetch_status 系统函数，从前往后顺序读取每一条记录综合案例

```
declare xs_cursor cursor
static
for select *
from xsqk
open xs_cursor
从前往后顺序读取每一条记录
declare @id char（10）
declare @name char（10）
declare @tel char（15）
fetch next from xs_cursor
into @id，@name，@tel
```

```
while @@fetch_status=0
begin
print @id+'_'+@name+'____'+@tel
fetch next from xs_cursor
into @id，@name，@tel
end
```

反过来从后往前顺序读取每一条记录

```
declare @id char（10）
declare @name char（10）
declare @tel char（15）
fetch last from xs_cursor
into @id，@name，@tel
while @@fetch_status=0
begin
print @id+'_'+@name+'____'+@tel
fetch prior from xs_cursor
into @id，@name，@tel
end
```

在调试过程中查看有什么不同。

任务 8.5　回到工作场景

在教务系统数据库中，创建课程游标的数据游标后，使用数据游标更新学分字段，如果学分小于等于 2 就加 1，大于 4 就减 1。

任务 8.6　案例训练营

1. 什么是事务？简述事务 ACID 原则的含义。
2. 为什么要使用锁？SQL Server 2012 提供了哪几种锁的模式。
3. 什么是死锁？怎么预防死锁？怎么解决死锁？
4. 试说明使用游标的步骤和方法。
5. 在员工系统数据库中创建名为员工游标的数据游标，数据集是查询员工数据表中所有薪水在 5 000 元的员工，打开游标后，读取员工游标数据游标的记录，将记录逐一显示出来。

模块 9　规则、默认和完整性约束

本模块的主要内容如下：

本章学习目标：

理解数据完整性的概念和控制机制；掌握使用规则、默认值及完整性约束来实现数据的完整性。

任务 9.1　工作场景导入

如何限制输入的年龄值在 1 ~ 150? 如何保证“性别”只能输入“男”或“女”? 已知学生中女生较多，如何为“性别”列设置默认值“女”，从而减少输入数据量?

强制数据完整性可保证数据库中数据的质量。例如，如果输入了雇员 ID 值为 123 的雇员，则数据库不允许其他雇员拥有同值的 ID。如果您的 employee_rating 列的值范围是从 1 至 5，则数据库将不接受此范围以外的值。如果表有一个存储雇员部门编号的 dept_id 列，则数据库应只允许接受有效的公司部门编号的值。

引导问题：

（1）如何使用“规则”限制输入的年龄值在 1 ~ 150?

（2）如何为“性别”列设置默认值“女”，以减少输入数据量?

（3）如何实现强制数据完整性?

任务 9.2　如何实现数据完整性

数据完整性的含义包括以下内容：

（1）数值的完整性，是指数据类型与取值的正确性。

（2）表内数据不相互矛盾。

（3）表间数据不相互矛盾，是指数据的关联性不被破坏。

按照功能数据完整性分为 4 类，分别如下：

实体完整性：要求表中每一条记录（每一行数据）是唯一的，即它必须至少拥有一个唯一标识以区分不同的数据行。实现方法有：主键约束 PRIMARY KEY、唯一性约束 UNIQUE、唯一索引 UNIQUE INDEX、标识 IDENTITY 等。

域完整性：限定表中输入数据的数据类型与取值范围。实现方法：默认值约束 DEFAULT 或默认对象、核查约束 CHECK、外键约束 FOREIGN KEY、规则 RULE 、数据类型、非空性约束 NOT NULL 等。

引用完整性：指对数据库进行添加、删除、修改数据时，要维护表间数据的一致性。实现方法：外键约束 FOREIGN KEY、核查约束 CHECK、触发器 TRIGGER、存储过程 PROCEDURE。

用户定义的完整性：用于实现用户特殊要求的数据规则或格式。实现方法：默认值 DEFAULT、核查约束 CHECK、规则 RULE 等。

任务 9.3　规则对象的基本操作

9.3.1　创建规则对象

创建规则对象的基本语法格式如下：

```
CREATE RULE [ schema_name . ] rule_name
AS condition_expression[ ;  ]
```

【例 9-1】创建一个名为 age_rule 规则对象，该规则要求数据在 1 ~ 100。

```
CREATE RULE age_rule
    As @age>=1 and @age<=100
```

【例 9-2】创建一个名为 sex_rule 规则对象，该规则要求性别只取“男”或“女”。

```
CREATE RULE sex_rule
    As @sex in （'男'，'女'）
```

9.3.2　绑定规则对象

将创建好的规则对象绑定到某个数据表的列上，规则对象才会起约束作用。绑定规则对象的语法为：

```
Exec Sp_bindrule'规则对象名'，'表名.列名'
```

【例 9-3】建立数据表“学生表”，包括“姓名”、“性别”、“年龄”字段，要求年龄字段值在 1 ~ 100。

```
CREATE TABLE 学生
（姓名 nvarchar（4），
性别 nvarchar（1），
年龄 tinyint）
Exec sp_bindrule 'age_rule'，'学生.年龄'
```

9.3.3　验证规则对象

【例 9-4】向学生表中插入一条记录，该学生的年龄为 121。

```
INSERT INTO 学生 values（'张三'，'男'，121）
```

输入完成，单击“执行按钮”，插入结果如图 9.1 所示。

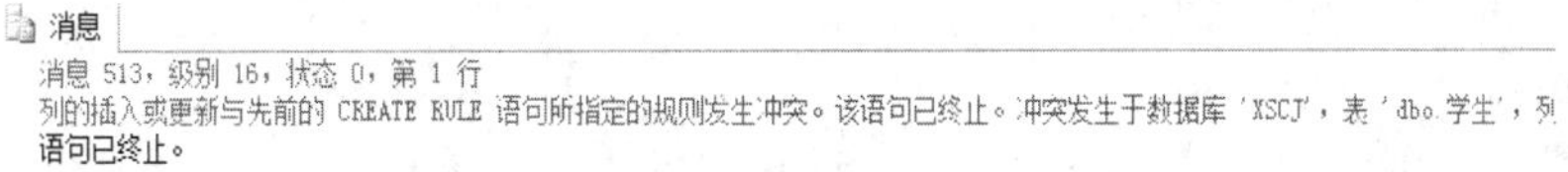

消息
消息 513，级别 16，状态 0，第 1 行
列的插入或更新与先前的 CREATE RULE 语句所指定的规则发生冲突。该语句已终止。冲突发生于数据库 'XSCJ'，表 'dbo.学生'，列
语句已终止。

图 9.1　规则冲突现象

9.3.4　解除规则对象绑定

如果表中列不需要规则对象时，可将规则对象解除绑定。执行删除规则对象前，规则对象仍然存储在数据库中，还可以再绑定到其他列上。

命令格式：

sp_unbindrule　'表名.列名'

【例 9-5】解除学生表中规则对象绑定。

Exec sp_unbindrule '学生.年龄'

9.3.5　查看规则

使用系统存储过程 sp_help 可以查看规则的所有者、类型及创建时间，其语法格式如下：

[EXEC[UTE]] sp_help '规则名称'

【例 9-6】查看“xsgl”数据库 xh_rule 规则信息。

USE xsgl

GO

sp_help 'xh_rule'

GO

程序运行结果如图 9.2 所示。

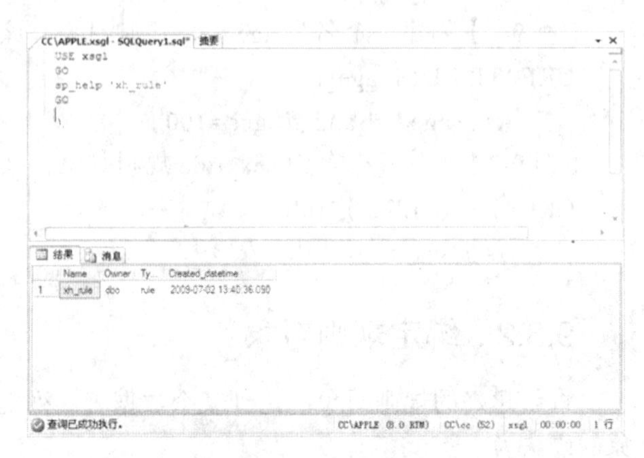

图 9.2　例 9-6 运行结果

9.3.6　删除规则对象

如果要删除规则对象，必须先解除对该规则对象的所有绑定，并从数据库中清除。删除规则对象语法如下：

DROP RULE 规则对象名组

【例 9-7】删除规则对象 age_rule。

DROP RULE age_rule，sex_rule

说明：可同时删除多个规则对象，规则对象名之间用“,”分割。

【例 9-8】从“xsgl”数据库中删除 xh_rule 规则。

USE xsgl

GO

EXEC sp_unbindrule '学生.学号'

GO

DROP RULE xh_rule

GO

程序运行结果如图 9.3 所示。

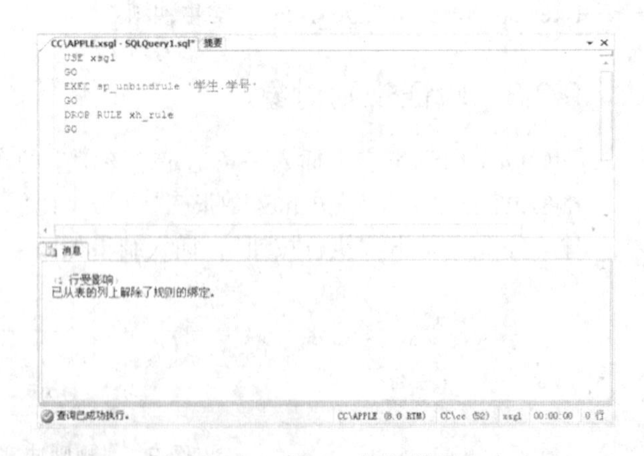

图 9.3　例 9-8 运行结果

任务 9.4　默认值对象的基本操作

9.4.1　创建默认值对象

语法格式如下：

CREATE DEFAULT 默认值对象名

　As 表达式

【例 9-9】创建一个名为 sex_default 默认值对象，默认值为“女”。

CREATE DEFAULT sex_default as '女'

9.4.2　默认值对象绑定

默认值对象必须绑定到数据列或用户定义的数据类型中，才能得到应用。绑定默认值对象使用系统存储过程 sp_bindefault，语法格式如下：

Exec Sp_bindefault '默认值对象名'，'表名.列名'

【例 9-10】将默认值对象绑定到学生数据表的性别列上。

USE xsgl

Exec Sp_bindefault 'sex_default'，'学生.性别'

9.4.3　解除默认值对象绑定

解除默认值对象就是将默认值对象从表的列上分离开来，在执行删除默认值对象之前，该默认值对象仍存储在数据库中，还可再绑定到其他数据列上。解除默认值对象使用系统存储过程 sp_unbindefault，其语法如下：

Sp_unbindefault'表名.列名'

【例 9-11】将 sex_default 默认值对象从学生数据表的“性别”列中分离。

Exec Sp_unbindefault'学生.性别'

9.4.4　删除默认值对象

删除默认值对象就是从数据库中清除默认值对象的定义，该默认值对象不能再绑定到任何数据表的列上。默认值对象删除前，必须解除对该默认值对象所有的绑定。删除默认值对象的语法为：

DROP default 默认值对象名

【例 9-12】删除默认值对象 sex_default。

DROP default sex_default

任务 9.5　完整性约束

SQL Server 2012 中提供了一些完整性约束机制来强制数据表中列数据的完整性，如：PRIMARY KEY 约束；FOREIGN KEY 约束；UNIQUE 约束；CHECK 约束；DEFAULT 定义；允许空值。

9.5.1 PRIMARY KEY 约束

一个表通常可以通过一个列或多个列组合的数据来唯一标识表中的每一行，这个列或列的组合就被称为表上的主键。创建表中的主键是为了保证数据的实体完整性。

PRIMARY KEY（主键）约束用于定义基本表的主键，它是唯一确定表中每一条记录的标识符，其值不能为 NULL，也不能重复，以此来保证实体的完整性。

创建表时定义主键约束有三种形式：

列级主键约束；

表级主键约束；

修改表的主键约束。

（1）使用 SSMS 图形化界面创建主键约束，如图 9.4 所示。

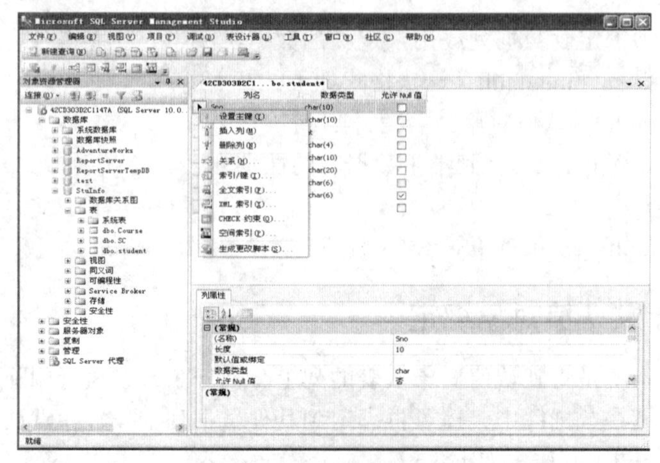

图 9.4　主键约束界面

（2）使用 Transact-SQL 语句设置主键约束，其语法形式如下：

CONSTRAINT　constraint_name　PRIMARY　KEY　（column_name）

【例 9-12】创建一个表 BOOK，有书号、书名、出版社，并将书号设为主键。

用列级主键约束实现的代码：

```
create table book
（书号 char（6）primary key not null,
书名 char（10）,
出版社 char（20）
）
```

执行结果如图 9.5 所示。

注：设置主键的列数<=16

用表级主键约束实现的代码：

```
create table book1
（书号 char（6）
not null,
书名 char（10）,
出版社 char（20）
```

primary key（书号））

执行结果如图 9.6 所示：

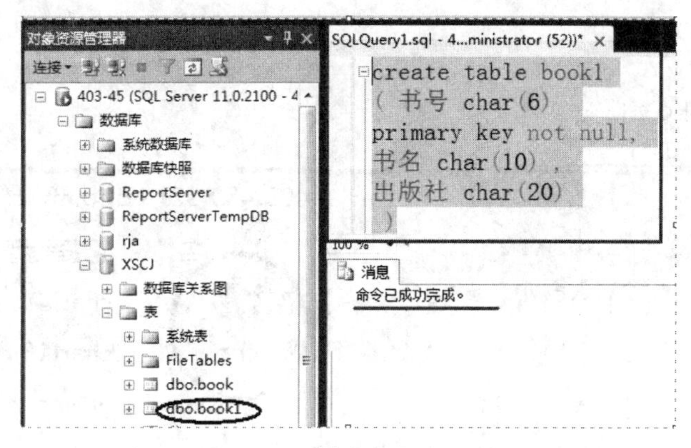

图 9.5

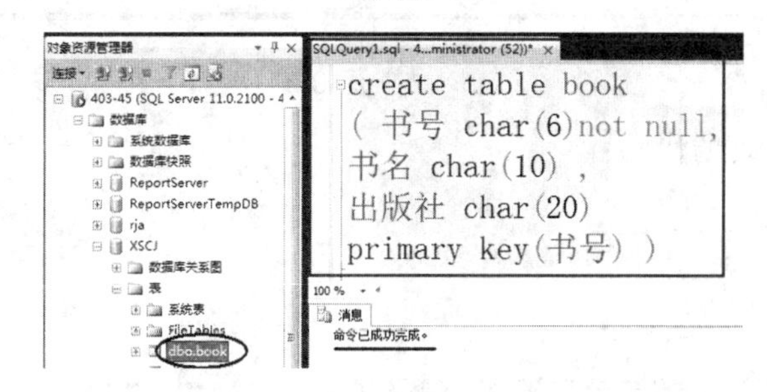

图 9.6

对已建好的表修改增加主键约束的代码：

建好表实现的代码：

create table mysc

（sno char（4）not null，

cno char（10）not null，

grade tinyint）

执行结果如图 9.7 所示。

图 9.7

增加主键约束实现的代码：

```
alter table mysc
add constraint mysc_pk
primary key（sno，cno）
```

执行结果如图 9.8 所示。

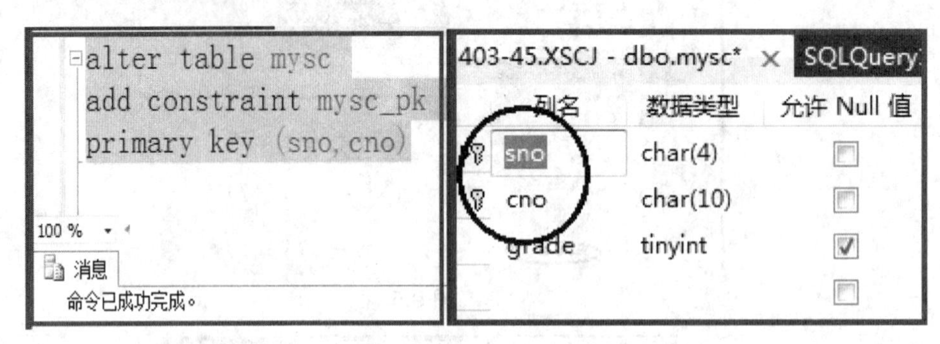

图 9.8

删除主键约束实现的代码：

```
alter table mysc
drop constraint mysc_pk
```

执行结果如图 9.9 所示。

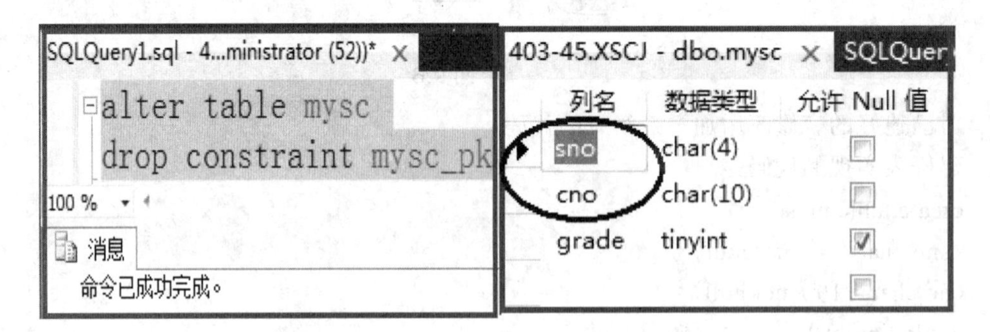

图 9.9

9.5.2 UNIQUE 约束

使用 T-SQL 语句创建唯一值约束，命令格式：

constraint 约束名 unique （约束的属性列）

（1）建立表结构的同时定义唯一值约束。

【例 9-13】创建一个 XSXK 表，把其中的学号和课程号设为唯一约束。

```
create table xsxk
（学号 char（6）not null，
课程号 char（3），
姓名 char（8），
成绩 int
```

constraint uk_aab　unique（学号，课程号））

执行结果如图 9.10 所示。

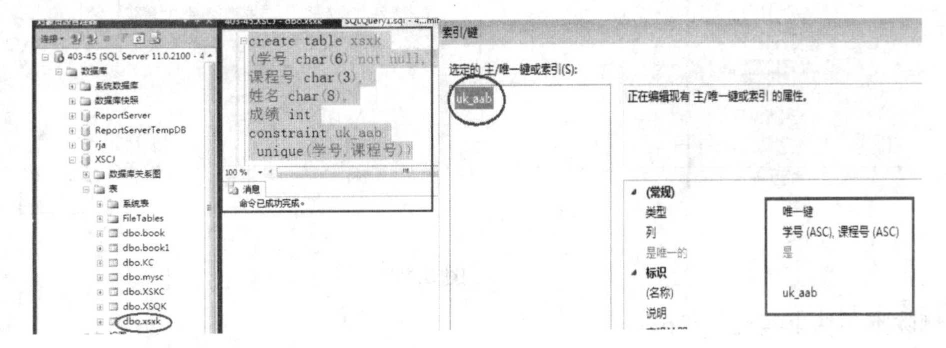

图 9.10

（2）如何对已建好的表结构，修改增加唯一性约束？

建表实现的代码：

create table st

（st_id char（10）primary key，

Snamen varchar（8）unique

）

执行结果如图 9.11 所示。

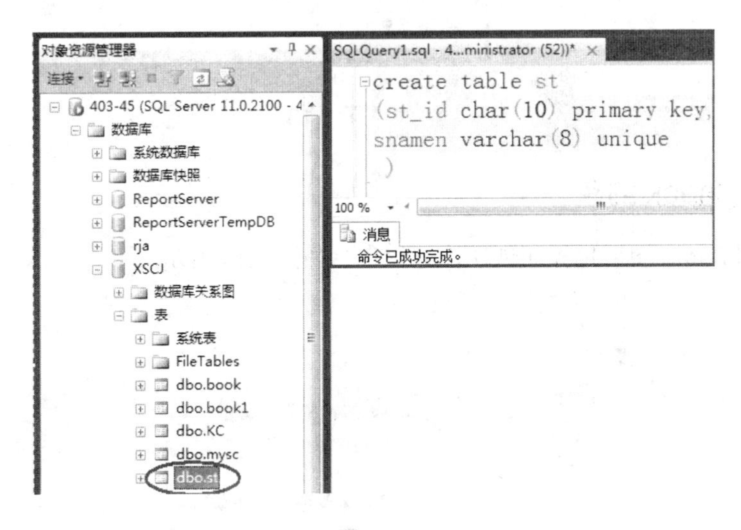

图 9.11

增加唯一性约束实现的代码：

alter table st

add constraint uk_sname_s

unique（snamen）或

alter table st

add unique（snamen）

执行结果如图 9.12 所示。

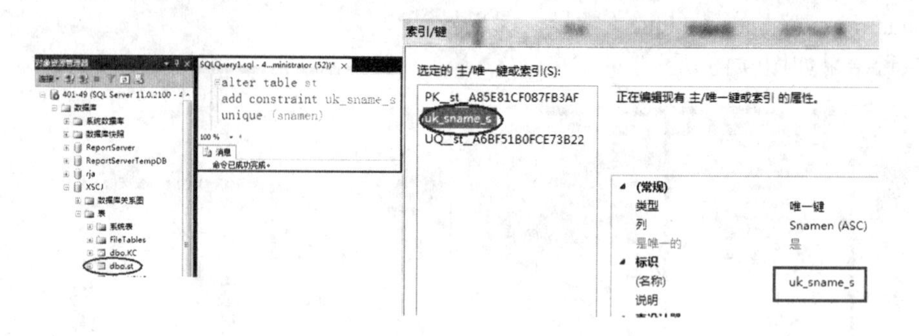

图 9.12

删除唯一约束实现的代码：

alter table st

drop constraint uk_sname_s

执行结果如图 9.13 所示。

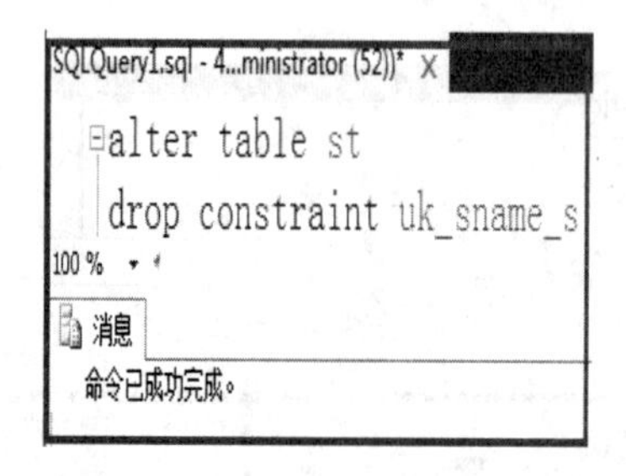

图 9.13

9.5.3 check 约束

（1）使用 SSMS 图形化界面创建检查约束，如图 9.14 所示。

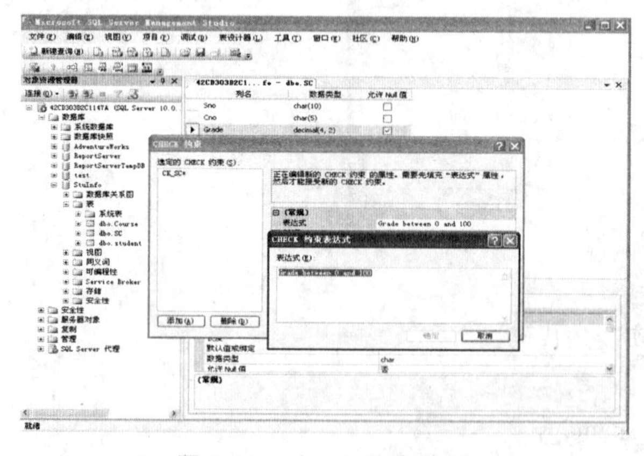

图 9.14　check 约束界面

（2）使用 T-SQL 命令创建检查约束，语法如下：

constraint 约束名 check（条件表达式）

用于建立表的同时，定义检查约束。

【例 9-14】创建一个表，利用条件约束输入的成绩不能低于 60 分。

```
create table xshk
（学号  char（6）not null，
课程号  char（3），
姓名  char（8），
成绩 int
    constraint uk_cjcheck（成绩>=60））
--如何对已建好的表，修改检查约束。
alter table xs
add ssex char（2）
constraint sex_ck
    check（ssex in（'男'，'女'））

alter table xs_kc
add constraint grade_ck
check（grade>=0 and grade<=750）

--删除检查约束：
alter table xs_kc
drop constraint sex_ck

alter table xs_kc
drop constraint grade_ck
```

9.5.4　DEFAULT 约束

（1）使用 SSMS 图形化界面创建默认约束，如图 9.15 所示。

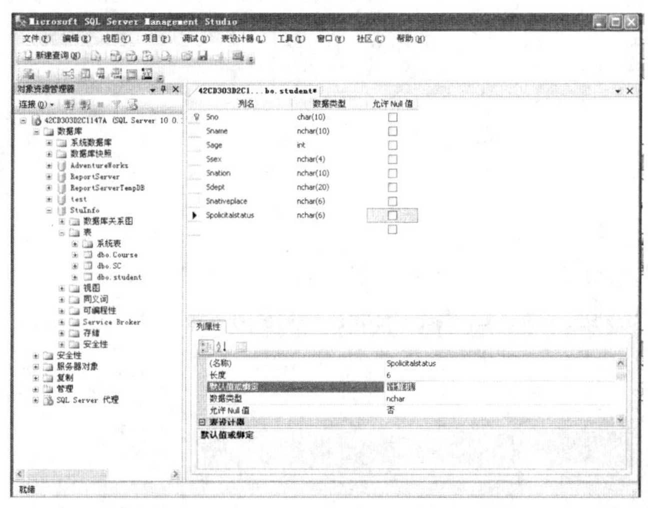

图 9.15　默认约束

（2）用 Transact-SQL 语句创建默认约束。其语法形式如下：

```
CONSTRAINT constraint_name DEFAULT constraint_expression [FOR column_name]
```

【例 9-15】如何在定义表结构的同时，定义默认值。

```
create table mystudent2
（sno char（10），
sname nvarchar（4），
ssex char（2），
sdept nvarchar（10）
constraint sdept_defa
default （'计算机科学'），
scomegrade smallint
constraint cg_ck
check（scomegrade>=0 and scomegrade<=750）
 ）


create table stu
（sno char（10），
sname varchar（8），
ssex char（2）
constraint sex_ck
      check （ssex in （'男'，'女'）），
sdept varchar（20）
constraint sdept_defa1
      default （'计算机科学'）
--创建默认对象+绑定：
create default 默认对象名 as 默认值
例：create default bcdef as 'this'
--建表：
create table aaa
（id int，
bb char（6），
 cc char（8））
--绑定：
sp_bindefault '默认对象名'，'表名.字段名'
```

【例 9-16】将上述建立的默认对象“bcdef”绑定到表 aaa 的字段 bb 上。

```
--sp_bindefault 'bcdef'，'aaa.bb'
解除绑定：
sp_unbindefault '被绑定的字段名'
--解除上述绑定：
sp_unbindefault 'aaa.bb'
--删除默认对象：
```

drop default 默认对象名
--删除上述默认对象：
drop default bcdef
说明：要删除的默认对象，一定要先解除绑定关系。

9.5.5　NULL 约束

（1）使用 SSMS 图形化界面设置空值约束，如图 9.16 所示。

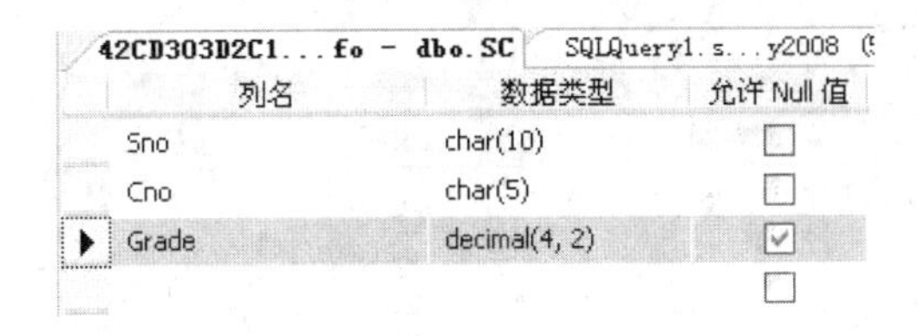

图 9.16 值约束

（2）使用 Transact-SQL 语句创建空值约束。其语法形式如下：
直接在相应的语句后书写[NULL | NOT NULL]

9.5.6　foreign key 约束

（1）在 SSMS 图形化平台上添加外键约束，如图 9.17 ~ 9.19 所示。

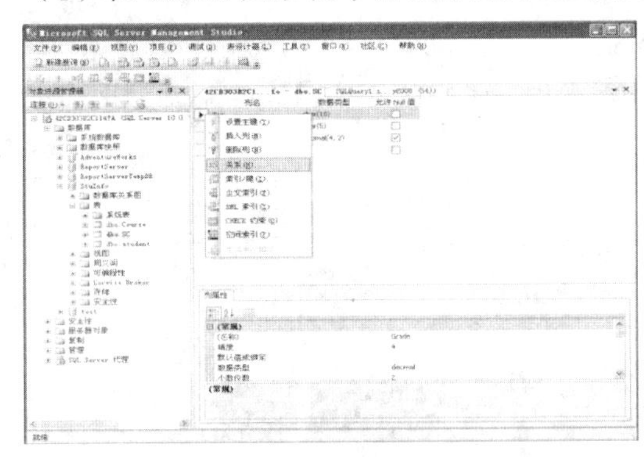

图 9.17　外键约束

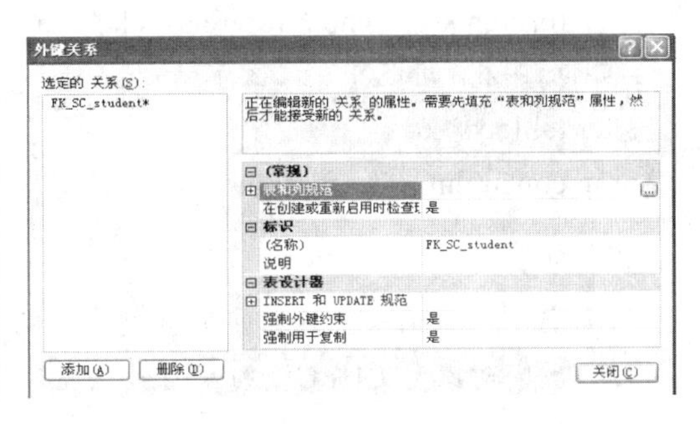

图 9.18　外键关系

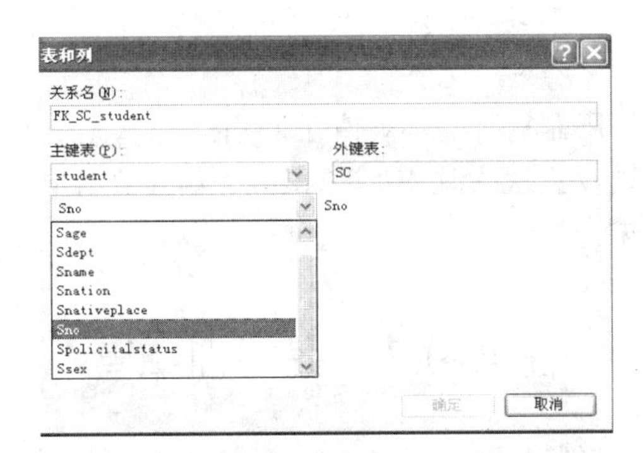

图 9.19　外键表和列

（2）使用 Transact-SQL 语句设置外部键约束，其语法形式如下：

CONSTRAINT constraint_name FOREIGN KEY（column_name[，…n]）REFERENCES ref_table [（ref_column[，…n]）]

```
--如何在定义表结构的同时定义外键：
create table xs
(sno char(10) primary key)
create table xs_kc
(sno char(10),
cno char(4),
grade tinyint,
foreign key (sno) references xs(sno)
on update cascade
on delete cascade
--如何修改表定义外键：
create table kc
(cno char(4) primary key,
cname nvarchar(20),
cpno char(4),
credit tinyint)
alter table xs_kc
add constraint kc_foreign
    foreign key(cno) references kc(cno)
--如何删除外键约束：
alter table xs_kc
drop constraint kc_foreign
```

疑难解惑

（1）唯一性约束和主键约束的区别是什么？

（2）规则对象与 CHECK 约束有什么区别？

任务 9.6 回到工作场景

（1）如何使用“规则”限制输入的年龄值在 1 ~ 150？

（2）如何为“性别”列设置默认值“女”，以减少输入数据量？

（3）如何实现强制数据完整性？

任务 9.7 案例训练营

1. 用 primary key 命令，创建一个表 BOOK，有书号、书名、出版社，并将书号设为主键。

2. 用 IDENTITY（初始值，递增量）创建一个表 aaa，其中 ID 字段的初始值为 1，递增量为 2。

3. 用命令格式：constraint 约束名 unique （约束的属性列）创建一个 XSXK 表，把其中的学号和课程号设为唯一性约束，约束名为 uk_aab。

4. 用创建 create default 默认对象名 as 默认值命令创建默认对象“bcdef”并指定默认值，将上述建立的默认对象“bcdef”绑定到表 aaa 的字段 bb 上。

5. 用解除绑定：sp_unbindefault '被绑定的字段名' 解除上述绑定。

6. 用删除默认对象：drop default 默认对象名格式删除上述默认对象。

注：要删除的默认对象，一定先解除绑定关系。

创建一表 stu，其中专业名的默认值为“软件”。

7. 用检查约束命令：constraint 约束名 check（条件表达式）创建一个表如下，利用条件约束使输入的成绩不能低于 60。

8. 创建规则：

create rule 规则名 as @变量名条件，创建一规则：ru_aa，使输入的成绩>=30，并绑定到：'xshk.成绩'字段上。

9. 解除上述规则绑定，并删除此规则（要删除的规则一定是未绑定的规则）。

10. 用创建索引：create index 索引名 on 表名（索引字段名）对 KC 表课程号建立索引 ix_kh。

11. 将 kc 表的索引 ix_kh 改名为 id_kk，并删除索引。

模块 10　存储过程、触发器

本章学习目标：

了解存储过程、触发器的基本概念与特点；掌握存储过程的基本类型和相关操作；掌握触发器的类型与相关操作。

任务 10.1　工作场景导入

学生在校期间，学校经常需要查询学生这样或那样的信息，现列出几个常用的查询。

查询某系有哪几个班级。

查询某个班级的学生信息，班级的默认值为 1071 班级。

输入学号，输出该学生所在的班级。

通过姓名来查询指定学生所在班级和系部名称。

为了实现这些查询的重用性，创建存储过程来实现以上功能。

引导问题：

（1）如何创建存储过程？

（2）如何使用存储过程？

（3）如何修改和删除存储过程？

（4）如何在存储过程中使用输入参数和输出参数？

根据工作需要，学校管理人员需要统计学校各班级的学生人数，现在 Class 表中加入一个字段 StdNum 用来存放班级人数信息。但班级人数 StdNum 的值是一个动态的，比如，学生退学或者转班都会影响 StdNum 的值。

现希望信息管理员小孙能够实现以下功能。

当某班新来一名学生，即向 Student 表中增加一条记录，这时能够自动更新 Class 表中班级人数的值。不允许用户对 Score 表进行修改、删除操作。

引导问题：

（1）触发器的工作原理是什么？

（2）如何创建和使用触发器？

（3）如何修改和删除触发器？

（4）如何使用触发器中的临时表？

任务 10.2　存储过程

通过前面的学习，我们能够编写并运行 T-SQL 程序以完成各种不同的应用。保存 T-SQL 程序的方法有两种：一种是在本地保存程序的源文件，运行时先打开源文件再执行程序；另一种方法是将程序存储为存储过程，运行时调用存储过程执行。

因为存储过程是由一组 T-SQL 语句构成的，要使用存储过程，我们必须熟悉前面几章所讨论的基本的 T-SQL 语句，并且需要掌握一些关于函数、过程的概念。

10.2.1　存储过程的基本概念

存储过程是事先编好的、存储在数据库中一组被编译了的 T-SQL 命令集合，这些命令用来完成对数据库的指定操作：存储过程可以接收用户的输入参数、向客户端返回表格或标量结果和消息、调用数据定义语言（DDL）和数据操作语言（DML）语句，然后返回输出参数。

通过上面定义，可以看到，存储过程起到了我们在其他语言中所说的子程序的作用，我们可以将经常执行的管理任务或者复杂的业务规则，预先用 T-SQL 语句写好并保存为存储过程，当需要数据库提供与该存储过程的功能相同的服务时，只需要使用 EXECUTE 命令，即可调用存储过程完成命令。

存储过程具有的优点：

（1）减少网络流量：存储过程在数据库服务器端执行，只向客户端返回执行结果。因此可以将网络中要发送的数百行代码，编写为一条存储过程，这样客户端只需要提交存储过程的名称和参数，即可实现相应功能，这样便节省了网络流量，提高了执行效率。此外，由于所有的操作都在服务器端完成，避免了在客户端和服务器端之间的多次往返，存储过程只需要将最终结果通过网络传输到客户端即可。

（2）提高系统性能：一般 T-SQL 语句每执行一次就需要编译一次，而存储过程只在创建时进行编译，被编译后存放在数据库服务器的过程高速缓存中。当使用时，服务器不必再重新分析和编译它们。因此，当对数据库进行复杂操作时（如对多个表进行 UPDATE、INSERT 或 DELETE 操作时），可将这些复杂操作用存储过程封装起来与数据库提供的事务处理结合一起使用，节省了分析、解析和优化代码所需的 CPU 资源和时间。

（3）安全性高：使用存储过程可以完成所有数据库操作，并且可授予没有直接执行存储过程中语句权限的用户，也可执行该存储过程的权限。另外，可以防止用户直接访问表，强制用户使用存储过程执行特定的任务。

（4）可重用性：存储过程只需创建并存储在数据库中，以后即可任意在程序中调用该过程。存储过程可独立于程序源代码而单独修改，减少数据库开发人员的工作量。

（5）可自动完成需要预先执行的任务：存储过程可以在系统启动时自动执行，完成一些需要预先执行的任务，而不必在系统启动后再进行人工操作。

10.2.2　存储过程的类型

（1）系统存储过程。

（2）扩展存储过程。

（3）用户存储过程。

用户存储过程在用户数据库中创建，通常与数据库对象进行交互，用于完成特定数据库操作任务，名称不能以 sp_为前缀。

在 SQL Server 2012 中，用户存储过程有两种类型：Transact-SQL 存储过程和 CLR 存储过程。

Transact-SQL 存储过程是保存 T-SQL 语句的集合，可以用在定义存储过程中的形参来接受调用过程时实参的值，也可以从数据库向客户端应用程序返回数据。

CLR 存储过程是指对 Microsoft.NET Framework 公共语言运行时方法的引用，可以接收和返回用户提供的参数。它们在.NET Framework 程序集中是作为类的公共静态方法实现的。

10.2.3 存储过程创建与执行

1. 不使用任何参数存储过程

【例 10-1】创建一个存储过程，返回学生学号、姓名、课程名、成绩信息。

```
use test
go
create procedure student_info
as
select student.sno，sname，cname，grade
from student，sc，course
where student.sno=sc.sno and course.cno=sc.cno
go
```

2. 使用带有输入参数的存储过程

【例 10-2】创建一个存储过程，返回学生学号、姓名、课程名、成绩信息。接收与传递参数精确匹配的值。

```
use test
go
create procedure student_info2
@xm varchar（8），@kcm varchar（50）
as
select student.sno，sname，cname，grade
from student，sc，course
where student.sno=sc.sno and course.cno=sc.cno and sname=@xm and cname=@kcm
go
```

存储过程调用形式：

（1）按位置传送参数值。

```
exec student_info2 '李明'，'高等数学'
```

（2）使用参数名传送。

```
exec student_info2 @xm='李明'，@kcm='高等数学'
exec student_info2 @kcm='高等数学'，@xm='李明'
```

【例 10-3】新建一个存储过程，该存储过程定义了两个日期时间类型的输入参数和一个字符型输入参数，返回所有出生日期在两个输入日期之间、性别与输入的字符型参数相同的学生信息，其中字符型输入参数指定的默认值为“女”。

```
use test
go
create procedure stud_info3
@startdate date，@enddate date，@sex char（2）='女'
```

```
as
if （@startdate is null or @enddate is null
    or @sex is null）
    begin
        raiserror（'null value are invalid'，5，5）
        return
    end
select *
from student
where sbirth between @startdate and @enddate and ssex=@sex
order by sbirth
go
use test
exec stud_info3 '110101-1-1'，'110102-12-31'
```

3. 使用带有通配符参数的存储过程

【例 10-4】创建一个存储过程，返回学生学号、姓名、课程名、成绩。该存储过程使用了模糊匹配，如果没有提供参数，则使用预设的默认值。

```
if exists
（select name from sysobjects
where name='student_info3' and type='P'）
drop procedure student_info3
go
create procedure student_info3
@xm varchar（8）='刘%'
as
select student.sno，sname，cname，grade
from student join sc join course
on course.cno=sc.cno
on student.sno=sc.sno
where sname like @xm
go
execute student_info3 '[王张]%'
```

4. 使用带有 output 参数的存储过程

【例 10-5】用于返回输入特定学生的单科成绩平均分。此存储过程有一个输入和输出参数。

```
use test
go
if exists
（select name from sysobjects
where name='student_info4' and type='p'）
```

```
drop procedure student_info4
go
create procedure student_info4
@xm varchar（8），@pjf tinyint output
as
select @pjf=AVG（grade）
from student join sc
on student.sno=sc.sno
where sname=@xm
go
declare @pjf tinyint
exec student_info4 '邓春梅'，@pjf output
select '邓春梅'，@pjf
go
```

说明： output 变量必须在创建存储过程和使用该变量时都进行定义。

【例 10-6】新建一个存储过程，其功能是输入两个日期型数据，并使用输出参数返回这两个出生日期之间的所有学生人数。

```
use test
go
create procedure stud_info
@startdate date，@enddate date，
@recordcount int output
as
if （@startdate is null or @enddate is null）
    begin
        raiserror（'null value are invalid'，5，5）
        return
    end
select *
from student
where sbirth between @startdate and @enddate
order by sbirth
select @recordcount=@@ROWCOUNT
Go
```

其中，@@ROWCOUNT 是 SQL Server 用来返回受上一语句影响的行数的系统变量，在这里用它来返回符合条件记录数。

```
declare @recordcount int
exec stud_info '110101-1-1'，'110102-12-31'
，@recordcount output
select @recordcount as '人数'
```

go

执行结果如图 10.1 所示。

	sno	sname	ssex	sdept	sbirth
1	2009036404	李铁梅	女	信息管理	1991-01-10
2	2009037113	张玲	女	计算机科学	1991-01-17
3	2008056122	张伯伦	男	市场营销	1991-02-10
4	2009036405	祁莲平	男	信息管理	1991-02-16
5	2009037118	李帅	女	计算机科学	1991-02-23

	人数
1	57

图 10.1　例 10-6 执行结果

5. 使用 with encryption 选项对用户隐藏存储过程

【例 10-7】创建一个加密的存储过程，如图 10.2 所示。

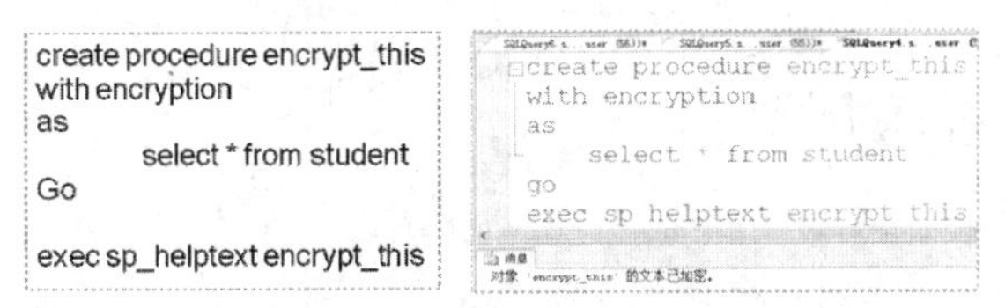

图 10.2　例 10-7 代码及执行结果

通过系统存储过程 sp_helptext 可显示规则、默认值、没有加密的存储过程，用户定义的函数、触发器或视图的文本。

6. 创建用户自己定义的存储过程

【例 10-8】创建一个过程，显示表名以 xs 开头的所有表及其索引。如果没有指定参数，此过程返回表名以 kc 开头的所有表及对应索引。

```
use master
go
create procedure sp_showtable
@table varchar（30）='xs%'
as
select sysobjects.name as table_name，
      sysindexes.name as index_name
      from sysindexes join sysobjects
      on sysindexes.id=sysobjects.id
      where sysobjects.name like @table
go
use test
exec sp_showtable 'xs%'
go
```

10.2.4　管理存储过程

1. 查看存储过程

SQL Server 2012 中创建好的存储过程，其名称保存在系统表“sysobjects”中，源代码保存在“syscomments”表中，通过 ID 字段实现两表关联。查看存储过程的相关信息，有三种方式：使用存储过程；直接使用系统表；使用 SQL Server Management Studio。

（1）使用存储过程查看存储信息。SQL Server 2012 中提供了系统存储过程用于查看用户建立的存储过程相关信息。下面是几个常用的系统存储过程。

① sp_help。sp_help 存储过程可用于查看存储过程的一般信息，包括存储过程的名称、所有者、类型和创建时间，其语法格式如下：

sp_help 存储过程名

② sp_helptext。sp_helptext 存储过程用于查看存储过程的定义信息，其语法格式如下：

sp_helptext 存储过程名

③ sp_depends。sp_depends 存储过程用于查看存储过程的相关性，其语法格式如下：

sp_depends 存储过程名

【例 10-9】查看存储过程情况。

```
use test
go
exec sp_helptext stud_proc
exec sp_depends stud_proc
exec sp_help stud_proc
```

查看情况结果如图 10.3 所示。

结果 消息

4	as
5	select @man_count=COUNT(*)
6	from student
7	where ssex=@sex

	name	type	updated	selected	column
1	dbo.student	user table	no	yes	ssex

	Name	Owner	Type	Created_datetime
1	stud_proc	dbo	stored procedure	2011-08-01 23:24:22.250

	Parameter_name	Type	Length	Prec	Scale	Param_order	Collati
1	@sex	char	2	2	NULL	1	Chines
2	@man_count	int	4	10	0	2	NULL

图 10.3 例 10-9 执行结果

【例 10-10】在“xsgl”数据库中使用系统存储过程查看存储过程 xsgl_sele 的信息。

```
USE xsgl
GO
EXECUTE sp_help xsgl_sele
EXECUTE sp_helptext xsgl_sele
EXECUTE sp_depends xsgl_sele
GO
```

程序运行结果如图 10.4 所示。

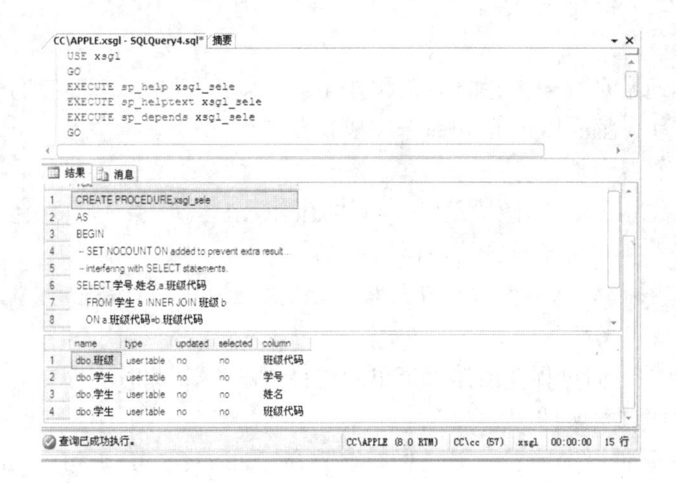

图 10.4　例 10-10 运行结果

（2）使用系统表查看存储过程信息。

【例 10-11】在“xsgl”数据库中使用系统表查看名为 xsgl_sele 的存储过程的定义信息。

```
USE xsgl
GO
SELECT TEXT FROM SYSCOMMENTS
WHERE ID IN （SELECT ID FROM SYSOBJECTS
               WHERE NAME='XSGL_SELE' AND TYPE='P'）
GO
```

程序运行结果如图 10.5 所示。

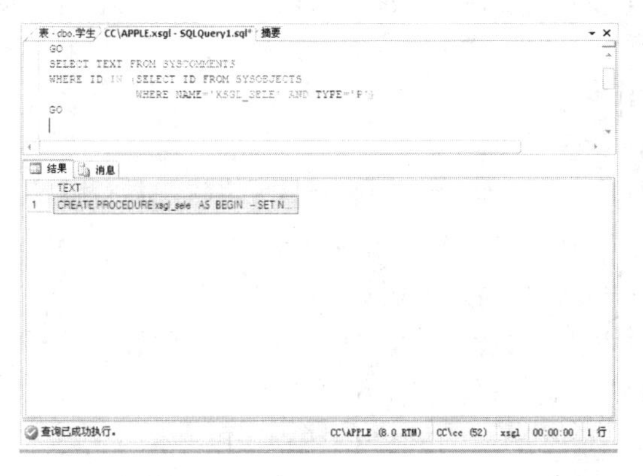

图 10.5　例 10-11 运行结果

（3）使用 SQL Server Management Studio 查看存储过程信息。

① 启动 SQL Server Management Studio，并连接到 SQL Server 2012 中的“xsgl”数据库。在“对象资源管理器”窗格中依次展开【数据库】→【xsgl】→【可编程性】→【存储过程】节点。

② 用鼠标右击要查看的存储过程，在弹出的快捷菜单中选择【属性】命令，打开“存储过程属性”窗口。

③ 用户可在“选择页”中选择“常规”、“权限”和“扩展属性”进行相应操作。

2. **修改存储过程**

修改存储过程通常是指编辑它的参数和 Transact-SQL 语句。下面我们分别说明如何使用对象资源管理器和 Transact-SQL 语句命令完成这项工作。

（1）使用对象资源管理器。

① 单击“开始”按钮，选择“程序”→“Microsoft SQL Server 2012”→“SQL Server Management Studio”→“对象资源管理器”。

② 分别展开“数据库”/欲修改存储过程所处的数据库/“可编程性”/“存储过程”/欲修改的存储过程。

③ 右击欲修改的存储过程，在弹出菜单中选择“修改”，此时立即在“SQL 编辑器”窗格中出现欲修改的存储过程文件。

④ 在“SQL 编辑器”中编辑存储过程的参数和 Transact-SQL 语句。此时，一般不要改变 ALTER PROCEDURE 语句中的存储过程名称。如果觉得存储过程的重命名以及参数和 Transact-SQL 语句的编辑要分开来完成很麻烦，用户可以直接删除存储过程后再重新创建符合要求的存储过程。

⑤ 编辑完存储过程的参数和 Transact-SQL 语句之后，单击“SQL 编辑器”工具栏上“分析”按钮检查所编写的程序代码语法无误，然后单击“SQL 编辑器”工具栏上“执行”按钮以完成存储过程的参数和 Transact-SQL 语句修改。

⑥ 单击“标准”工具栏上“保存”按钮，以保存修改存储过程的 SQL 文件。

（2）使用 ALTER PROCEDURE 命令。具体语法如下：

```
ALTER PROC[EDURE] procedure_name
[{@parameter data_type}[=DEFAULT][OUTPUT]][，…n]
 [WITH{RECOMPILE | ENCRYPTION | RECOMPILE，ENCRYTION}]
 AS
Sql_statement[，…n]
```

说明：

procedure_name：要修改的存储过程的名称。

@parameter：存储过程中包含的输入和输出参数。

data_type：指定输入和输出参数的数据类型。

Default：输入输出参数指定的默认值，必须为一个常量。

WITH RECOMPILE：存储过程指定重编译选项。

WITH ENCRYPTION：对包含 ALTER PROCEDURE 文本的 syscomments 表中的项进行加密。

【例 10-12】修改存储过程 teacher_proc1，返回所有性别为“女”的学生学号、姓名、地址、电话等基本信息，并对存储过程指定重编译处理和加密选项。

```
USE student
GO
ALTER PROCEDURE teacher_proc1
WITH RECOMPILE，ENCRYPTION
AS
SELECT teacher_id，name，tech_title，telephone FROM teacher_info
```

```
WHERE gender = '女'
GO
```

🔔 **注意：**修改具有任何选项（如 WITH RECOMPILE 等）的存储过程时，必须在 ALTER PROCEDURE 语句中包括该选项以保留该选项提供的功能；ALTER PROCEDURE 语句只能修改一个单一的存储过程。如果存储过程中调用了其他存储过程，嵌套的存储过程将不受影响。

（3）重新命名存储过程。修改存储过程的名字要使用系统存储过程 sp_rename，其命令格式如下：

```
sp_rename old_procedure_name，new_procedure_name
```

【例 10-13】将存储过程 teacher_proc1 修改为 teacher_info_proc1。

```
sp_rename teacher_proc1，teacher_info_proc1
```

另外，通过对象资源管理器也可修改存储过程的名字，其操作过程与 Windows 下修改文件名字的操作类似。首先选中需修改名字的存储过程，然后右击鼠标，在弹出菜单中选取“重命名”选项，最后输入新存储过程的名字。

3. 删除存储过程

（1）使用对象资源管理器。使用对象资源管理器删除一个或多个存储过程，请先将它们选中，然后使用鼠标右键按下其中一个被选取的存储过程，并从快捷菜单中选取“删除”命令，接着再用鼠标左键单击“删除对象”对话框中的“确定”按钮。

（2）使用 DROP PROCEDURE 语句。删除存储过程使用 DROP 命令，DROP 命令可将一个或多个存储过程或者存储过程组从当前数据库中删除。具体语法如下：

```
DROP PROC[EDURE] procedure_name[，…n]
```

说明：其中各参数的意义与修改存储过程命令中参数的意义相同。

【例 10-14】将存储过程 teacher_info_proc1 从数据库中删除。

```
DROP PROCEDURE teacher_info_proc1
```

任务 10.3　触发器

10.3.1　触发器概述

1. 触发器功能

强化约束：触发器能够实现比 CHECK 语句更为复杂的约束，包括：触发器可以很方便地引用其他表的列，去进行逻辑上的检查；触发器是在 CHECK 之后执行的；触发器可以插入、删除、更新多行。

跟踪变化：触发器可以侦测数据库内的操作，从而禁止数据库中未经许可的更新和变化，确保输入表中的数据的有效性。例如，在库存系统中，触发器可以检测到当实际库存下降到了需要再进货的临界量时，就给管理员相应的提示信息或自动生成给供应商的订单。

级联运行：触发器可以侦测数据库内的操作，并自动地级联影响整个数据库的不同表中的各项内容。例如：设置一个触发器，当 student 表中删除一个学号信息时，对应的 sc 表中相应的学号信息也被改写为 NULL 或删除相关学生记录。

调用存储过程：为了响应数据库更新，触发器可以调用一个或多个存储过程。

2. 触发器的种类

DML 触发器：如果用户要通过数据操作语言（DML）编辑数据，则执行 DML 触发器。DML 事件是指对表或视图的 INSERT、UPDATE 和 DELETE 语句，即 DML 触发器在数据修改时被执行。系统将触发器和触发它的语句可作为在触发器内回滚的单个事务对待。如果检测到错误（例如磁盘空间不足），则整个事务自动回滚。

DDL 触发器：为了响应各种数据定义语言（DDL）事件而激发。DDL 事件主要与以关键字 CREATE、ALTER 和 DROP 开头的 T-SQL 语句对应。它们可用于在数据库中执行管理任务，例如审核以及规范数据库操作。

3. DML 触发器的工作原理

现在介绍触发器是如何工作的。通过了解触发器的工作原理，可以更好地使用触发器，写出效率更高的触发器。下面主要介绍 INSERT、DELETE 和 UPDATE 类型触发器的工作原理。

（1）INSERT 触发器。向表中插入数据时，INSERT 触发器触发执行。当 INSERT 触发器触发时，新的记录增加到触发器表中和 inserted 表中。inserted 表是一个逻辑表，保存了所插入记录的备份，允许用户参考 INSERT 语句中数据。触发器可以检查 inserted 表，以确定该触发器的操作是否应该执行和如何执行。在 inserted 表中的记录总是触发器表中一行或多行记录的冗余。

（2）DELETE 触发器。当触发一个 DELETE 触发器时，被删除的记录存放在一个特殊的 deleted 表中。deleted 表是一个逻辑表，用来保存已经从表中删除的记录。该 deleted 表允许参考原来的 DELETE 语句删除的已经记录在日志中的数据。

（3）UPDATE 触发器。修改一条记录就等于插入一条新记录的同时删除一条旧记录。同样，UPDATE 语句也可以看成是由删除一条记录的 DELETE 语句和增加一条记录的 INSERT 语句组成。当在某一个有 UPDATE 触发器表的上面修改一条记录时，表中原来的记录移动到 deleted 表中，修改过的记录插入到了 inserted 表中。触发器可以检查 deleted 表和 inserted 表以及被修改的表，以便确定是否修改了多个行和应该如何执行触发器的操作。

10.3.2 DML 触发器的创建和应用

1. DML 触发器的分类

（1）AFTER 触发器：这类触发器是在记录已经被修改完，相关事务提交后，才会被触发执行。主要用于记录变更后的处理或检查，一旦发现错误，可以用 ROLLBACK TRANSACTION 语句来回滚本次操作。对于同一个表的操作，可定义多个 AFTER 触发器，并定义各种触发器执行的先后顺序。

（2）Instead Of 触发器：在 SQL Server 服务器接到执行 SQL 语句请求，建立 Inserted 和 Updated 临时表后就激活了 Instead Of 触发器程序，至于 SQL 语句的请求如何操作数据就不在管了，把执行权全权交给了 Instead Of 触发器。

2. 触发器中的逻辑（虚拟）表

SQL Server 2012 为每个触发器语句创建了两种特殊的表：

deleted 表和 inserted 表。这是两个逻辑表，由系统亲自创建及维护，用户不能对它们进行修改。它们存放在内存中而不是数据库中。这两个表的结构总是与被该触发器作用的表结构相同。触发器执行完成后，与该触发器相关的这两个表也会被删除。

deleted 表：存放由执行 delete 或 update 语句而要从表中删除的所有行。在执行 delete 或 update 操作时，被删除的行从触发器表中被移动到 deleted 表中，这两个表不会有相同的行。

inserted 表：存放由执行 insert 或 update 语句而要向表中插入的所有行。在执行 insert 或 update 操作时，新的行同时添加到触发器表和 inserted 表中，inserted 表的内容是触发器表中新行的副本。

```
create trigger stu_trig
on student
for update
as
if update（sno）
    begin
        raiserror（'不能修改学号！'，10，1）
        rollback
    end
go
raiserror（@ls_mess，10，1）--这个是输出错误信息。
```

raiserror 可以替代 PRINT 将消息返回到调用应用程序。raiserror 支持类似于 C 标准库中 printf 函数功能的字符替代，而 Transact-SQL PRINT 语句则不支持。PRINT 语句不受 TRY 块的影响，而在严重级别为 11 到 110 的情况下，在 TRY 块中运行的 raiserror 会将控制传输至关联的 CATCH 块。指定严重级别为 10 或更低以使用 raiserror 返回 TRY 块中的消息，而不必调用 CATCH 块。

说明：@ls_mess 是消息内容，10 是错误的级别，1 是状态。

【例 10-15】利用 instead of 触发器实现工资的自动计算。

```
create table salary_table
（id int identity primary key，
salary money，
 [percent] numeric（2，1），
Real salary money）
Go
create trigger salary_trig
on salary_table
instead of insert
as
declare @salary money，@percent numeric（2，1）
select @salary=salary，@percent=[percent]
from inserted
insert into salary_table（salary，[percent]，realsalary）
values（@salary，@percent，@salary*（1-@percent））
```

```
insert into salary_table（salary，[percent]）
values（1500，0.2）

create trigger stu_d_up
on student
after update，delete
as
if update（sno）
    begin
        update sc
        set sno=
        （select sno from inserted）
        Where sno=
        （select sno from deleted）
        Print getdate（）
        print '修改结束'
    end

else
    begin
        delete from sc
        where sno=
        （select sno from deleted）
        Print getdate（）
        print '删除结束'
    end
print 'trigger end!!'
print getdate（）
go
```

执行结果如图 10.6、10.7 所示。

```
update student
 set sno='6666666666'
 where sno='2008056105'

消息
(3 行受影响)
08  1 2011   4:58PM
修改结束
trigger end!!
08  1 2011   4:58PM

(1 行受影响)
```

图 10.6　更新触发器结果

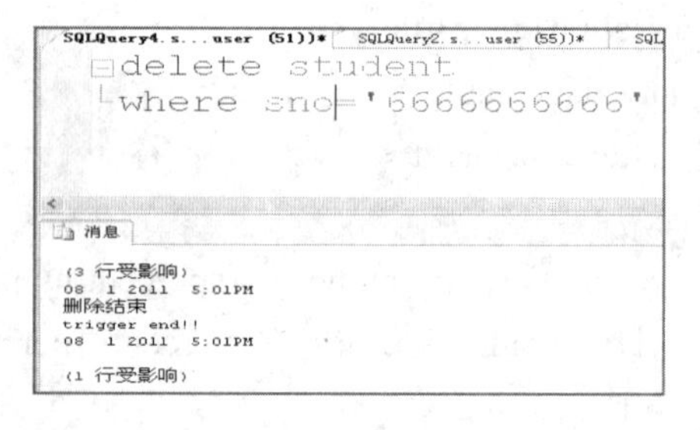

图 10.7　删除触发器结果

直接递归：触发器初步激活并执行一个操作时，该操作又使用同一个触发器去执行操作。

```
use test
```

```
go
create trigger trig_stu
on student
for delete
as
declare @sex char（2）
select @sex=ssex from deleted
delete from student
where ssex=@sex
Go
delete from student
where sname='汪远东'
```

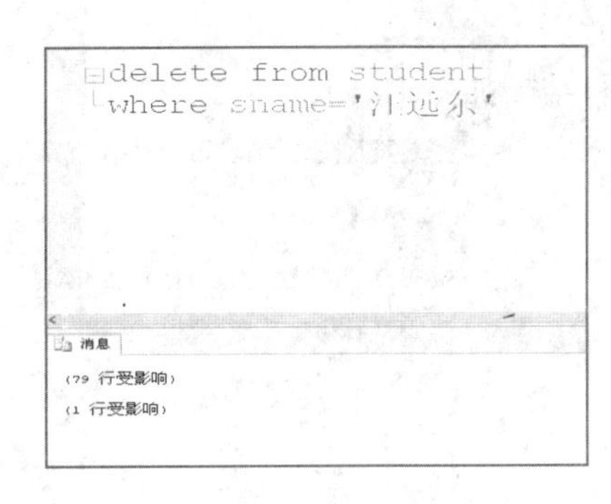

图 10.8　递归执行结果

执行结果如图 10.8 所示。

AFTER 指定触发器只有在触发 SQL 语句中指定的所有操作都已成功执行后才被激发。所有的引用级联操作和约束检查也必须成功完成后，才能执行此触发器。

如果仅指定 FOR 关键字，则 AFTER 是默认设置，但不能在视图上定义 AFTER 触发器。

当有人试图更新学生表中的数据时，会向客户显示一条信息：

```
use test
go
if exists
（select name from sysobjects
where name='reminder' and type='tr'）
drop trigger reminder
go
create trigger reminder
on student
for insert，update，delete
as
print '您不能更新数据！'
rollback
go
```

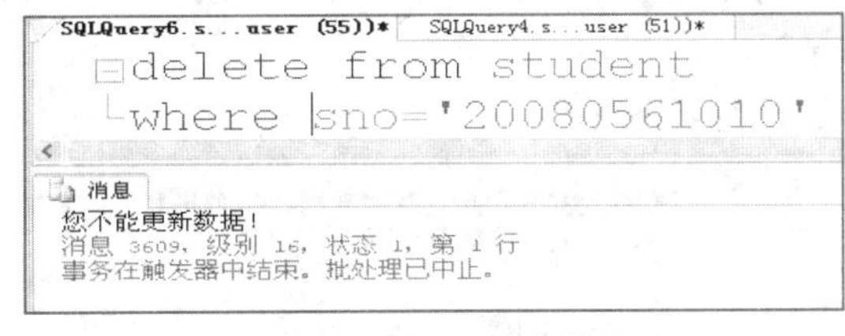

图 10.9　delete 触发器结果

执行 delete 时，将激发触发器，如图 10.9 所示。

3. 一个 DML 触发器示例

为了更加全面地掌握开发触发器的步骤和技术，本节通过一个具体的示例，全面讲述使用 Transact-SQL 语言开发和创建触发器的技术。

一般地，开发触发器的过程包括用户需求分析、确定触发器的逻辑结构、编写触发器代码和测试触发器。

创建 accountData 表：

```
CREATE TABLE accountData（
```

accountID INT not null IDENTITY PRIMARY KEY,
accountType CHAR（128） not null,
accountAmount MONEY not null）
GO
执行结果如图 10.10 所示。

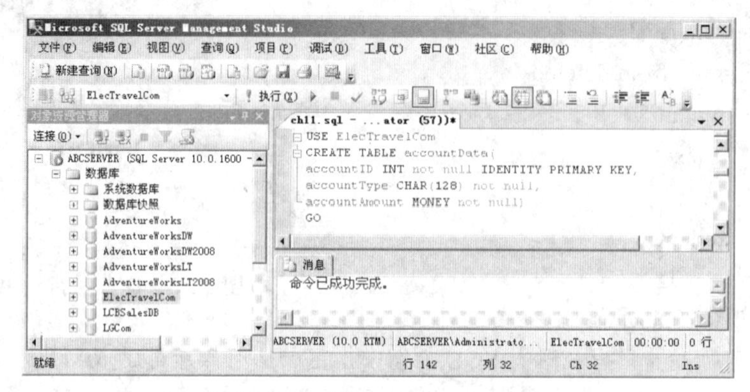

图 10.10　创建 accountData 表

创建 auditAccountData 表:
CREATE TABLE auditAccountData（
audit_log_id UNIQUEIDENTIFIER
　　　　DEFAULT NEWID（） PRIMARY KEY,
audit_log_loginname VARCHAR（128） DEFAULT SYSTEM_USER,
audit_log_username VARCHAR（128） DEFAULT CURRENT_USER,
audit_log_actionType CHAR（16） NOT NULL,
audit_log_amount MONEY NOT NULL,
audit_log_actionTime DATETIME DEFAULT GETDATE（））
GO
执行结果如图 10.11 所示。

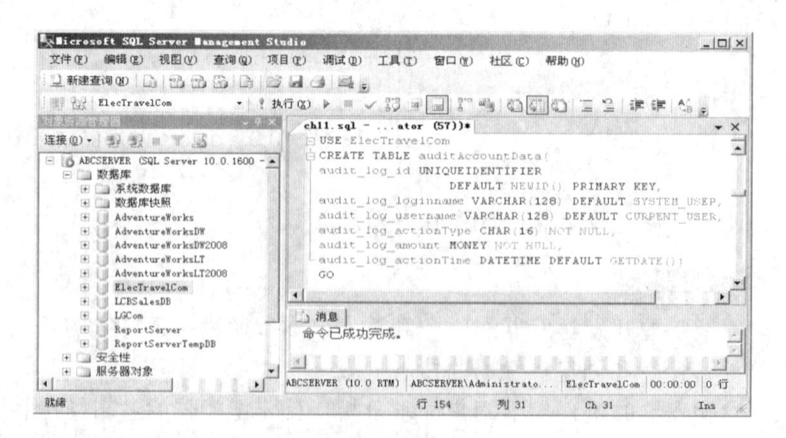

图 10.11　创建 auditAccountData 表

创建 t_accountData_insert 触发器:
CREATE TRIGGER t_accountData_insert

```
ON dbo.accountData
WITH ENCRYPTION
FOR INSERT
AS
DECLARE @insertActionAmount MONEY
SELECT @insertActionAmount = accountAmount
FROM inserted
INSERT INTO auditAccountData（audit_log_actionType，
audit_log_amount）
VALUES （'INSERT'，@insertActionAmount）
GO
```

执行结果如图 10.12 所示。

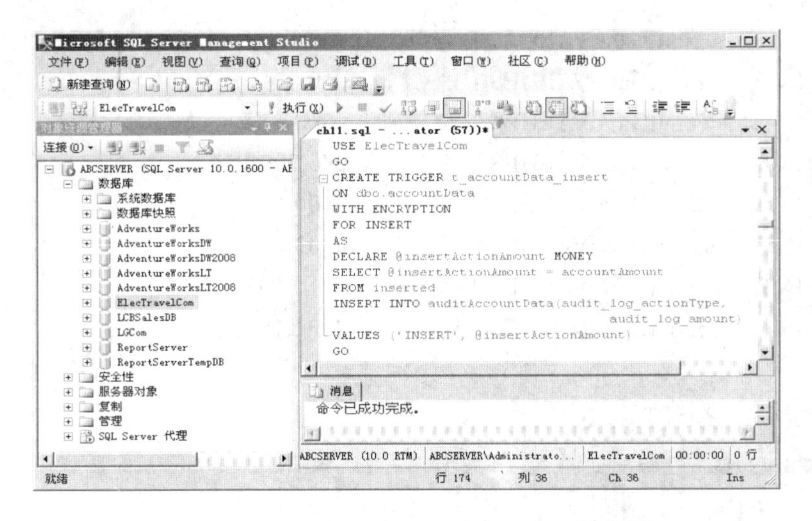

图 10.12　创建 t_accountData_insert 触发器

创建 t_accountData_delete 触发器：

```
CREATE TRIGGER t_accountData_delete
ON dbo.accountData
WITH ENCRYPTION
FOR DELETE
AS
DECLARE @deleteActionAmount MONEY
SELECT @deleteActionAmount = accountAmount
FROM deleted
INSERT INTO auditAccountData（audit_log_actionType，
audit_log_amount）
VALUES （'DELETE'，@deleteActionAmount）
GO
```

执行结果如图 10.13 所示。

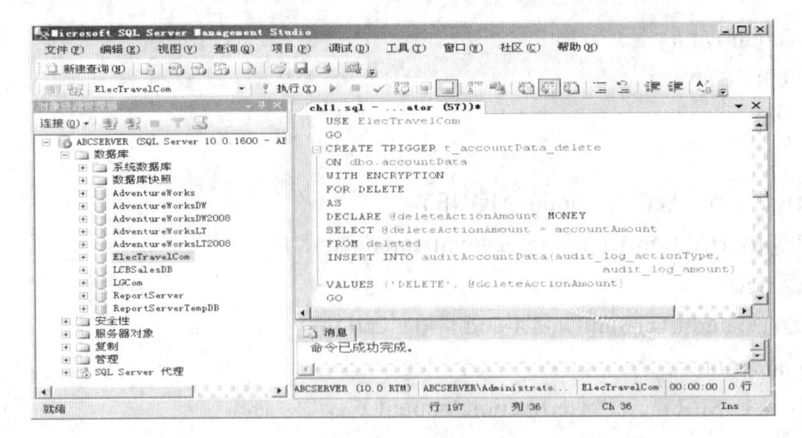

图 10.13　创建 t_accountData_delete 触发器

一组插入数据的操作：

INSERT INTO accountData VALUES（'存款'，2 800）

INSERT INTO accountData VALUES（'支票'，23 107）

INSERT INTO accountData VALUES（'存款'，31 010）

INSERT INTO accountData VALUES（'存款'，2 276 300）

INSERT INTO accountData VALUES（'支票'，51 100）

INSERT INTO accountData VALUES（'支票'，281 038）

INSERT INTO accountData VALUES（'支票'，16 710.105）

INSERT INTO accountData VALUES（'存款'，5 213 218）

GO

执行结果如图 10.14 所示。

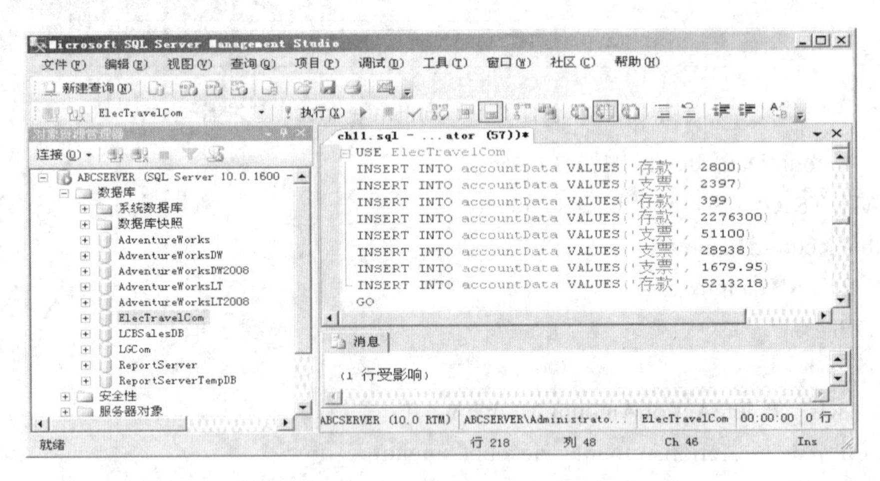

图 10.14　插入数据的操作

查询到的插入数据的操作：

SELECT *

FROM auditAccountData

GO

执行结果如图 10.15 所示。

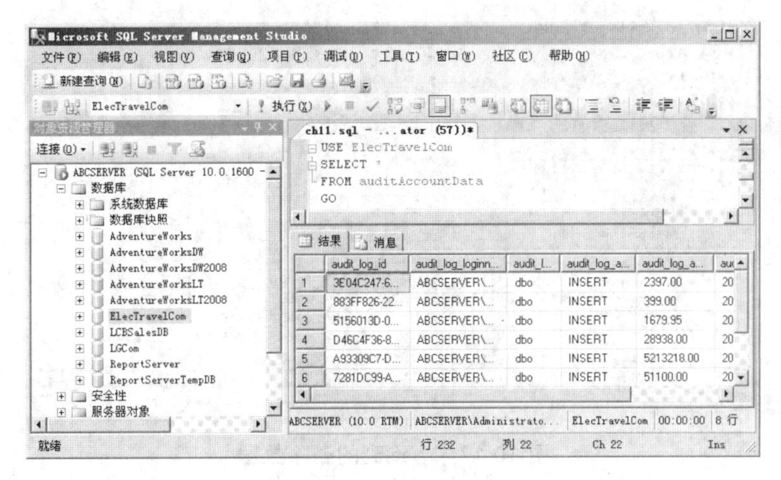

图 10.15 查询到的插入数据

一组删除数据的操作：

DELETE FROM accountData WHERE accountID = 1

DELETE FROM accountData WHERE accountID = 2

DELETE FROM accountData WHERE accountID = 3

DELETE FROM accountData WHERE accountID = 4

DELETE FROM accountData WHERE accountID = 5

DELETE FROM accountData WHERE accountID = 6

GO

执行结果如图 10.16 所示。

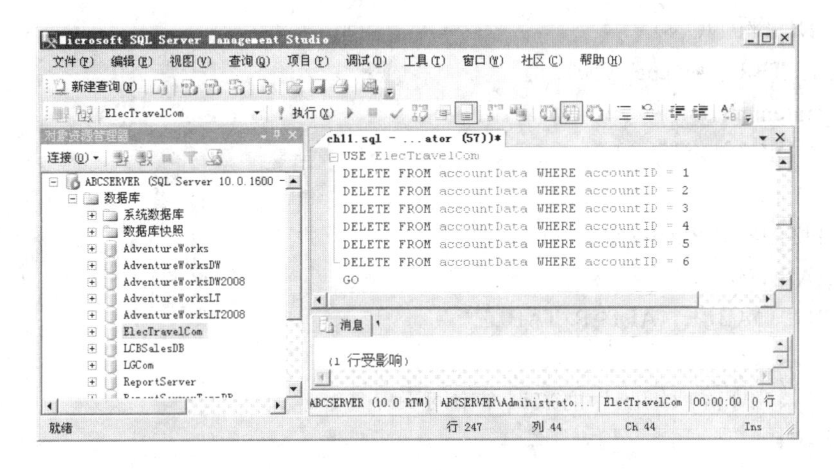

图 10.16 删除数据

查询到删除数据的操作：

SELECT *

FROM auditAccountData

ORDER BY audit_log_actionType

GO

执行结果如图 10.17 所示。

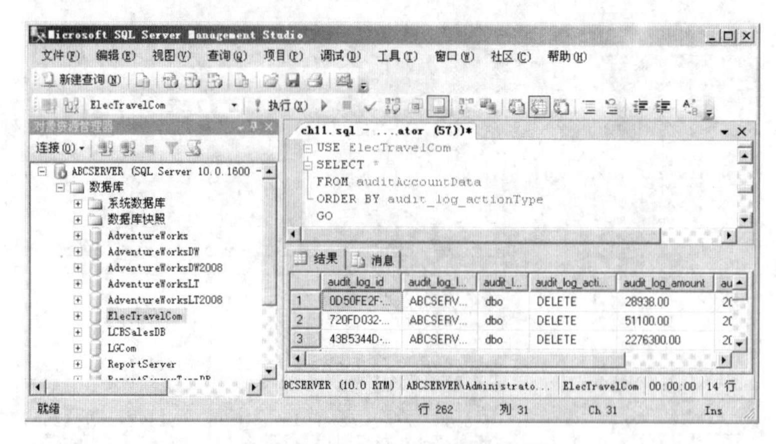

图 10.17　查询到的删除数据

10.3.3　DDL 触发器

DDL 触发器与 DML 触发器有许多类似的地方，都可以自动触发完成规定的操作或使用 CREATE TRIGGER 语句创建等，但是也有一些不同的地方。例如，DDL 触发器的触发事件主要是 CREATE、ALTER、DROP 以及 GRANT、DENY、REVOKE 等语句，并且触发的时间条件只有 AFTER，没有 INSTEAD OF。

CREATE TRIGGER

创建 DDL 触发器的 CREATE TRIGGER 语句的基本语法形式如下：

```
CREATE TRIGGER trigger_name
ON { ALL SERVER | DATABASE }
WITH ENCRYPTION
{ FOR | AFTER } {event_type}
AS sql_statement
```

定义一个 DDL 触发器：

```
CREATE TRIGGER safetyAction
ON DATABASE
FOR DROP_TABLE，ALTER_TABLE
AS
PRINT N'禁止删除或修改当前数据库中的表!'
ROLLBACK
GO
```

执行结果如图 10.18 所示。

删除表的操作失败：

```
DROP TABLE auditAccountData
GO
use test
go
```

执行结果如图 10.19 所示。

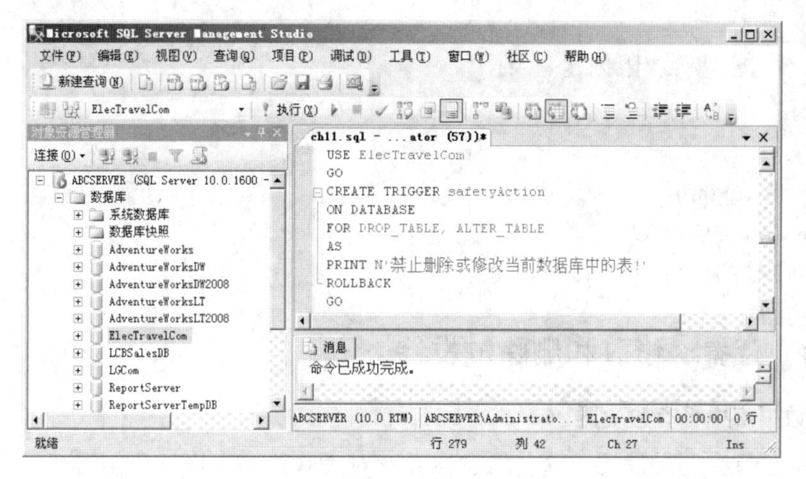

图 10.18 定义一个 DDL 触发器

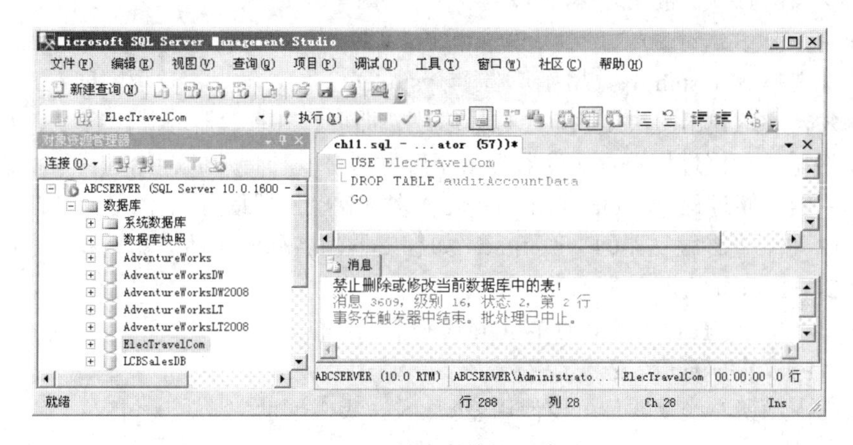

图 10.19 删除表的操作失败

```
use test
go
create trigger mytrig
on all server
for create_login
as
    print '对不起，您无权限创建登录!'
    rollback
go
create login xingmin
with password='123456'
```

消息
对不起，您无权限创建登录!
消息 3609，级别 16，状态 2，第 1 行
事务在触发器中结束。批处理已中止。

图 10.20 建立登录用户无效

建立触发器无权登录：

create trigger mytrig

on all server

```
for create_login
as
print '对不起，您无权限创建登录!'
rollback
go
create login xingmin
with password='123456'
```

执行结果如图 10.20 所示。

10.3.4 查看、修改和删除触发器

1. 查看数据库中已有触发器

查看表中已有哪些触发器，这些触发器究竟对表有哪些操作，我们需要能够查看触发器信息。查看触发器有两种常用方法。

（1）使用 SQL Server 2012 的 SSMS 查看触发器。在 SQL Server 2012 中，展开服务器和数据库，此处选择展开 stuinfo 数据库，选择表 student，展开触发器选项，即看到建立的触发器。右击触发器，从弹出的快捷菜单中选择修改，即可看到触发器的源代码。

（2）使用系统存储过程查看触发器。由于触发器是一种特殊的存储过程，我们可以使用前面介绍的系统存储过程 sp_help 和 sp_helptext 来查看触发器信息。

sp_help：用于查看触发器的一般信息，如触发器的名称、属性、类型和创建时间等。格式为：EXECUTE sp_help 触发器名称；

sp_helptext：用于查看触发器的 T-SQL 代码信息。格式为：

EXECUTE sp_helptext 触发器名称

查看数据库中所有触发器信息要使用 sysobjects 表来辅助完成，语句为：

SELECT *　FROM sysobjects WHERE xtype='TR'

2. 修改数据库中已有触发器

修改触发器也可以在 SQL Server 2012 的 SSMS 中完成，步骤与查看触发器信息一致。

使用 T-SQL 语句修改触发器要区分是 DML 类触发器还是 DDL 类触发器，修改格式分别为：

（1）修改 DML 触发器。

```
ALTER TRIGGER 触发器名称;
ON {table | view }
{FOR |AFTER | INSTEAD OF     }
{ [ INSERT ] [，] [ UPDATE ] [，] [ DELETE ] }
AS
SQL 语句      [，…n]
```

（2）修改 DDL 触发器。

```
ALTER TRIGGER 触发器名称
ON {ALL SERVER| DATABASE}
{ FOR |AFTER }
```

{事件类型|事件组}　　[，…n]

AS

SQL 语句　　[，…n]

3. 删除触发器

系统提供三种方法来删除触发器：

（1）在 SQL Server 2012 的 SSMS 中完成，右击待删除的触发器，从弹出的快捷菜单中选择删除命令。

（2）删除触发器所在的表。在删除表时，系统会自动删除与该表相关的触发器。

（3）使用 T-SQL 语句 DROP TRIGGER 删除触发器。基本语句格式为：

DROP TRIGGER 触发器名称[，…n]

任务 10.4　回到工作场景

（1）创建存储过程用来查询某系有哪几个班级。

（2）创建存储过程用来实现查询某班级的学生信息，学生信息包括学号、学生姓名、班级号、性别、地址、电话号码字段信息。

（3）创建存储过程用来查询某学生所在班级的班级号，其中要求输入参数为学号，输出参数为班级号。

（4）创建存储过程用来查询指定学生所在班级和系部名称。

（5）当某班新来一名学生，即向 Student 表中增加一条记录，这时能够自动更新 Class 表中班级人数的值。

（6）当某班有学生退学，即在 Student 表中删除一条记录，这时能够自动更新 Class 表中班级人数的值。

（7）当有学生转班级，即在 Student 表中将某个学生的班级号进行修改，这时能够自动更新 Class 表中所涉及班级的人数信息。

（8）现要求用户不允许对 Score 表中信息进行修改、删除操作。

任务 10.5　案例训练营

1. 创建存储过程 getallStd 用来查询所有学生信息，并在查询编辑器中调用该存储过程。

2. 修改存储过程 getallStd，用来查询指定系部的学生信息。例如，给出系部为“机电系”，调用该存储过程就可以查询出机电系的学生信息。修改完成之后在查询编辑器中调用该存储过程。

3. 创建存储过程 getDeptname 实现根据班级号查询系部名称。要求使用输入参数和输出参数。

4. 创建存储过程 getCourseinfo 实现根据学生姓名查询该学生所修课程名称和学分。要求输入参数姓名采用模糊查询形式，并给出默认值'李%'。

5. 删除存储过程 getallStd。

6. 在 Department 表中增加一个字段 DepNum，用来统计系部的班级个数。字段的数据类型为 int，字段的值为班级个数。

7. 创建触发器，在 Class 表中增加一个班级时，更新 Department 表中的 DepNum 字段值。

8. 创建替代触发器，不允许对 Course 表进行修改操作。

9. 创建触发器，在第 7 章创建的视图 Viewclass 中修改 Classid 字段值。

10. 创建 DDL 触发器，禁止修改 Course 表的结构。

11. 修改（10）中创建的触发器，不但禁止修改 Course 表的结构，也不允许删除 Course 表。

模块 11　SQL Server 的安全机制

本章学习目标

SQL Server 的身份验证模式；SQL Server 登录账户的管理；用户的管理；角色管理和权限管理。

任务 11.1　工作场景导入

为了保护数据库中的信息安全，需要信息管理员对学生成绩数据库进行安全性设置。具体要求如下：

本数据库中需要有三种用户：管理员、教师、学生。这三种用户拥有操作数据库的不同权限。

管理员拥有学生成绩数据库的读写权限。

教师拥有成绩表的读写权限。

学生只能读取成绩表的信息，而不能修改其中信息。

引导问题：

（1）什么是数据库安全机制？

（2）如何创建数据库用户？

（3）什么是用户权限？

（4）如何设置用户权限？

任务 11.2　SQL Server 2012 安全性概述

安全机制可以分为 5 个层级：客户机安全机制；网络传输的安全机制；实例级别安全机制；数据库级别安全机制；对象级别安全机制。

11.2.1　SQL Server 网络安全基础

SQL Server 4 个核心组件如下：

Secure by design：作为抵御黑客及保护数据的基础，软件需要进行安全设计。

Secure by default：系统管理员不必操心新安装的安全，默认设置即可保证。

Secure in deployment：软件自身应能更新最新的安全补丁，并能协助维护。

Communications：交流最佳实践和不断发展的威胁信息，以使管理员能够主动地保护系统。

用“SQL Server 外围应用配置器”工具来启用远程访问。可以通过如下操作来配置远程访问，启用远程访问连接。

（1）从“开始”菜单中选择“所有程序”|“Microsoft SQL Server 2012”|SQL Server Management Studio 命令，启动 SSMS。

（2）在“连接到服务器”对话框中，指定属性值，单击“连接”按钮。
（3）右击服务器节点，从弹出的快捷菜单中选择“方面”命令。
（4）在打开的“查看方面”对话框中，选择“外围应用配置器”选项。

11.2.2 SQL Server 2012 安全性体系结构

SQL Server 2012 功能结构基于三个基本实体，如图 11.1 所示。
（1）主体：安全账户。
（2）安全对象：要保护的对象。
（3）权限：为主体访问安全对象所提供的权限。
其安全性体系结构如图 11.2 所示。

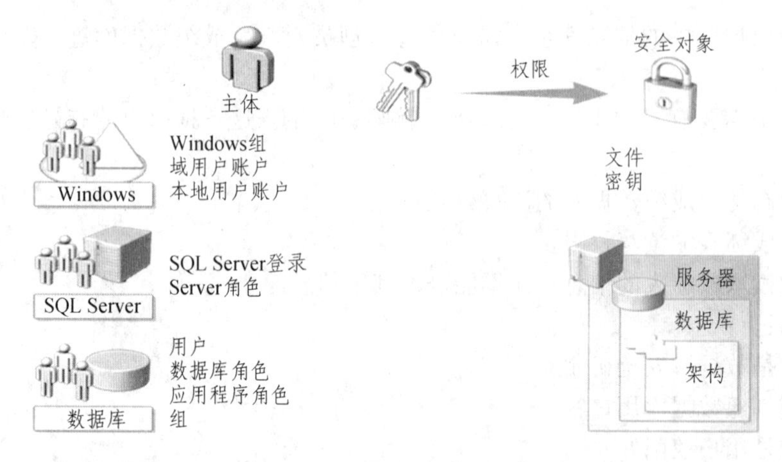

图 11.1　SQL Server 2012 主体、安全对象、权限

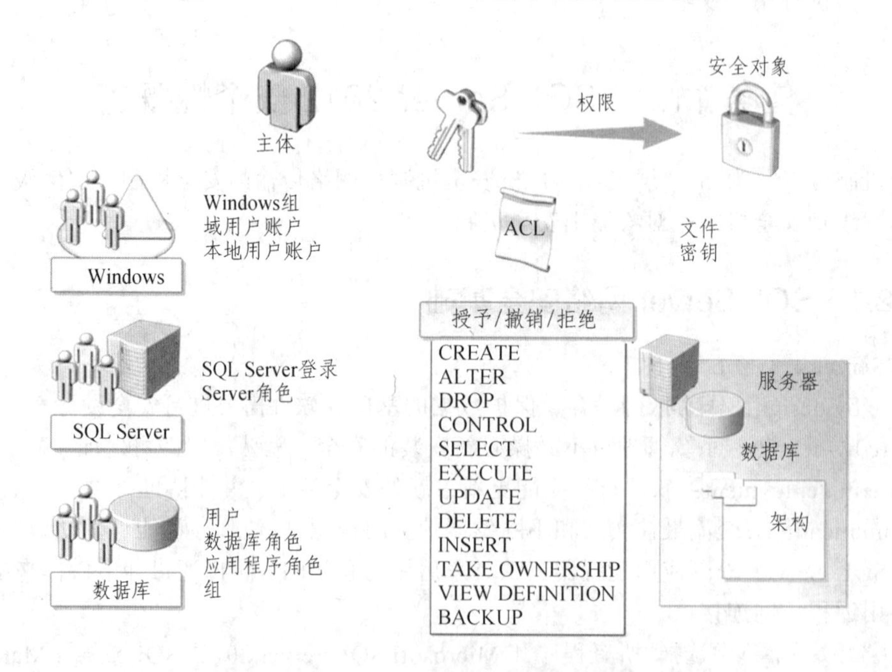

图 11.2　SQL Server 2012 安全性体系结构

1. SQL Server 身份验证模式

（1）Windows 身份验证模式。

用户由 Windows 授权，适用于当数据库仅在组织内部访问时。通过登录而被授予 SQL Server 的访问权，如图 11.3 所示。

图 11.3　Windows 身份验证模式

当使用 Windows 身份验证连接到 SQL Server 时，Microsoft Windows 将完全负责对客户端进行身份验证。在这种情况下，将按其 Windows 用户账户来识别客户端。

当用户通过 Windows 用户账户进行连接时，SQL Server 使用 Windows 操作系统中的信息验证账户名和密码，这是 SQL Server 默认的身份验证模式，比混合模式安全得多。

（2）SQL Server 混合身份验证模式。

混合验证模式允许以 SQL Server 身份验证模式或者 Windows 身份验证模式来进行验证。

使用哪个模式取决于在最初通信时使用的网络库。如果一个用户使用 TCP/IP Sockets 进行登录验证，则使用 SQL Server 身份验证模式；如果用户使用命名管道，则登录时将使用 Windows 验证模式。

用户通过一个受信任连接连接到 SQL Server 并使用 Windows 身份验证来访问 SQL Server，适用于当外界的用户需要访问数据库时或当用户不能使用 WINDOWS 域时，如图 11.4 所示。

图 11.4　SQL Server 验证模式

这种模式能更好地适应用户的各种环境。

设置身份验证模式。通过图形化界面设置身份验证模式，步骤如下：

第 1 步：打开 SQL Server Management studio，使用 WINDOWS 或 SQL SERVER 身份验证建立连接。

第 2 步：对象资源管理器-服务器右击-属性-服务器属性。

第 3 步：选择安全性，在如图 11.5 所示界面设置身份验证模式。

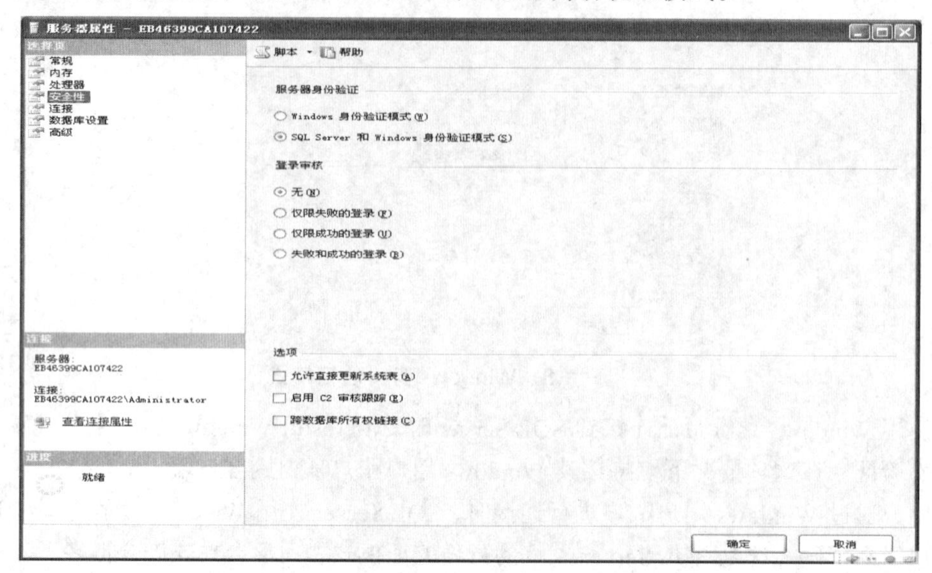

图 11.5　设置身份验证模式

说明：服务器重启后，设置才生效。

2. 理解架构

SQL Server 架构是数据库中的逻辑名称空间。DBA 可以使用架构来组织数据库存储的大量对象和赋予这些对象权限。架构是安全对象的集合，其本身也是一个安全对象。

当数据库开发人员创建一个对象（如表或过程），这个对象就关联到一个数据库架构。默认情况下，每个数据库包含一个 dbo 架构。必要时，DBA 可以创建其他架构。在数据库应用中，架构提供三种功能。

（1）组织。

（2）分解。

（3）权限层次。

要在 SSMS 中创建架构，需执行下列步骤：

（1）打开 SSMS 并连接到要求的服务器实例。

（2）打开“数据库”文件夹，然后打开要新建架构的数据库的文件夹。

（3）打开“安全性”文件夹和“架构”子文件夹，将显示架构列表。列表中应该有 dbo 和 sys 等架构。

（4）右击“架构”文件夹，从快捷菜单中选择“新建架构”，在弹出的对话框中提供一个文本框，可以用这个文本框来命名架构和提供架构的所有者，我们将在后面讨论架构所有权。

（5）单击“确定”按钮来创建架构。

3. 主体

“主体”（Principal）是可以请求 SQL Server 资源的实体（Entity）。与 SQL Server 授权模型（Authorization Model）的其他组件一样，主体也可以按层次结构排列。主体的影响范围取决于主体的定义范围（Windows、服务器或数据库）以及主体是否不可分或是一个集合。例如，Windows 登录名就是一个不可分主体，而 Windows 组则是一个集合主体。每个主体都具有一个安全标识符（SID）。主体分为：Windows 级的主体；SQL Server 级的主体；数据库级的主体；特殊主体。

4. SQL Server 安全对象

安全对象，是 SQL Server 数据库引擎授权系统控制对其进行访问的资源。通俗点说，就是在 SQL Server 权限体系下控制的对象，因为所有的对象（从服务器，到表，到视图触发器等）都在 SQL Server 的权限体系控制之下，所以在 SQL Server 中的任何对象都可以被称为安全对象。

和主体一样，安全对象之间也是有层级的，对父层级上的安全对象应用的权限会被其子层级的安全对象所继承。在 SQL Server 中，安全对象分为三个层次，分别为：服务器层级、数据库层级、构架层级，这三个层级是从上到下包含的，如图 11.6 所示。

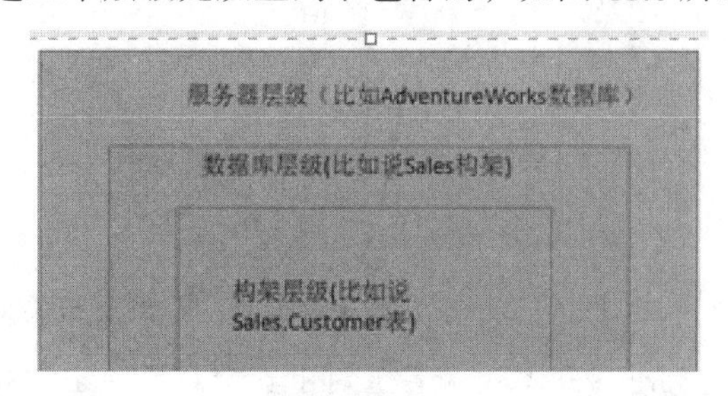

图 11.6　安全对象层级之间的包含关系

SQL Server 中全部的安全对象如图 11.7、11.8 所示。

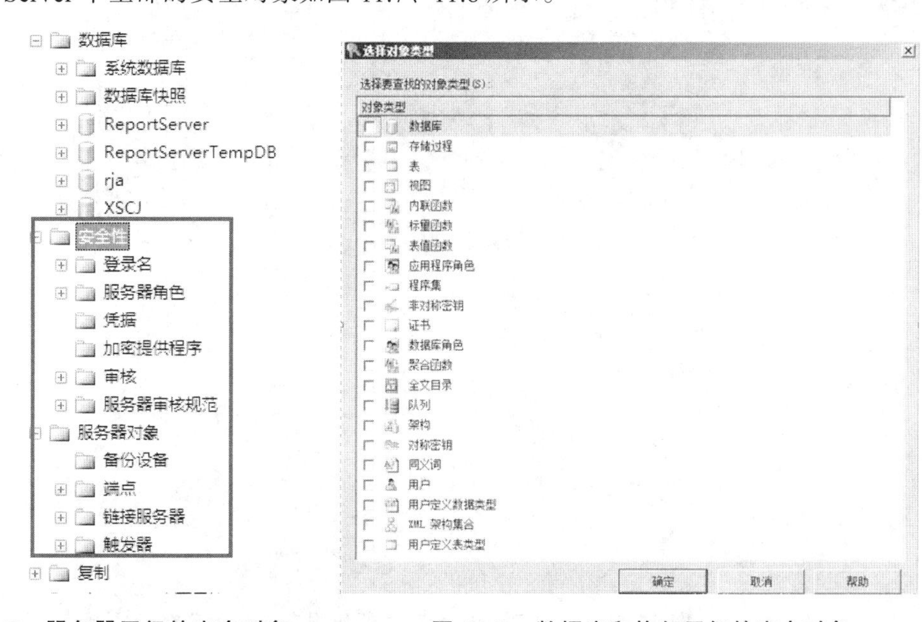

图 11.7　服务器层级的安全对象　　　　图 11.8　数据库和构架层级的安全对象

5. 权限

权限是连接主体和安全对象的纽带。在 SQL Server 2012 中，权限分为权利与限制，分别对应 GRANT 语句和 DENY 语句。GRANT 表示允许主体对于安全对象做某些操作，DENY 表示不允许主体对某些安全对象做某些操作。还有一个 REVOKE 语句用于收回先前对主体 GRANT 或 DENY 的权限。

在设置权限时，尤其要注意权限在安全对象上的继承关系。对于父安全对象上设置的权限，会被自动继承到子安全对象上。主体和安全对象的层级关系如图 11.9 所示。

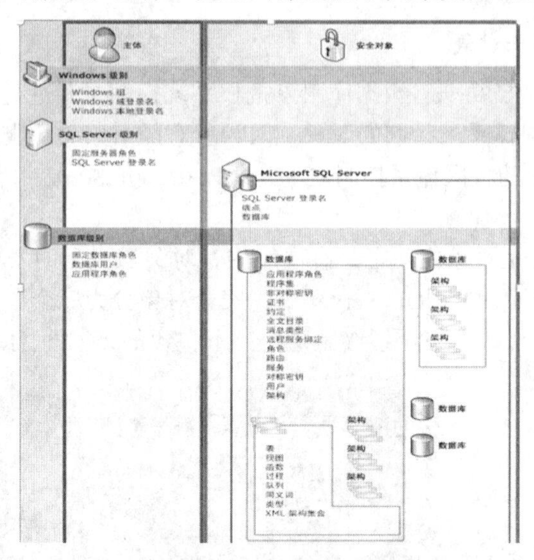

图 11.9　主体和安全对象之间的层级关系

比如，我给予主体 CareySon（登录名）对于安全对象 CareySon-PC（服务器）的 Select（权限），那么 CareySon 这个主体自动拥有 CareySon-PC 服务器下所有的数据库中表和视图等子安全对象的 SELECT 权限，如图 11.10 所示。

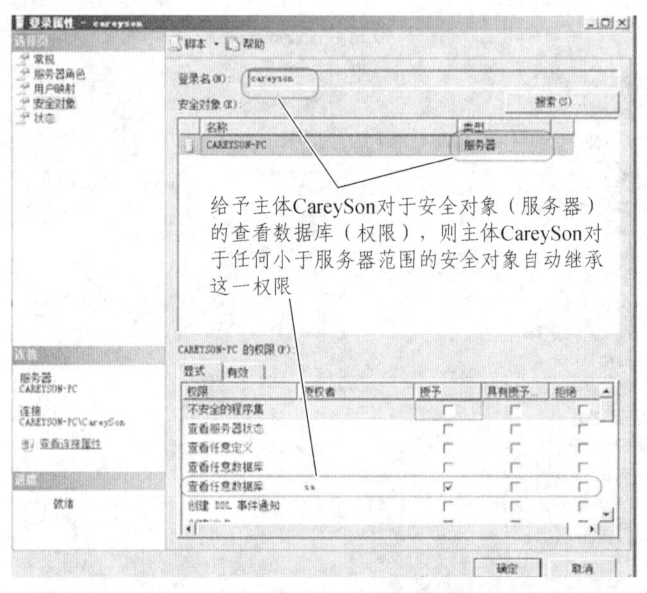

图 11.10　主体对于安全对象的权限在层级上会继承

此时，主体 CareySon 可以看到所有数据库及其子安全对象，如图 11.11 所示。

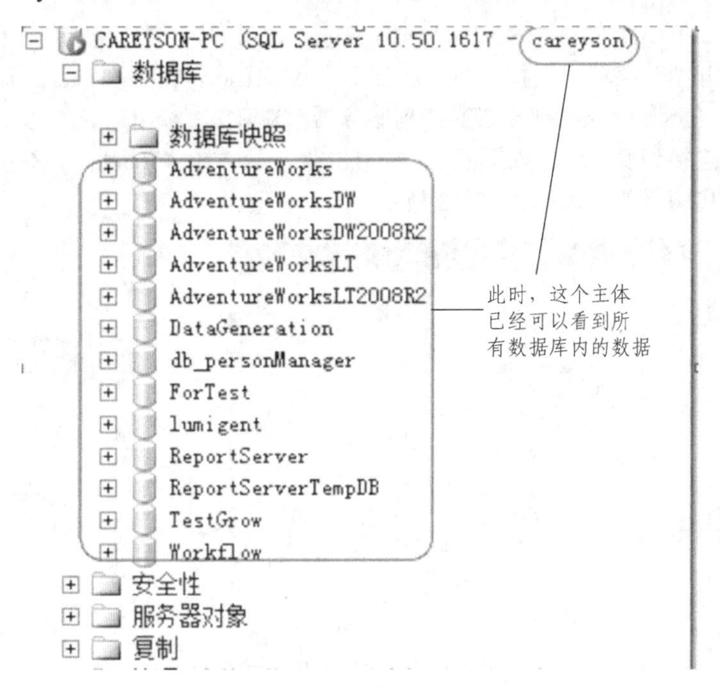

图 11.11　主体对于安全对象的权限在层级上会继承

11.2.3　SQL Server 2012 安全机制的总体策略

（1）远程网络主机通过 Internet 访问 SQL Server 2012 服务器所在的网络，这由网络环境提供某种保护机制。

（2）网络中的主机访问 SQL Server 2012 服务器，首先要求对 SQL Server 进行正确配置，其内容见相关介绍；其次是要求拥有对 SQL Server 2012 实例的访问权——登录名。

（3）访问 SQL Server 2012 数据库，这要求拥有对 SQL Server 2012 数据库的访问权——数据库用户。

（4）访问 SQL Server 2012 数据库中的表和列，这要求拥有对表和列的访问权——权限。

任务 11.3　管理用户

针对 SQL Server 实例访问，SQL Server 2012 支持两种身份验证模式：Windows 身份验证模式和混合身份验证模式。

在 Windows 身份验证模式下，SQL Server 依靠操作系统来认证请求 SQL Server 实例的用户。由于已经通过了 Windows 的认证，因此用户不需要在连接字符串中提供任何认证信息。

在混合身份验证模式下，用户既可以使用 Windows 身份验证模式，也可以使用 SQL Server 身份验证模式来连接 SQL Server。在后一种情况下，SQL Server 根据现有的 SQL Server 登录名来验证用户的凭据。使用 SQL Server 身份验证需要用户在连接字符串中提供连接 SQL Server 的用户名和密码。

1. 设置 SQL Server 服务器身份验证模式

可以通过如下步骤在 SQL Server Management Studio 中设置身份验证模式。

（1）在“开始”菜单中选择“所有程序”|“Microsoft SQL Server 2012”|“SQL Server Management Studio”命令，打开“连接到服务器”对话框，如图 11.12 所示。

（2）在“连接到服务器”对话框中，“身份验证”选择“Windows 身份验证”，单击“连接”按钮，连接到服务器，如图 11.13 所示。

图 11.12 “连接到服务器”对话框

图 11.13 连接到服务器

（3）在“对象资源管理器”中，在 SQL Server 实例名上单击鼠标右键，从弹出的快捷菜单中选择“属性”命令，打开“服务器属性”对话框，如图 11.14 所示。

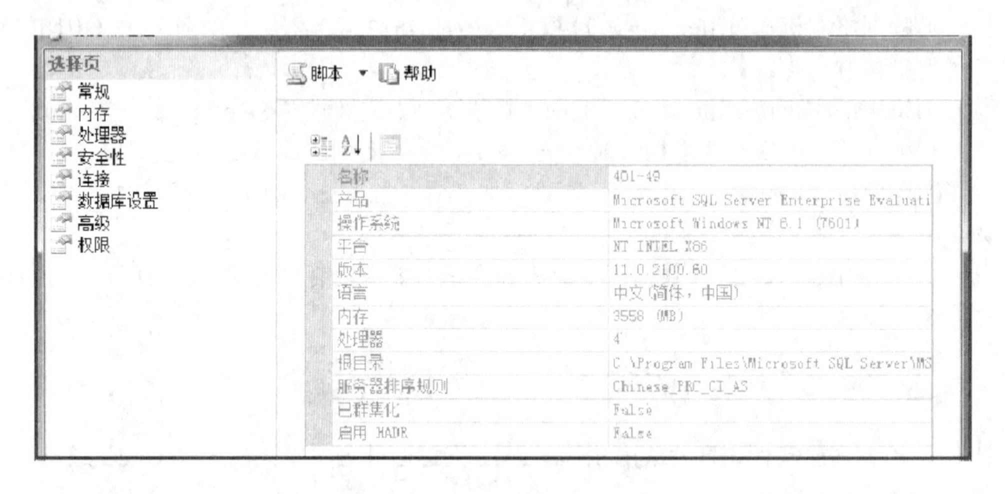

图 11.14 “服务器属性”对话框

（4）在左边的“选择页”列表框中，选择“安全性”选项，打开“安全性”选项页，如图 11.15 所示。

（5）在“服务器身份验证”选项区中设置身份验证模式，更改身份验证模式后，需要重新启动 SQL Server 实例才能使其生效。

图 11.15 “安全性”选项页

2. 授权 Windows 用户及组连接到 SQL Server 实例

为 Windows 用户或者 Windows 组创建登录名，以允许这些用户连接到 SQL Server。默认情况下，只有本地 Windows 系统管理员组的成员和启动 SQL 服务的账户才能访问 SQL Server。

注意，可以删除本地系统管理员组对 SQL Server 的访问权限。

可以通过指令或者通过 SQL Server Management Studio 来创建登录名，以便授权用户对 SQL Server 实例的访问。下面的代码将授权 Windows 域用户 ADMINMAIN\MaryLogin 对 SQL Server 实例的访问：

```
CREATE LOGIN [ADMINMAIN\MaryLogin] FROM WINDOWS;
```

3. 建立和管理用户账户

1）界面方式管理用户账户

（1）建立 Windows 验证模式的登录名。

对于 Windows 操作系统，安装本地 SQL Server 2012 的过程中，允许选择验证模式。例如，安装时选择 Windows 身份验证方式，在此情况下，如果要增加一个 Windows 的新用户 sgq，如何授权该用户，使其能通过信任连接访问 SQL Server 呢？步骤如下（在此以 Win 7 为例）：

① 创建 Windows 的用户。以管理员身份登录到 Windows 7，选择“开始”，打开“控制面板”中的“性能和维护”，选择其中的“管理工具”，双击“计算机管理”，进入“计算机管理”窗口，如图 11.16 所示。

在该窗口中选择“本地用户和组”中的“用户”图标并右击，在弹出的快捷菜单中选择“新用户”菜单项，打开“新用户”窗口，如图 11.17 所示，在该窗口中输入用户名、密码，单击“创建”按钮，然后单击“关闭”按钮，完成新用户的创建。

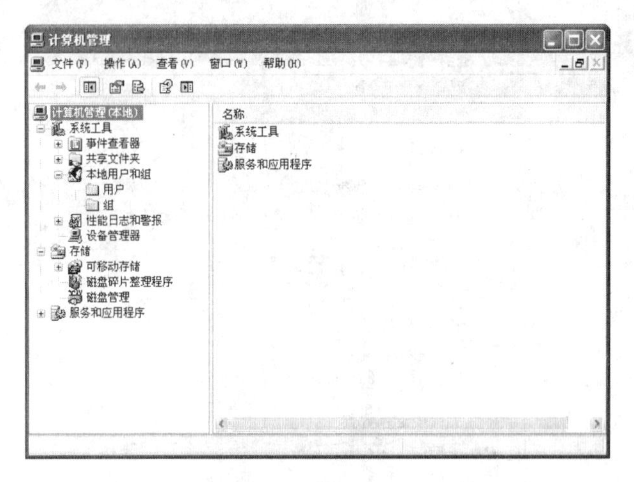

图 11.16　计算机管理

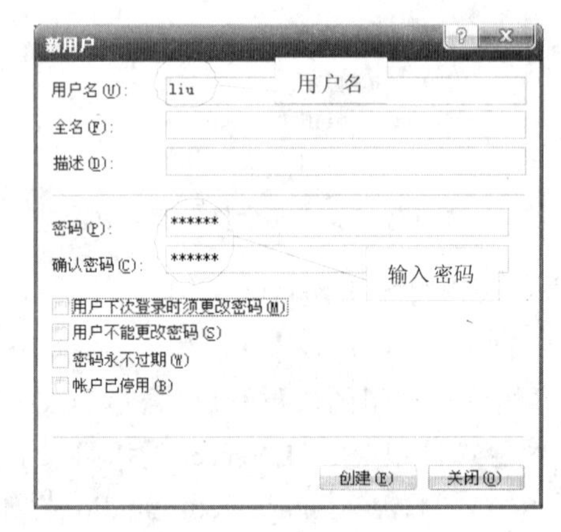

图 11.17　创建新用户的界面

② 将 Windows 账户加入到 SQL Server 中。以管理员身份登录到 SQL Server Management Studio，在“对象资源管理器”中，找到并选择如图 11.18（a）所示的“登录名”项。

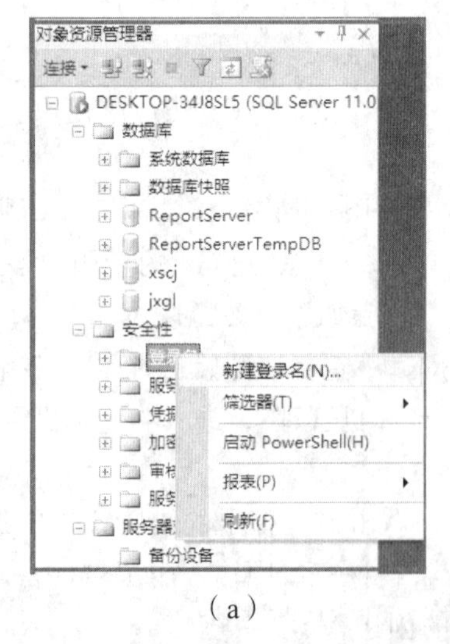

（a）

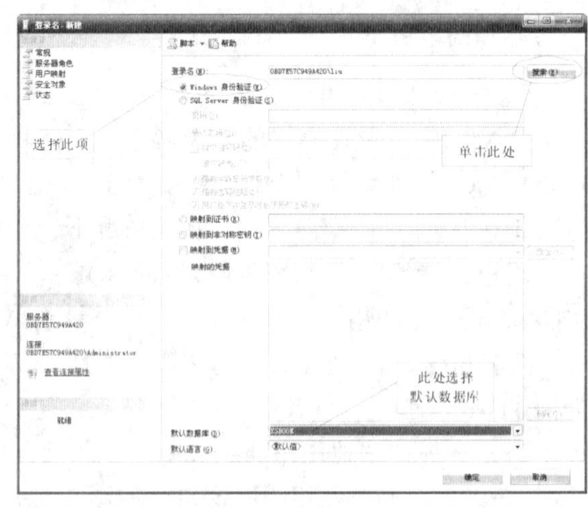

（b）

图 11.18　新建登录名

右击鼠标，在弹出的快捷菜单中选择“新建登录名”，打开“登录名-新建”窗口。如图11.18（b）所示，可以通过单击“常规”选项卡的“搜索”按钮，在“选择用户或组”对话框中选择相应的用户名或用户组添加到 SQL Server 2012 登录用户列表中。例如，本例的用户名为：0BD7E57C949A420\liu（0BD7E57C949A420 为本地计算机名）。

（2）建立 SQL Server 验证模式的登录名。要建立 SQL Server 验证模式的登录名，首先应将验证模式设置为混合模式。如果用户在安装 SQL Server 时验证模式没有设置为混合模式，则先要将验证模式设为混合模式。步骤如下：

① 以系统管理员身份登录 SQL Server Management Studio，在“对象资源管理器”中选择要登录的 SQL Server 服务器图标，右击鼠标，在弹出的快捷菜单中选择“属性”菜单项，打开“服务器属性”窗口。

② 在打开的“服务器属性”窗口中选择“安全性”选项卡。选择服务器身份验证为“SQL Server 和 Windows 身份验证模式”，单击“确定”按钮，保存新的配置，重启 SQL Server 服务即可。

创建 SQL Server 验证模式的登录名也在如图 11.19 所示的界面中进行，输入一个自己定义的登录名，例如 SGQ，选中“SQL Server 身份验证”选项，输入密码，并将“强制密码过期”复选框中的勾去掉，设置完单击“确定”按钮即可。

为了测试创建的登录名能否连接 SQL Server，可以使用新建的登录名 SGQ 来进行测试，具体步骤如下：

在“对象资源管理器”窗口中单击“连接”，在下拉框中选择“数据库引擎”，弹出“连接到服务器”对话框。在该对话框中，“身份验证”选择“SQL Server 身份验证”，“登录名”填写 SGQ，输入密码，单击“连接”按钮，就能连接 SQL Server 了。登录后的“对象资源管理器”界面如图 11.19 所示。

图 11.19　使用 SQL Server 验证方式登录

（3）管理数据库用户。使用 SSMS 创建数据库用户账户的步骤如下（以 XSBOOK 数据库为例）：

以系统管理员身份连接 SQL Server，展开“数据库”/“XSBOOK”/“安全性”，选择“用户”，右击鼠标，选择“新建用户”菜单项，进入“数据库用户-新建”窗口。在“用户名”框中填写一个数据库用户名，“登录名”框中填写一个能够登录 SQL Server 的登录名，如 david。需要注意的是，一个登录名在本数据库中只能创建一个数据库用户。选择默认架构为 dbo，如图 11.20 所示，单击“确定”按钮完成创建。

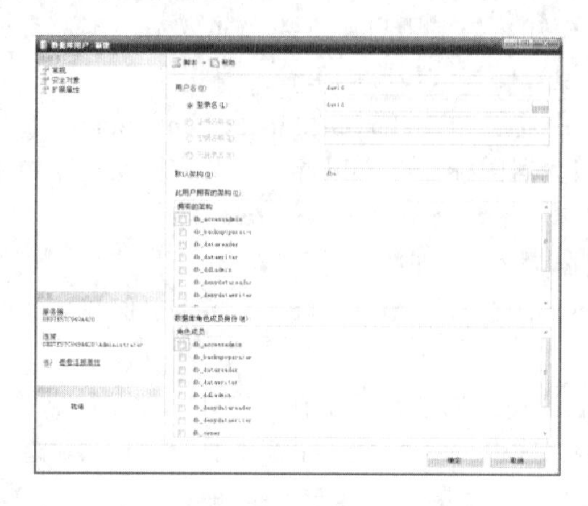

图 11.20　新建数据库用户账户

2）命令方式管理用户账户

（1）创建登录名。在 SQL Server 2012 中，创建登录名可以使用 CREATE LOGIN 命令。语法格式：

```
CREATE LOGIN login_name
{    WITH PASSWORD = 'password' [ HASHED ] [ MUST_CHANGE ]
     [ ，<option_list> [ ，... ] ]        /*WITH 子句用于创建 SQL Server 登录名*/
| FROM                          /*FROM 子句用户创建其他登录名*/
  {
     WINDOWS [ WITH<windows_options> [ ，... ] ]
| CERTIFICATE certname
| ASYMMETRIC KEY asym_key_name
  }
}
```

① 创建 Windows 验证模式登录名。创建 Windows 登录名使用 FROM 子句，在 FROM 子句的语法格式中，WINDOWS 关键字指定将登录名映射到 Windows 登录名，其中，<windows_options>为创建 Windows 登录名的选项，DEFAULT_DATABASE 指定默认数据库，DEFAULT_LANGUAGE 指定默认语言。

【例 11-1】使用命令方式创建 Windows 登录名 tao（假设 Windows 用户 tao 已经创建，本地计算机名为 0BD7E57C949A420），默认数据库设为 XSBOOK。

```
USE master
GO
CREATE LOGIN [0BD7E57C949A420\tao]
FROM WINDOWS
```

```
    WITH DEFAULT_DATABASE= XSBOOK
```

当命令执行成功后，在“登录名”/“安全性”列表上就可以查看到该登录名了。

② 创建 SQL Server 验证模式登录名。创建 SQL Server 登录名使用 WITH 子句，其中：

● PASSWORD：用于指定正在创建的登录名的密码，password 为密码字符串。HASHED 选项指定在 PASSWORD 参数后输入的密码已经过哈希运算，如果未选择此选项，则在将作为密码输入的字符串存储到数据库之前，对其进行哈希运算。如果指定 MUST_CHANGE 选项，则 SQL Server 会在首次使用新登录名时提示用户输入新密码。

● <option_list>：用于指定在创建 SQL Server 登录名时的一些选项。

【例 11-2】创建 SQL Server 登录名 sql_tao，密码为 123456，默认数据库设为 XSBOOK。

```
CREATE LOGIN sql_tao
WITH PASSWORD='123456',
    DEFAULT_DATABASE=XSBOOK
```

（2）删除登录名。删除登录名使用 DROP LOGIN 命令。语法格式：

```
DROP LOGIN login_name
```

【例 11-3】删除 Windows 登录名 tao。

```
DROP LOGIN [0BD7E57C949A420\tao]
```

【例 11-4】删除 SQL Server 登录名 sql_tao。

```
DROP LOGIN sql_tao
```

（3）创建数据库用户。创建数据库用户使用 CREATE USER 命令。语法格式：

```
CREATE USER user_name
[{ FOR | FROM }
        {
            LOGIN login_name
          | CERTIFICATE cert_name
          | ASYMMETRIC KEY asym_key_name
        }
        | WITHOUT LOGIN
]
   [ WITH DEFAULT_SCHEMA = schema_name ]
```

说明：

① user_name 指定数据库用户名。FOR 或 FROM 子句用于指定相关联的登录名。

② LOGIN login_name 指定要创建数据库用户的 SQL Server 登录名。login_name 必须是服务器中有效的登录名。当此登录名进入数据库时，它将获取正在创建的数据库用户的名称和 ID。

③ WITHOUT LOGIN 指定不将用户映射到现有登录名。

④ WITH DEFAULT_SCHEMA 指定服务器为此数据库用户解析对象名称时将搜索的第一个架构，默认为 dbo。

【例 11-5】使用 SQL Server 登录名 sql_tao（假设已经创建）在 XSBOOK 数据库中创建数据库用户 tao，默认架构名使用 dbo。

```
USE XSBOOK
```

```
GO
CREATE USER tao
FOR LOGIN sql_tao
WITH DEFAULT_SCHEMA=dbo
```

（4）删除数据库用户。删除数据库用户使用 DROP USER 语句。语法格式：

```
DROP USER user_name
```

user_name 为要删除的数据库用户名，在删除之前要使用 USE 语句指定数据库。

【例 11-6】删除 XSBOOK 数据库的数据库用户 tao。

```
USE XSBOOK
GO
DROP USER tao
```

任务 11.4　服务器角色与数据库角色

11.4.1　固定服务器角色

服务器角色独立于各个数据库。如果在 SQL Server 中创建一个登录名后，要赋予该登录者具有管理服务器的权限，此时可设置该登录名为服务器角色的成员。SQL Server 提供了以下固定服务器角色：

（1）sysadmin：系统管理员。角色成员可对 SQL Server 服务器进行所有的管理工作，为最高管理角色。这个角色一般适合于数据库管理员（DBA）。

（2）securityadmin：安全管理员。角色成员可以管理登录名及其属性。可以授予、拒绝、撤销服务器级和数据库级的权限。另外，可以重置 SQL Server 登录名的密码。

（3）serveradmin：服务器管理员。角色成员具有对服务器进行设置及关闭服务器的权限。

（4）setupadmin：设置管理员。角色成员可以添加和删除连接服务器，并执行某些系统存储过程。

（5）processadmin：进程管理员。角色成员可以终止 SQL Server 实例中运行的进程。

（6）diskadmin：用于管理磁盘文件。

（7）dbcreator：数据库创建者。角色成员可以创建、更改、删除或还原任何数据库。

（8）bulkadmin：可执行 BULK INSERT 语句，但是这些成员对要插入数据的表必须有 INSERT 权限。BULK INSERT 语句的功能是以用户指定的格式复制一个数据文件至数据库表或视图。

（9）public：其角色成员可以查看任何数据库。

用户只能将一个用户登录名添加为上述某个固定服务器角色的成员，不能自行定义服务器角色。例如，对于前面已建立的登录名“0BD7E57C949A420\liu”，如果要给其赋予系统管理员权限，可通过“对象资源管理器”或“系统存储过程”将该登录名加入 sysadmin 角色。

1. 通过“对象资源管理器”添加服务器角色成员

（1）以系统管理员身份登录到 SQL Server 服务器，在“对象资源管理器”中展开“安全性”/“登录名”/选择登录名，例如“0BD7E57C949A420\liu”，双击或右击选择“属性”菜单项，打开“登录属性”窗口。

（2）在打开的“登录属性”窗口中选择“服务器角色”选项卡，如图 11.21 所示，在“登录属性”窗口右边列出了所有的固定服务器角色，用户可以根据需要，在服务器角色前的复选框中打勾来为登录名添加相应的服务器角色，此处默认已经选择了“public”服务器角色，单击“确定”按钮完成添加。

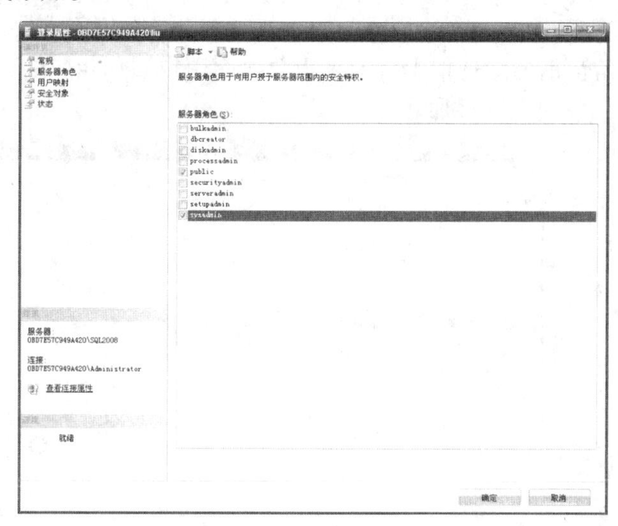

图 11.21　SQL Server 服务器角色设置窗口

2. 利用系统存储过程添加固定服务器角色成员

利用系统存储过程 sp_addsrvrolemember 可将一登录名添加到某一固定服务器角色中，使其成为固定服务器角色的成员。语法格式：

sp_addsrvrolemember [@loginame =] 'login'， [@rolename =] 'role'

说明：login 指定添加到固定服务器角色 role 的登录名，login 可以是 SQL Server 登录名或 Windows 登录名；对于 Windows 登录名，如果还没有授予 SQL Server 访问权限，将自动对其授予访问权限。固定服务器角色名 role 必须为 sysadmin、securityadmin、serveradmin、setupadmin、processadmin、diskadmin、dbcreator、bulkadmin 和 public 之一。

【例 11-7】将 Windows 登录名 0BD7E57C949A420\liu 添加到 sysadmin 固定服务器角色中。

EXEC sp_addsrvrolemember '0BD7E57C949A420\liu'， 'sysadmin'

3. 利用系统存储过程删除固定服务器角色成员

利用 sp_dropsrvrolemember 系统存储过程可从固定服务器角色中删除 SQL Server 登录名或 Windows 登录名。语法格式：

sp_dropsrvrolemember [@loginame =] 'login' ， [@rolename =] 'role'

说明：'login'为将要从固定服务器角色删除的登录名。'role'为服务器角色名，默认值为 NULL，必须是有效的固定服务器角色名。

【例 11-8】从 sysadmin 固定服务器角色中删除 SQL Server 登录名 david。

EXEC sp_dropsrvrolemember 'david'，'sysadmin'

11.4.2 固定数据库角色

1. 使用“对象资源管理器”添加固定数据库角色成员

（1）以系统管理员身份登录到 SQL Server 服务器，在“对象资源管理器”中展开“数据库”/“XSBOOK”/“安全性”/“用户”，选择一个数据库用户，例如“david”，双击或单击右键选择“属性”菜单项，打开“数据库用户”窗口。

（2）在打开的窗口中，在“常规”选项卡中的“数据库角色成员身份”栏，用户可以根据需要，在数据库角色前的复选框中打勾来为数据库用户添加相应的数据库角色，如图 11.22 所示，单击“确定”按钮完成添加。

图 11.22 添加固定数据库角色成员

（3）查看固定数据库角色的成员。在“对象资源管理器”窗口中，在 XSBOOK 数据库下的“安全性”/“角色”/“数据库角色”目录下，选择数据库角色，如 db_owner，右击选择“属性”菜单项，在属性窗口中的“角色成员”栏下可以看到该数据库角色的成员列表，如图 11.23 所示。

图 11.23 数据库角色成员列表

2. 使用系统存储过程添加固定数据库角色成员

利用系统存储过程 sp_addrolemember 可以将一个数据库用户添加到某一固定数据库角色中，使其成为该固定数据库角色的成员。语法格式：

```
sp_addrolemember [ @rolename = ] 'role', [ @membername = ] 'security_account'
```

其中'role'为当前数据库中的数据库角色的名称。'security_account'为添加到该角色的安全账户，可以是数据库用户或当前数据库角色。

说明：

（1）当使用 sp_addrolemember 将用户添加到角色时，新成员将继承所有应用到角色的权限。

（2）不能将固定数据库或固定服务器角色或者 dbo 添加到其他角色。例如，不能将 db_owner 固定数据库角色添加成为用户定义的数据库角色的成员。

（3）在用户定义的事务中不能使用 sp_addrolemember。

（4）只有 sysadmin 固定服务器角色和 db_owner 固定数据库角色中的成员可以执行 sp_addrolemember，以将成员添加到数据库角色。

（5）db_securityadmin 固定数据库角色的成员可以将用户添加到任何用户定义的角色。

【例 11-9】将 XSBOOK 数据库上的数据库用户 david 添加为固定数据库角色 db_owner 的成员。

```
USE XSBOOK
GO
EXEC sp_addrolemember 'db_owner', 'david'
```

3. 使用系统存储过程删除固定数据库角色成员

利用系统存储过程 sp_droprolemember 可以将某一成员从固定数据库角色中去除。语法格式：

```
sp_droprolemember [ @rolename = ] 'role', [ @membername = ] 'security_account'
```

说明：删除某一角色的成员后，该成员将失去作为该角色的成员身份所拥有的任何权限；不能删除 public 角色的用户，也不能从任何角色中删除 dbo。

【例 11-10】将数据库用户 david 从 db_owner 中去除。

```
EXEC sp_droprolemember 'db_owner', 'david'
```

11.4.3 用户自定义数据库角色

1. 通过“对象资源管理器”创建数据库角色

（1）创建数据库角色。以 Windows 系统管理员身份连接 SQL Server，在“对象资源管理器”中展开“数据库”，选择要创建角色的数据库 XSBOOK，单击“安全性”/“角色”，右击鼠标，在弹出的快捷菜单中选择“新建”菜单项，在弹出的子菜单中选择“新建数据库角色”菜单项，如图 11.24 所示，进入“数据库角色-新建”窗口。

（2）将数据库用户加入数据库角色。当数据库用户成为某一数据库角色的成员之后，该数据库用户就获得该数据库角色所拥有的对数据库操作的权限。

将用户加入自定义数据库角色的方法与前面讲的将用户加入固定数据库角色的方法类似，这里不再重复。如图 11.25 所示，将 XSBOOK 数据库的用户 david 加入角色 ROLE。

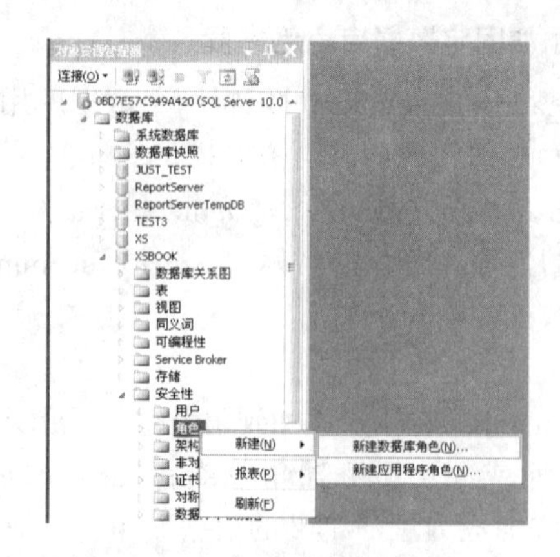

图 11.24　新建数据库角色

图 11.25　添加到数据库角色

2. **通过 SQL 命令创建数据库角色**

（1）定义数据库角色。创建用户自定义数据库角色可以使用 CREATE ROLE 语句。语法格式：

```
CREATE ROLE role_name [ AUTHORIZATION owner_name ]
```

【例 11-11】如下示例是在当前数据库中创建名为 ROLE2 的新角色，并指定 dbo 为该角色的所有者。

```
USE XSBOOK
GO
CREATE ROLE ROLE2
AUTHORIZATION dbo
```

（2）给数据库角色添加成员。向用户定义数据库角色添加成员也使用存储过程 sp_addrolemember，用法与之前介绍的基本相同。

【例 11-12】使用 Windows 身份验证模式的登录名（如 0BD7E57C949A420\liu）创建 XSBOOK 数据库的用户（如 0BD7E57C949A420\liu），并将该数据库用户添加到数据库角色 ROLE 中。

```
USE XSBOOK
GO
CREATE USER   [0BD7E57C949A420\liu]
FROM LOGIN [0BD7E57C949A420\liu]
GO
EXEC sp_addrolemember 'ROLE'，  '0BD7E57C949A420\liu'
```

【例 11-13】将 SQL Server 登录名创建的 XSBOOK 的数据库用户 wang（假设已经创建）添加到数据库角色 ROLE 中。

```
EXEC sp_addrolemember 'ROLE'，'wang'
```

【例 11-14】将数据库角色 ROLE2 添加到 ROLE 中。

```
EXEC sp_addrolemember 'ROLE'，'ROLE2'
```

3. 通过 SQL 命令删除数据库角色

要删除数据库角色可以使用 DROP ROLE 语句。语法格式：

```
DROP ROLE role_name
```

说明：

（1）无法从数据库删除拥有安全对象的角色。若要删除拥有安全对象的数据库角色，必须首先转移这些安全对象的所有权，或从数据库删除它们。

（2）无法从数据库删除拥有成员的角色。若要删除拥有成员的数据库角色，必须首先删除角色的所有成员。

（3）不能使用 DROP ROLE 删除固定数据库角色。

【例 11-15】删除数据库角色 ROLE2。

在删除 ROLE2 之前首先需要将 ROLE2 中的成员删除，可以使用界面方式，也可以使用命令方式。若使用界面方式，只需在 ROLE2 的属性页中操作即可。命令方式在删除固定数据库成员时已经介绍，请参见前面内容。确认 ROLE2 可以删除后，使用以下命令删除 ROLE2：

```
DROP ROLE ROLE2
```

任务 11.5　数据库权限的管理

11.5.1　授予权限

权限的授予可以使用命令方式或界面方式完成。

1. 使用命令方式授予权限

利用 GRANT 语句可以给数据库用户或数据库角色授予数据库级别或对象级别的权限。语法格式：

```
GRANT { ALL [ PRIVILEGES ] } | permission [（column [，...n ]）] [，...n ]
[ ON securable ] TO principal [，...n ]
[ WITH GRANT OPTION ] [ AS principal ]
```

【例 11-16】给 XSBOOK 数据库上的用户 david 和 wang 授予创建表的权限。

以系统管理员身份登录 SQL Server，新建一个查询，输入以下语句：

```
USE XSBOOK
GO
GRANT CREATE TABLE
TO david，wang
GO
```

【例 11-17】首先在当前数据库 XSBOOK 中给 public 角色授予对 XS 表的 SELECT 权限。然后，将特定的权限授予用户 liu、zhang 和 dong，使这些用户对 XS 表有所有操作权限。

```
GRANT SELECT ON XS TO public
GO
GRANT INSERT，UPDATE，DELETE
ON XS TO liu，zhang，dong
GO
```

【例 11-18】将 CREATE TABLE 权限授予数据库角色 ROLE 的所有成员。

```
GRANT CREATE TABLE
TO ROLE
```

【例 11-19】以系统管理员身份登录 SQL Server，将表 XS 的 SELECT 权限授予 ROLE2 角色（指定 WITH GRANT OPTION 子句）。用户 li 是 ROLE2 的成员（创建过程略），在 li 用户上将表 XS 上的 SELECT 权限授予用户 huang（创建过程略），huang 不是 ROLE2 的成员。

首先在以 Windows 系统管理员身份连接 SQL Server，授予角色 ROLE2 在 XS 表上的 SELECT 权限：

```
USE XSBOOK
GO
GRANT SELECT
ON XS
TO ROLE2
WITH GRANT OPTION
```

在“SQL Server Management Studio”窗口上单击“新建查询”按钮旁边的数据库引擎查询按钮“ ”，在弹出的连接窗口中以 li 用户的登录名登录，如图 11.26 所示。单击“连接”按钮连接到 SQL Server 服务器，出现“查询分析器”窗口。

在“查询分析器”窗口中使用如下语句将用户 li 的在 XS 表上的 SELECT 权限授予 huang：

```
USE XSBOOK
GO
GRANT SELECT
ON XS TO huang
AS ROLE2
```

【例 11-20】在当前数据库 XSBOOK 中给 public 角色赋予对表 XS 的借书证号、姓名字段进行 SELECT 权限。

```
GRANT SELECT
（借书证号，姓名）ON XS
```

TO public
GO

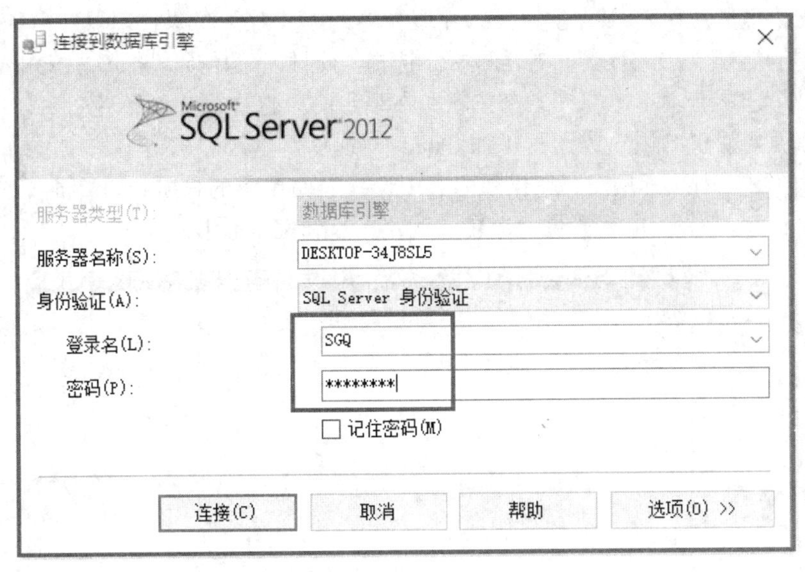

图 11.26 以 SGQ 用户身份登录

2. **使用界面方式授予语句权限**

（1）授予数据库上的权限。以给数据库用户 david 授予 XSBOOK 数据库的 CREATE TABLE 语句的权限（即创建表的权限）为例，在 SQL Server Management Studio 中授予用户权限的步骤如下：

以系统管理员身份登录到 SQL Server 服务器，在“对象资源管理器”中展开“数据库”，单击“XSBOOK”，右击鼠标，选择“属性”菜单项，进入 XSBOOK 数据库的属性窗口，选择“权限”页。

在用户或角色栏中选择需要授予权限的用户或角色，在窗口下方列出的权限列表中找到相应的权限（如“创建表”），在复选框中打勾，如图 11.27 所示。单击“确定”按钮即可完成。

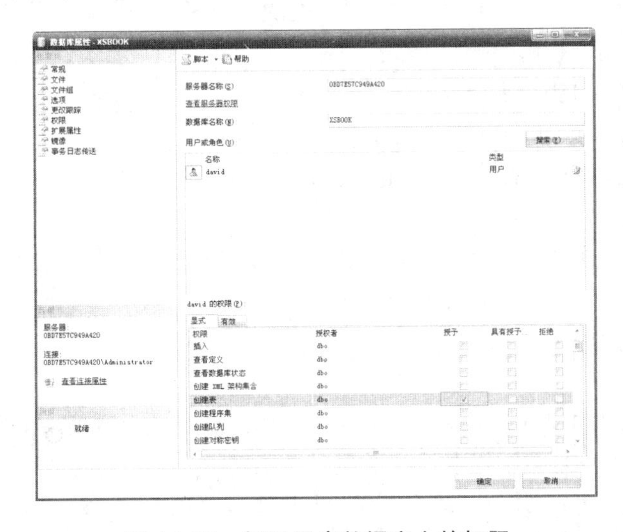

图 11.27 授予用户数据库上的权限

（2）授予数据库对象上的权限。以给数据库用户 david 授予 BOOK 表上的 SELECT、INSERT 的权限为例，步骤如下：

以系统管理员身份登录到 SQL Server 服务器，在“对象资源管理器”中展开“数据库”/“XSBOOK”/“表”/“BOOK”，右击鼠标，选择“属性”菜单项，进入 BOOK 表的属性窗口，选择“权限”选项卡。单击“搜索”按钮，在弹出的“选择用户或角色”窗口中单击“浏览”按钮，选择需要授权的用户或角色（如 david），选择后单击“确定”按钮回到 BOOK 表的属性窗口。在该窗口中选择用户，在权限列表中选择需要授予的权限，如“插入（INSERT）”“选择（SELECT）”，如图 11.28 所示，单击“确定”按钮完成授权。

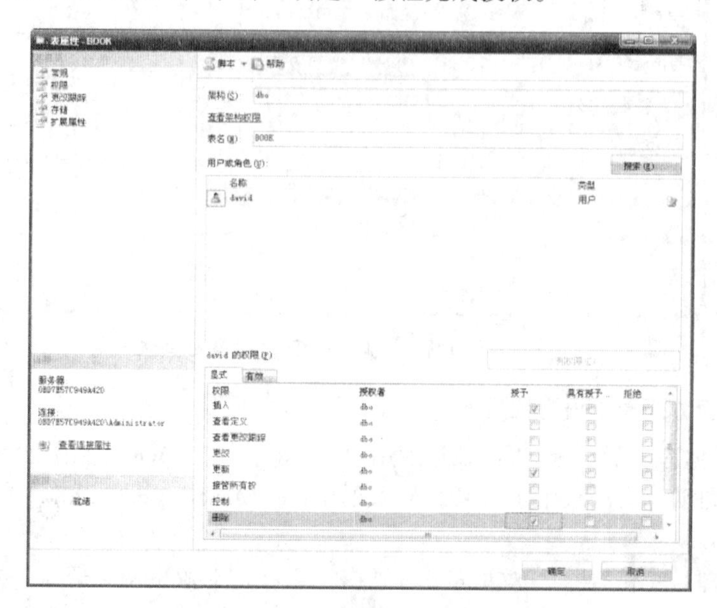

图 11.28　授予用户数据库对象上的权限

11.5.2　拒绝权限

使用 DENY 命令可以拒绝给当前数据库内的用户授予的权限，并防止数据库用户通过其组或角色成员资格继承权限。语法格式：

```
DENY { ALL [ PRIVILEGES ] }
        | permission [（column [，...n ]）] [，...n ]
[ ON securable ] TO principal [，...n ]
[ CASCADE] [ AS principal ]
```

【例 11-21】对多个用户不允许使用 CREATE VIEW 和 CREATE TABLE 语句。

```
DENY CREATE VIEW， CREATE TABLE
TO li，huang
GO
```

【例 11-22】拒绝用户 li、huang、[0BD7E57C949A420\liu]对表 XS 的一些权限，这样，这些用户就没有对 XS 表的操作权限了。

```
USE XSBOOK
GO
```

```
DENY SELECT，INSERT，UPDATE，DELETE
ON XS TO li，huang，[0BD7E57C949A420\liu]
GO
```

【例 11-23】对所有 ROLE2 角色成员拒绝 CREATE TABLE 权限。

```
DENY CREATE TABLE
TO ROLE2
```

11.5.3 撤销权限

利用 REVOKE 命令可撤销以前给当前数据库用户授予或拒绝的权限。语法格式：

```
REVOKE [ GRANT OPTION FOR ]
{ [ ALL [ PRIVILEGES ] ]
        | permission [（column [，...n ]）] [，...n ]
    }
[ ON securable ]
{ TO | FROM } principal [，...n ]
[ CASCADE] [ AS principal ]
```

【例 11-24】取消已授予用户 wang 的 CREATE TABLE 权限。

```
REVOKE CREATE TABLE
FROM wang
```

【例 11-25】取消授予多个用户的多个语句权限。

```
REVOKE CREATE TABLE，CREATE VIEW
FROM wang，li
GO
```

【例 11-26】取消对 wang 授予或拒绝的在 XS 表上的 SELECT 权限。

```
REVOKE SELECT
ON XS
FROM wang
```

【例 11-27】角色 ROLE2 在 XS 表上拥有 SELECT 权限，用户 li 是 ROLE2 的成员，li 使用 WITH GRANT OPTION 子句将 SELECT 权限转移给了用户 huang，用户 huang 不是 ROLE2 的成员。现要以用户 li 的身份撤销用户 huang 的 SELECT 权限。

以用户“li”的身份登录 SQL Server 服务器，新建一个查询，使用如下语句撤销 huang 的 SELECT 权限：

```
USE XSBOOK
GO
REVOKE SELECT
ON XS
TO huang
AS ROLE2
```

任务 11.6　数据库架构的定义和使用

11.6.1　使用界面方式创建架构

以在 XSBOOK 数据库中创建架构为例，具体步骤如下：

（1）以系统管理员身份登录 SQL Server，在“对象资源管理器”中展开“数据库”/“XSBOOK”/“安全性”，选择“架构”，右击鼠标，在弹出的快捷菜单中选择“新建架构”菜单项。

（2）在打开的“架构-新建”窗口中选择“常规”选项卡，在窗口的右边“架构名称”下面的文本框中输入架构名称（如 test），单击“搜索”按钮，在打开的“搜索角色和用户”对话框中单击“浏览”按钮，如图 11.29 所示，在打开的“查找对象”对话框中，在用户“david”前面的复选框打勾，单击“确定”按钮，返回“搜索角色和用户”对话框。单击“确定”按钮，返回“架构-新建”窗口。

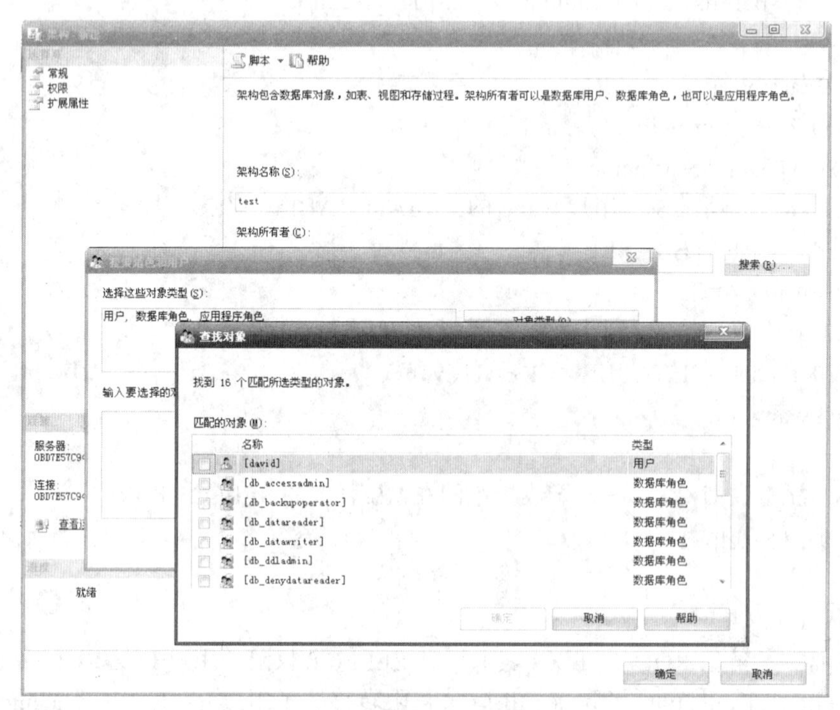

图 11.29　新建架构

创建完后在“数据库”/“XSBOOK”/“安全性”/“架构”中，可以找到创建后的新架构，打开该架构的属性窗口可以更改架构的所有者。

（3）架构创建完后，可以新建一个测试表来测试如何访问架构中的对象。在 XSBOOK 数据库中新建一个名为 table_1 的表，表的结构如图 11.30 所示。

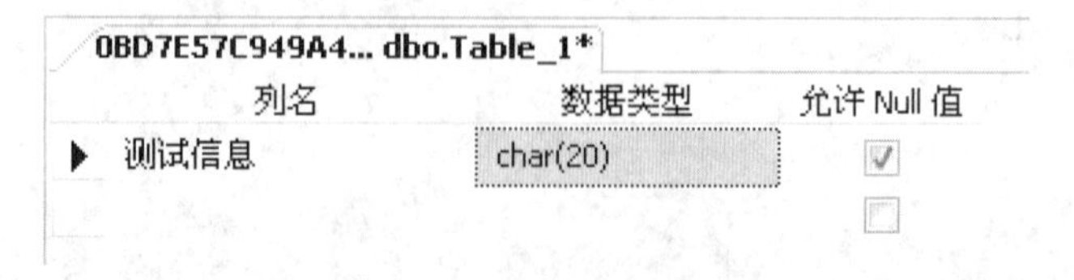

图 11.30　新建一个测试表

在创建表时，表的默认架构为 dbo，要将其架构修改为 test。在进行表结构设计时，表设计窗口右边有一个表 table_1 的属性窗口，在创建表时，应在表的属性窗口中将该表的架构设置成 test，如图 11.31 所示。如果没有找到属性窗口，单击“视图”菜单栏，选择“属性窗口”子菜单就能显示出属性窗口。

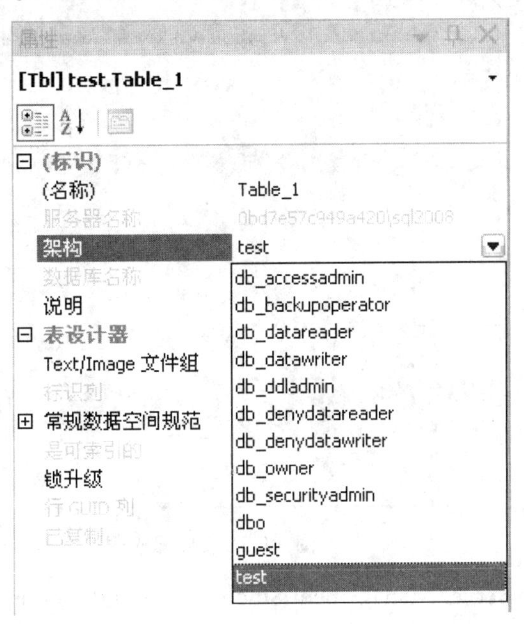

图 11.31　属性窗口

设置完成后保存该表，保存后的表可以在“对象资源管理器”中找到，此时表名就已经变成 test. table_1，如图 11.32 所示。

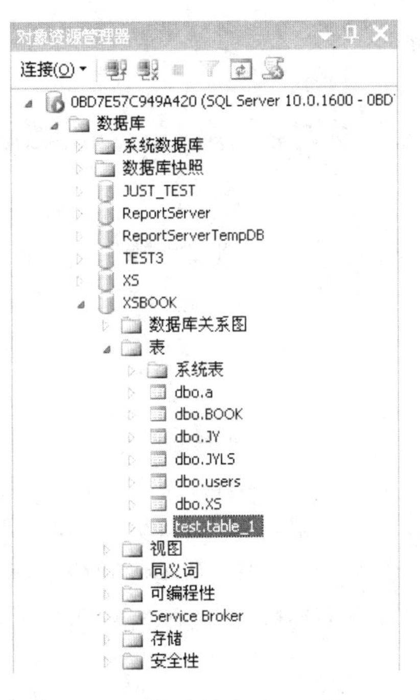

图 11.32　新建的表 test.table_1

（4）在“对象资源管理器”中展开数据库“XSBOOK”/“安全性”/“架构”，选择新创建的架构 test，右击鼠标，在弹出的快捷菜单中选择“属性”菜单项，打开“架构属性”窗口，在该架构属性的“权限”选项卡中，单击“搜索”按钮，选择用户 owner（创建过程略），为用户 owner 分配权限，如“选择（SELECT）”权限，如图 11.33 所示。

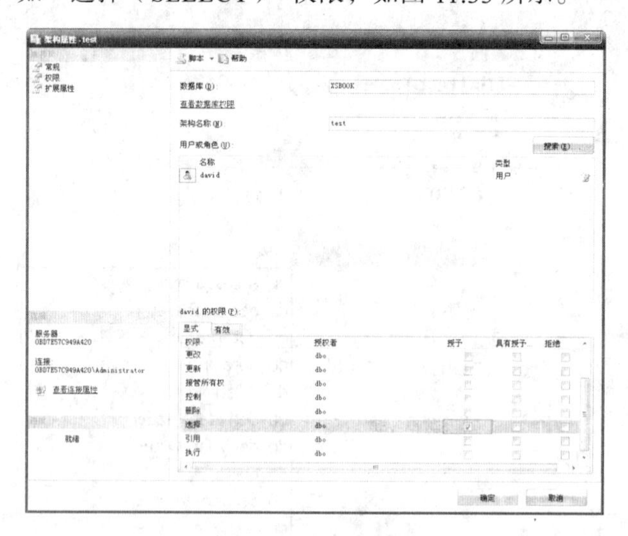

图 11.33　分配权限

（5）重新启动 SQL Server Management Studio，使用 SQL Server 身份验证方式以用户 david 的登录名连接 SQL Server。在连接成功后，创建一个新的查询，在“查询分析器”窗口中输入查询表 test. table_1 中数据的 T-SQL 语句：

```
USE XSBOOK
GO
SELECT * FROM test.table_1
```

执行结果如图 11.34 所示。

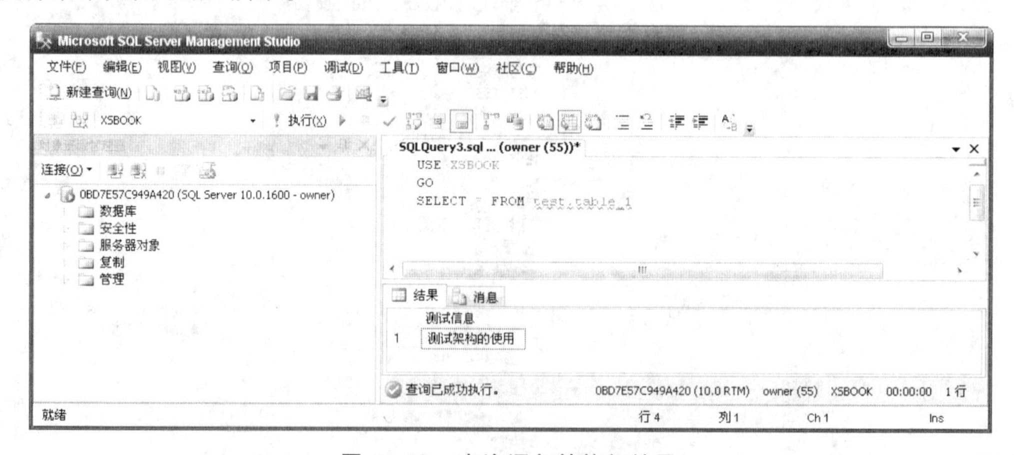

图 11.34　查询语句的执行结果

再新建一个 SQL 查询，在查询编辑器中输入删除表 test. table_1 的 T-SQL 语句：

```
DELETE FROM test.table_1
```

执行结果如图 11.35 所示。

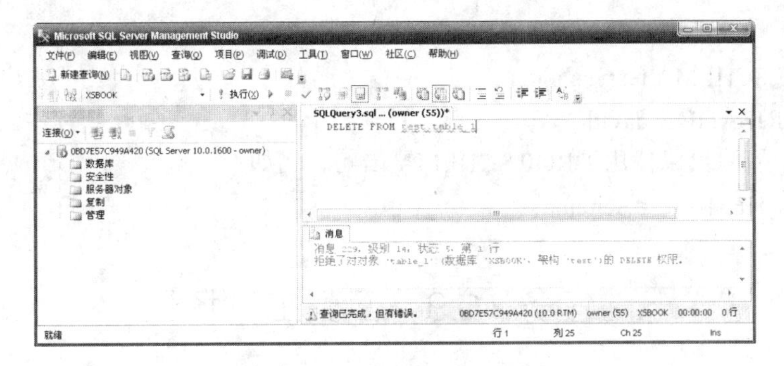

图 11.35　删除语句的执行结果

11.6.2　使用命令方式创建架构

可以使用 CREATE SCHEMA 语句创建数据库架构。语法格式：

```
CREATE SCHEMA <schema_name_clause>[ <schema_element> [，...n ] ]
其中：
<schema_name_clause> : : =
    {
   schema_name
  | AUTHORIZATION owner_name
  | schema_name AUTHORIZATION owner_name
    }
<schema_element>: : =
    {
        table_definition | view_definition | grant_statement
        revoke_statement | deny_statement
    }
```

说明：

（1）schema_name：在数据库内标识架构的名称，架构名称在数据库中要唯一。

（2）AUTHORIZATION owner_name：指定将拥有架构的数据库级主体（如用户、角色等）的名称。此主体还可以拥有其他架构，并且可以不使用当前架构作为其默认架构。

（3）table_definition：指定在架构内创建表的 CREATE TABLE 语句。执行此语句的主体必须对当前数据库具有 CREATE TABLE 权限。

（4）view_definition：指定在架构内创建视图的 CREATE VIEW 语句。执行此语句的主体必须对当前数据库具有 CREATE VIEW 权限。

（5）grant_statement：指定可对除新架构外的任何安全对象授予权限的 GRANT 语句。

（6）revoke_statement：指定可对除新架构外的任何安全对象撤销权限的 REVOKE 语句。

（7）deny_statement：指定可对除新架构外的任何安全对象拒绝授予权限的 DENY 语句。

【例 11-28】创建架构 test_schema，其所有者为用户 david。

以系统管理员身份登录 SQL Server，新建一个查询，输入以下语句：

USE XSBOOK

```
GO
CREATE SCHEMA test_schema
AUTHORIZATION david
```

另外，要删除可以使用 DROP SCHEMA 语句，例如：

```
DROP SCHEMA test_schema
```

任务 11.9　回到工作场景

在 XSCJ 数据库中创建用户账号和角色，并授予操作权限，具体步骤如下：

（1）在 SQL Server Management Studio 中创建登录名 LOGin1，密码为 123。

（2）将 dbcreator 角色的权限分配给 LOGin1。

（3）为 XSCJ 数据库创建一个用户账号 Db1，密码为 123。

（4）为用户账号 Db1 设置一些权限。

（5）为 XSCJ 数据库创建一个数据库角色 R1。

（6）删除登录名 LOGin1。

（7）删除用户账号 Db1。

任务 11.10　案例训练营

1. 训练要求

给出一种安全管理的方案。

2. 实现方案

① 以系统管理员身份登录到 SQL Server；

② 给每个学生创建一个登录名；

③ 将每个学生的登录名定义为数据库 XSBOOK 的数据库用户；

④ 在数据库 XSBOOK 下创建一个数据库角色 role，并给该数据库角色授予执行 CREATE DATABASE 语句的权限；

⑤ 将每个学生对应的数据库用户定义为数据库角色 role 的成员。

模块 12　数据的备份与恢复

本章学习目标

数据库数据的导入和导出；备份前的准备工作和备份特点；执行备份操作；备份方法和备份策略；还原前的准备工作和还原特点；执行还原操作。

任务 12.1　工作场景导入

学校要更换服务器，希望将学生成绩数据库从原服务器转移到新服务器上，这时信息管理员要把数据库进行备份，转移到新服务器上，然后进行数据库还原操作。具体要求如下：

将学生成绩数据库进行完整数据库备份。将 XSCJ 数据库备份进行还原。

引导问题：

（1）什么是数据库的备份和还原？

（2）数据库备份的类型是什么？

（3）如何进行数据库备份？

（4）如何进行数据库还原？

任务 12.2　备份与恢复

备份是指数据库管理员定期或不定期地将数据库部分或全部内容复制到磁带或磁盘上保存的过程。当遇到介质故障、用户错误（例如，误删除了某个表）、硬件故障（例如，磁盘驱动器损坏或服务器报废）、自然灾难等造成灾难性数据丢失时，可利用备份进行数据库的恢复。数据库的备份与恢复是数据库文件管理中最常见的操作，是最简单的数据恢复方式。备份数据库，这是可靠地保护您的 SQL Server 数据的唯一方法。

12.2.1　备份类型

Microsoft SQL Server 2012 系统提供了 4 种基本的备份方法来满足企业和数据库活动的各种需要。这 4 种备份方法是：完全数据库备份、增量数据库备份、事务日志备份和数据库文件或文件组备份。这些备份方法的不同组合会产生不同的备份策略。

说明：在 Microsoft SQL Server 2012 系统中，引入了备份压缩功能。备份压缩是指对备份的数据进行压缩之后进行备份，这样可以减少备份设备所需的 I/O 操作，大大提高了备份速度。但是，备份压缩增加了 CPU 的使用率。目前，只有 SQL Server 2012 的企业版系统支持这项功能。

12.2.2　恢复模式

恢复模式分为：简单恢复模式；完整恢复模式；大容量日志恢复模式。

任务 12.3　备份设备

在执行备份操作之前，应该创建数据库的备份文件。备份文件既可以是永久性的，也可能是临时性的。然后，把指定的数据库备份到备份文件上。

创建永久性的备份文件。执行备份的第一步是创建将要包含备份内容的备份文件　为了执行备份操作，在使用之前所创建的备份文件称为永久性的备份文件。这些永久性的备份文件也称为备份设备。

如果希望所创建的备份设备反复使用或执行系统的自动化操作（例如，备份数据库），必须使用永久性的备份文件。如果不打算重新使用这些备份文件，可以创建临时的备份文件。例如，如果正在执行一次性的数据库备份或正在测试准备自动进行的备份操作，可以创建临时备份文件。

12.3.1　创建备份设备

```
USE master
EXEC sp_addumpdevice 'DISK',
        'testbackupfile',
        'C：\temp\testbackupfile.bak'
GO
```

执行结果如图 12.1 所示。

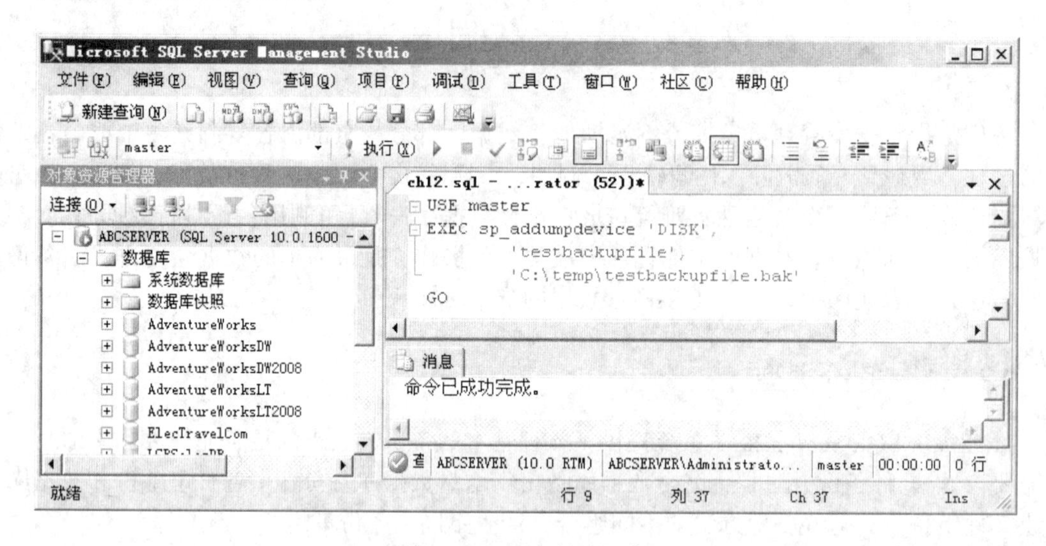

图 12.1　创建备份设备

“备份设备”对话框如图 12.2 所示。

（2）使用多个备份文件来存储备份。在执行数据库备份过程中，Microsoft SQL Server 系统可以同时向多个备份文件写备份内容。这时的备份称为并行备份。如果使用多个备份文件，那么数据库中的数据就分散在这些备份文件中。在执行一次备份过程中，使用到的一个或多个备份文件称为备份集。使用并行备份可以降低备份操作的时间。

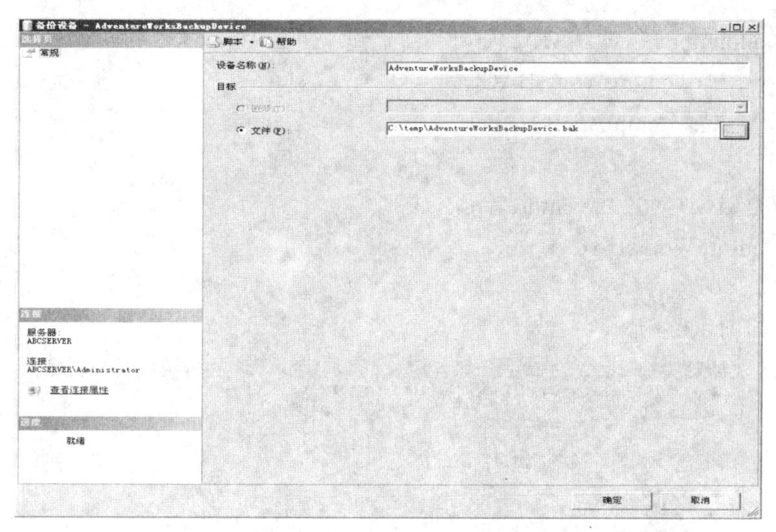

图 12.2　备份设备对话框

12.3.2　删除备份设备

（1）使用 SQL server Management Studio 图形化工具删除备份设备。其操作步骤如下：

① 在“对象资源管理器”中，单击服务器名称以展开服务器树。

② 展开“服务器对象”的“备份设备”节点，右击要删除的备份设备，在弹出的命令菜单中选择“删除”命令，打开“删除对象”窗口。

③ 在“删除对象”窗口中单击“确定”按钮，即可完成。

（2）使用 sp_dropdevice 语句来删除备份设备，其语法格式如下：

sp_dropdevice['logical_name'][，'delfile']

其中，logical_name 表示设备的逻辑名称；delfile 用于指定是否删除物理备份文件。如果指定 delfile 则删除物理备份文件。

【例 12-1】使用存储过程 sp_dropdevice 删除名称为“jxgldisk”的备份设备，同时删除物理文件。

代码如下：

```
exec sp_dropdevice jxgldisk，delfile
```

任务 12.4　备份数据库

如果希望灵活地执行备份操作，那么可以使用 Transact-SQL 语言中的 BACKUP 语句，基本语法形式：

```
BACKUP DATABASE { database_name | @database_name_var }
TO < backup_device > [，...n ]
```

12.4.1　完整备份

```
USE master
```

```
EXEC sp_addumpdevice 'DISK',
                'AdventureWorksBAC',
                'C：\temp\AWBAC.bak'
GO
BACKUP DATABASE AdventureWorks
  TO AdventureWorksBAC
GO
```

执行结果如图 12.3 所示。

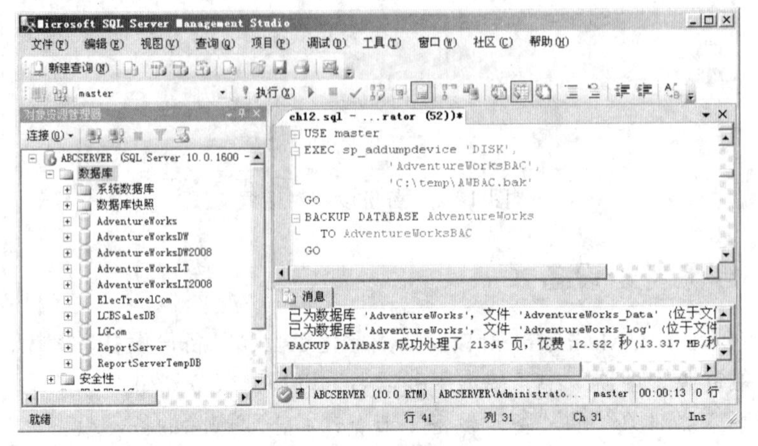

图 12.3　完整备份

12.4.2　差异备份

```
USE master
BACKUP DATABASE AdventureWorks
   TO DISK = 'C：\temp\AWD_1.bak'
   WITH DIFFERENTIAL
GO
```

执行结果如图 12.4 所示。

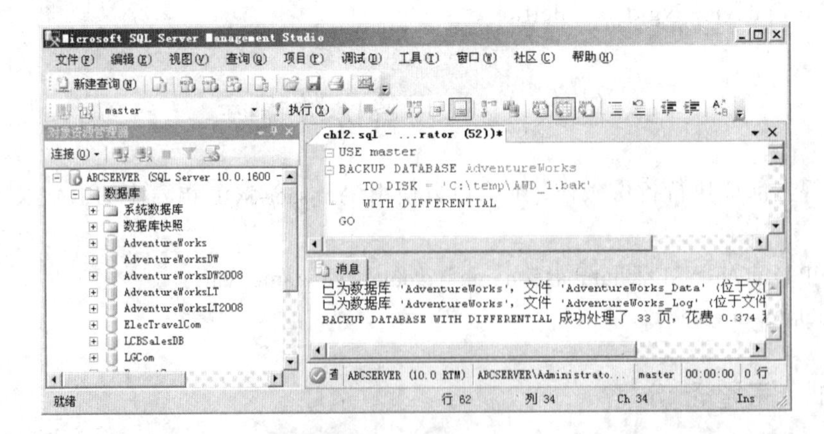

图 12.4　差异备份

12.4.3 事务日志备份

操作命令：

```
USE master
EXEC sp_addumpdevice 'DISK',
        'AdventureWorksLOGA001',
        'C：\temp\AWLOGA001.bak'
GO
BACKUP LOG AdventureWorks
            TO AdventureWorksLOGA001
```

执行结果如图 12.5 所示。

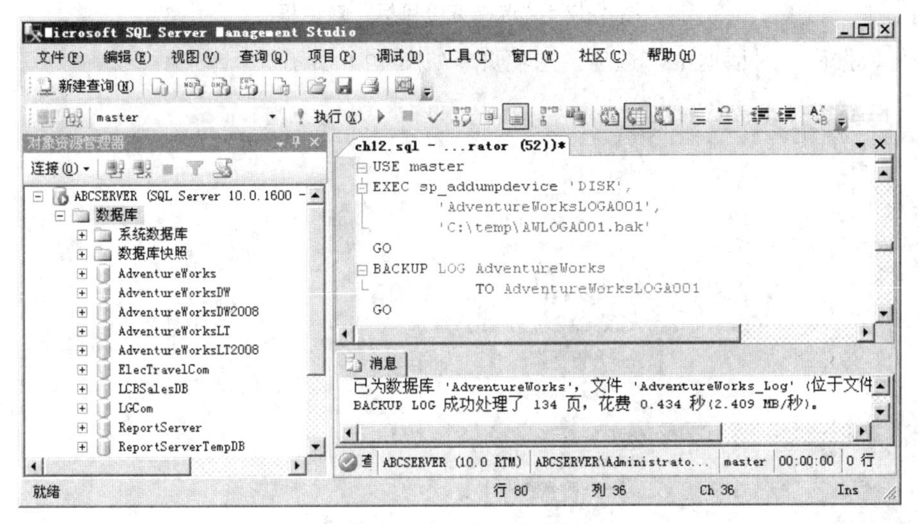

图 12.5 事务日志备份

“备份数据库”对话框，如图 12.6 所示。

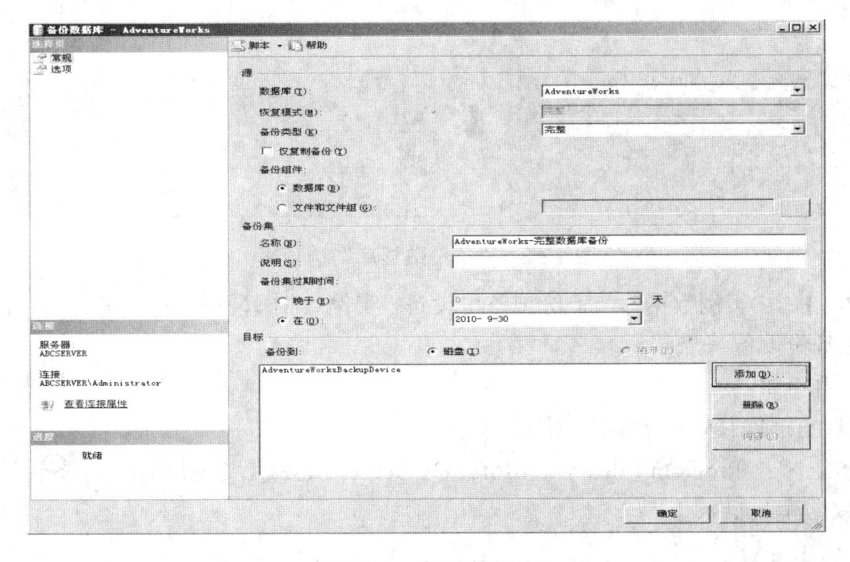

图 12.6 备份数据库

"选择备份目标"对话框，如图 12.7 所示。

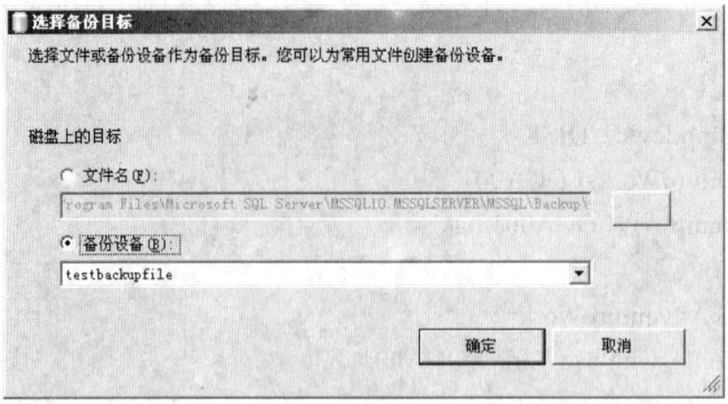

图 12.7 "选择备份目标"对话框

"备份数据库"对话框中"选项"选项页，如图 12.8 所示。

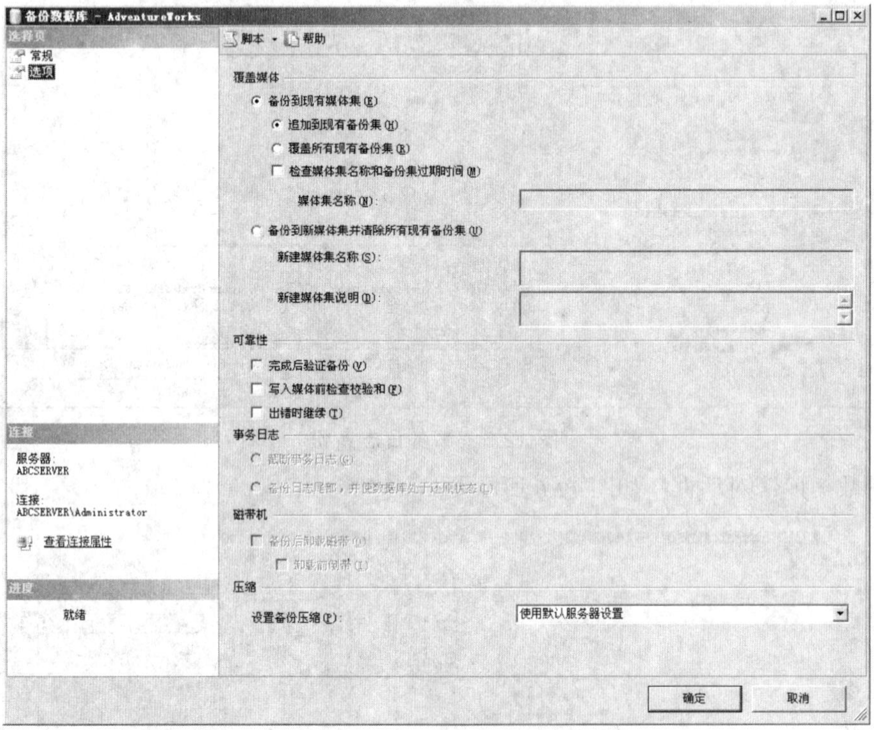

图 12.8 "备份数据库"选项页

【例 12-2】将"实例数据库"备份到备份设备"实例数据库.bak"中，使用 WITH FORMAT 子句初始化备份设备。

T-SQL 语句如下：

```
BACKUP DATABASE 实例数据库
TO DISK='C:\Program Files\Microsoft SQL Server\MSSQL.1\MSSQL\Backup
\实例数据库.bak'
WITH FORMAT
```

任务 12.5 还 原

备份和还原有着紧密的联系。备份是一种灾害预防操作，还原则是一种消除灾害的操作。本节讲述还原数据库的基本概念和具体操作。

（1）还原的特点。

还原是与备份相对应的操作。备份和还原都是不可缺少的系统管理工作。备份是为了防止可能遇到的系统失败而采取的操作，而还原则是为了对付已经遇到的系统失败而采取的操作。因此，可以说备份是还原的基础，没有数据的备份就谈不上数据的还原。还原是备份的目的，不是为了备份而备份，而是为了还原而备份。

（2）验证备份的内容。

在还原数据库之前，应该验证使用的备份文件是否有效，并查看备份文件中的内容是否是所需要的内容。可以使用下面的 RESTORE 语句验证备份的内容：

```
RESTORE HEADERONLY
RESTORE FILELISTONLY
RESTORE LABELONLY
RESTORE VERIFYONLY
--查看目标备份中的备份集
Restore HeaderOnly
From Disk ='G：\Backup\NorthwindCS_Full_20070908.bak'
--查看目标备份的第一个备份集的信息
Restore FileListOnly
From Disk ='G：\Backup\NorthwindCS_Full_20070908_2.bak'
With File=1
--查看目标备份的卷标
Restore LabelOnly
From Disk ='G：\Backup\NorthwindCS_Full_20070908_2.bak'
```

如果要验证备份文件是否有误，只能用 RESTORE VERIFYONLY 语句来验证。

12.5.1 在 SQL Server Management Studio 中还原数据库

在 SQL Server Management Studio 中还原数据库，步骤如下：

（1）在“对象资源管理器”窗口中，【单击】服务器名称以展开服务器，找到【数据库】并点击展开，然后，选中要还原的数据库。

（2）右击选中的还原数据库，在弹出的菜单中选择【任务】，在级联菜单中选择【还原】，在下一级菜单中选择“数据库…”，如图 12.9 所示。

将弹出【还原数据库】对话框，如图 12.10 所示。

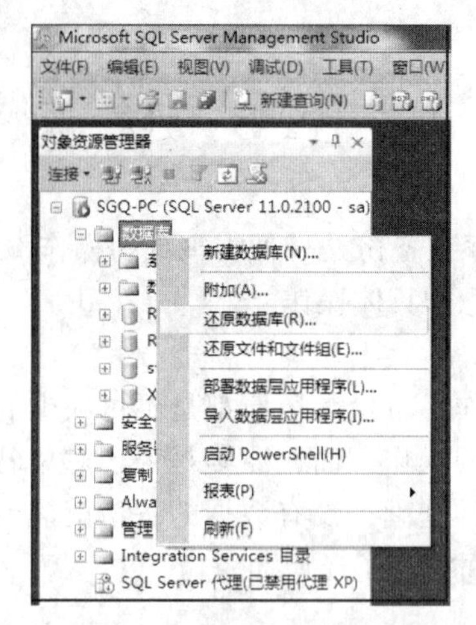

图 12.9 还原数据库级联菜单

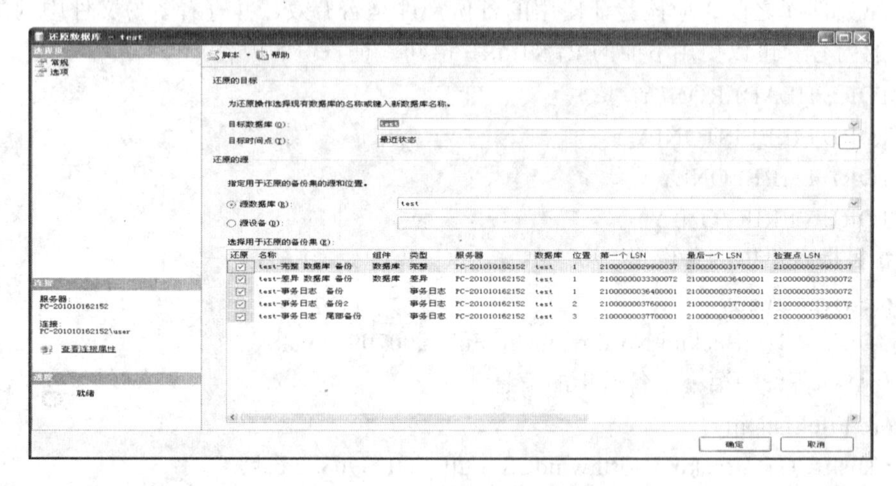

图 12.10 还原数据库对话框

（3）在“目标数据库”下拉列表框中输入要还原的数据库名称，选中要还原的备份集。

（4）选择“文件”选项，可以将数据库文件重新定位，也可以还原到原位置，如图 12.11 所示。

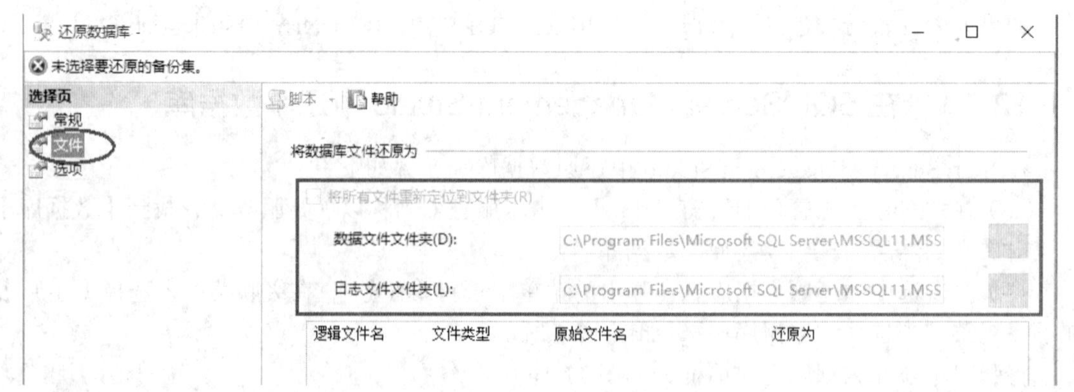

图 12.11 “文件”选项

（5）选择“选项”选项，切换到“选项”选项卡，如图 12.12 所示。

图 12.12 “选项”选项

（6）如果还原数据库时想覆盖现有数据库，那么选中“覆盖现有数据库”复选框。

（7）如果要修改恢复状态，可以选中对应下拉列表中的对应选项。

（8）设置完成后，单击“确定”按钮。

12.5.2 用 T_SQL 语言还原数据库

可以使用 RESTORE DATABASE 语句执行数据库的还原操作，使用 RESTORE LOG 语句执行事务日志的还原操作。

RESTORE DATABASE 语句的语法形式：

RESTORE DATABASE { database_name | @database_name_var }

[FROM <backup_device> [，...n]]

RECOVERY 和 NORECOVERY 选项：

① 在执行还原数据库的操作时，常用的选项包括 RECOVERY 和 NORECOVERY。也就是说，在执行还原操作时，必须指定这两个选项中的一个。RECOVERY 选项是默认的选项。

② 在执行最后一次事务日志还原操作之后，或完全数据库还原操作之后，可以使用 RECOVERY 选项。这时，数据库还原到正常的状态：

③ 如果有多个备份内容需要还原，需要使用 NORECOVERY 选项。

```
USE master
RESTORE DATABASE ElecTravelCom
    FROM testbackupfile
```

WITH RECOVERY

执行结果如图 12.13 所示。

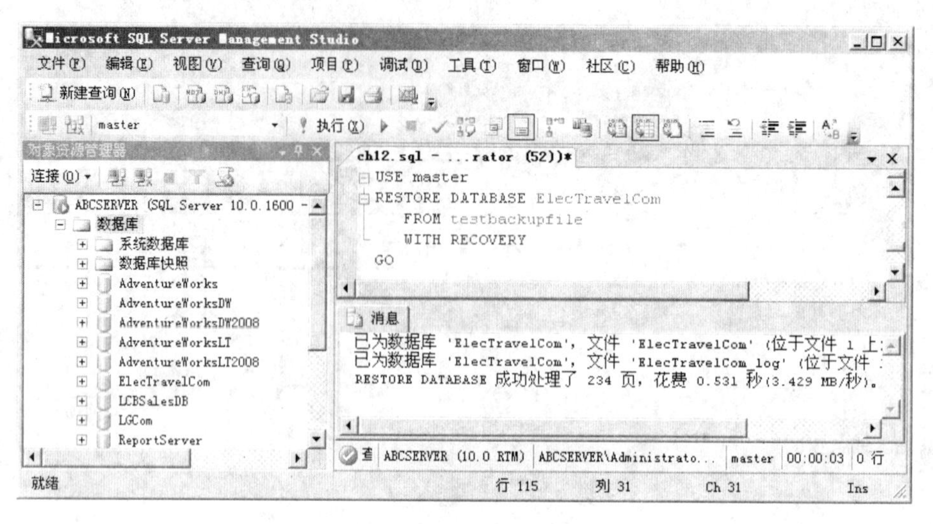

图 12.13　语句执行结果

任务 12.6　回到工作场景

（1）将学生成绩数据库 Student 进行完整数据库备份。

（2）还原 Student 数据库。

任务 12.7　案例训练营

对 XSCJ 数据库进行备份与还原操作。

（1）采用完整数据库备份方法，对 XSCJ 数据库进行备份。

（2）将 SCORE 表中学号为 207010001 的学生成绩删除。

（3）还原 XSCJ 数据库，查看 SCORE 表中学号为 207010001 的学生成绩记录是否存在。

（4）使用差异备份方法，重复以上 3 步操作。

模块 13　分区管理及系统数据库的备份和恢复

本章学习目标

掌握分区技术的理论和使用方法；掌握 master 数据库的还原方法；掌握系统数据库的备份和还原方法。

任务 13.1　工作场景导入

对于大型数据库而言，如果将一个表中的所有数据全部存储在一个文件组上，势必会造成数据库响应性能的下降，并且会造成管理困难。如何将一个表中的所有数据以及索引分散存储到各个文件组上，实现有效地对数据库中的数据进行合理管理。这就要用到 SQL Server 的分区技术。

当 master 不可用时怎么办？如何恢复 master 数据库？

任务 13.2　数据库表分区

13.2.1　SQL Server 数据库表分区

分区表在逻辑上是一个表，而物理上是多个表。这意味着从用户的角度来看，分区表和普通表是一样的。这个概念示意如图 13.1 所示。

SQL Server 数据库表分区由三个步骤来完成：创建分区函数；创建分区方案；对表进行分区。

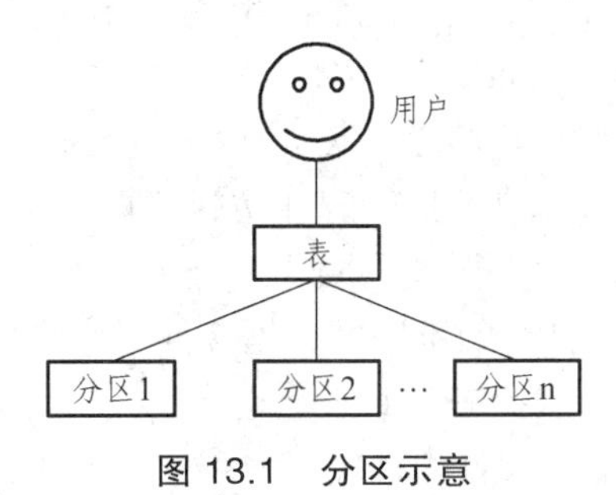

图 13.1　分区示意

13.2.2　分区技术的分类和优点

1. 分区技术的分类

（1）硬件分区。在机器上增加冗余的硬件设备，将数据存储和查询任务分配到不同的硬件设备上，可以构建高效的硬件体系结构。

（2）垂直分区。将表垂直分成多个独立的小表，保证每个表包含的行数保持相同，只是将原表的结果集以“列”为单位进行分割。对于包含列数很多的大型表来讲，如果每次只需访问表中的常用几列数据，就可以选择这种分区方式，从而减少表中数据的读取量，提高该表的查询效率。

（3）水平分区。这种分区方式也同样是把表分成多个更小的表格。每个表包含的列数相同，只是将原表的结果集以“行”为单位进行分割。对于包含行数很多的大型表来讲，这种分区方式能快速查找出所需要的数据。

2. 分区技术的优点

通过对大型表或索引进行分区具有可管理性和性能优点。

① 可以快速、高效地传输或访问数据的子集，同时又能维护数据收集的完整性。例如，将数据从 OLTP 加载到 OLAP 系统之类的操作仅需几秒钟即可完成，而如果不对数据进行分区，执行此操作需要几分钟或几小时。

② 用户可以更快地对一个或多个分区执行维护操作。这些操作的效率更高，因为它们仅针对这些数据子集，而非整个表。例如，用户可以选择在一个或多个分区中压缩数据，或者重新生成索引的一个或多个分区。

③ 用户可以根据经常执行的查询类型和硬件配置，提高查询性能。例如，在两个或更多的已分区表中的分区列相同时，查询优化器可以更快地处理这些表之间的同等连接查询，因为可以连接这些分区本身。

13.2.3 创建与管理分区

1. 分区表简介

数据库结构和索引的是否合理在很大程度上影响了数据库的性能，但是随着数据库信息负载的增大，对数据库的性能也造成了很大的影响。可能我们的数据库在一开始有着很高的性能，但是随着数据存储量的急速增长，数据的性能也受到了极大影响，一个很明显的结果就是查询的反应会非常慢。在这个时候，除了可以优化索引及查询外，建立分区表（Table Partition）可以在某些场合下提高数据库的性能，在 SQL Server 2005 中也可以通过 SQL 语句来创建表分区，但在 SQL Server 2008 以及 SQL Server 2012 中提供了向导形式来创建分区表。

（1）分区表的概念。分区表是把数据按某种标准划分成区域以存储在不同（或者相同）的文件组中，使用分区可以快速而有效地管理和访问数据子集，从而使大型表或索引更易于管理。简单地说，就是把一张大型数据表分成若干个小的数据表，这些小的数据表在物理存储上是分散的（分散在不同的文件组的不同的数据文件中，或者不同的磁盘中分区中），但是在逻辑上是统一的，它还是一个数据表。对于编程来说，程序员无需关心这些小的数据表，只需要像操作普通表一样操作这个大型的逻辑表即可，SQL Server 会自动到对应的数据分区（即数据子集）中操作数据。

（2）分区表使用条件。决定是否实现分区主要取决于数据表当前的大小或将来的大小，如何使用表以及对表执行用户查询和维护操作的完善程度。并非所有的表都适用分区表，通常，如果某个大型表同时满足下列两个条件，则可能适于进行分区：

① 该表包含（或将包含）以多种不同方式使用的大量数据。

② 不能按预期对表执行查询或更新，或维护开销超过了预定义的维护期。

（3）分区表的优势。

① 提高可伸缩性和可管理性。在 SQL server 2012 中建立分区，改善大型表以及具有各种访问模式的表的可伸缩性和可管理性。

② 提高性能。

③ 只有将数据分区分到不同的磁盘上，才会有较大的提升。

④ 因为在运行涉及表间连接的查询时，多个磁头可以同时读取数据。

2. **创建分区表**

分区表的创建主要有以下四个步骤：创建文件组和数据文件；创建分区函数；创建分区方案；创建分区表。

（1）创建文件组和数据文件。创建文件组这一步并非是必需的，因为可以直接使用数据库的 PRIMARY 文件。但是，为了方便管理，还是可以先创建几个文件组，这样可以将不同的小表放在不同的文件组里，既便于理解，又可以提高运行速度。

① 添加文件组。创建文件组的方法很简单。打开 SQL Server Management Studio，找到需要创建分区表的数据库，右击鼠标，在弹出的菜单中选择属性，在属性页中选择文件组，再点击添加按钮即可，如图 13.2 所示。

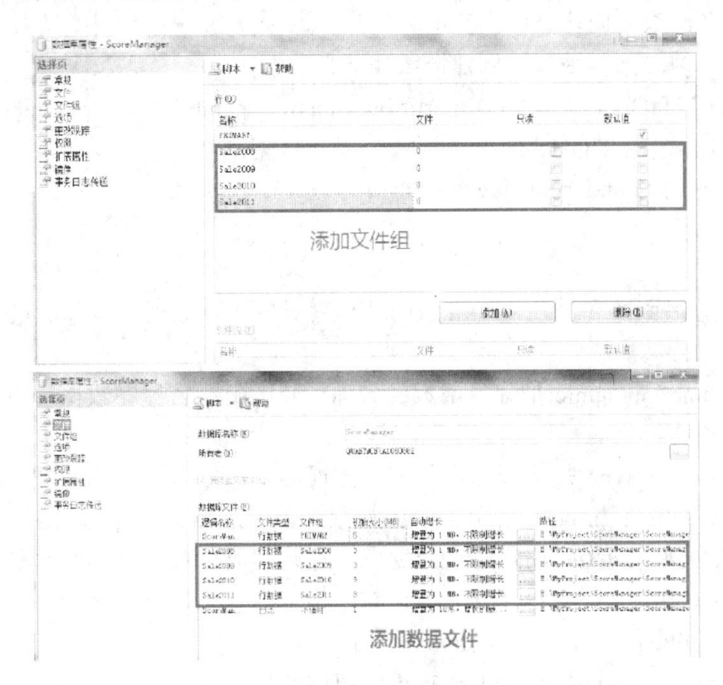

图 13.2

② 添加数据库文件。添加文件组之后，再分别为每一个文件组建立对应的数据文件，为什么要创建数据库文件呢，道理很简单，因为分区后的小表数据要存储到磁盘上。建立数据库文件时，将不同的文件组指定到不同的数据库文件中，当然一个文件组中也可以包含多个数据库文件。如果条件允许的话，可以将不同的文件放在不同的硬盘分区里，最好是放在不同的独立硬盘里。因为 IO 的速度往往是影响 SQL Server 运行速度的重要条件之一。将不同的文件放在不同的硬盘上，可以加快 SQL Server 的运行速度。现在仅以将数据库文件放到同一个磁盘上为例，如图 13.3 所示。

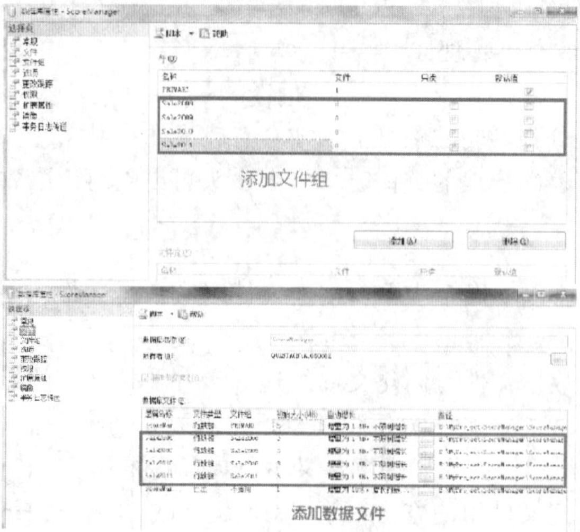

图 13.3

（2）创建分区函数。创建分区函数的目的是告诉 SQL Server 以什么方式对分区表进行分区，这一步是必需的。分区函数的创建语法如下：

```
CREATE PARTITION FUNCTION partition_function_name（input_parameter_type）
AS RANGE [ LEFT | RIGHT ]
FOR VALUES（[ boundary_value [，...n ] ] ）
[； ]
```

说明：

① 创建一个分区函数和创建一个普通的数据库对象（例如表）没什么区别。所以根据标准语法写就行了。

② partition_function_name 是分区函数的名称。分区函数名称在数据库内必须唯一，并且符合标识符的规则。

③ input_parameter_type 是用于分区的列的数据类型，习惯把它称为分区依据列。当用作分区列时，除 text、ntext、image、xml、timestamp、varchar（max）、nvarchar（max）、varbinary（max）、别名数据类型或 CLR 用户定义数据类型外，其他所有数据类型均有效。分区依据列是在 CREATE TABLE 或 CREATE INDEX 语句中指定的。

④ boundary_value [，...n]中的 boundary_value 是边界值（或边界点的值），n 代表最多有 n 个边界值，即 n 指定 boundary_value 提供的值的数目，但 n 不能超过 999。所创建的分区数等于 n + 1。不必按顺序列出各值。如果值未按顺序列出，则 Database Engine 将对这些边界值进行排序，创建分区函数并返回一个警告，说明未按顺序提供值。如果 n 包括任何重复的值，则数据库引擎将返回错误。边界值的取值一定是与分区依据列相关的，所以只能使用 CREATE TABLE 或 CREATE INDEX 语句中指定的一个分区列。

⑤ LEFT | RIGHT：设置分区范围的方式，指定 boundary_value [，...n]的每个 boundary_value 属于每个边界值间隔的哪一侧（左侧还是右侧），Right：右置式（即<），Left：左置式（即<=）。如果未指定，则默认值为 LEFT。

例如，我们可以依据某个表的 int 列来创建分区函数：

```
create partition function MyPF1（int）
as range left    --默认是 left，所以可以省略 left
for values（500000，1000000，1500000）
```

很明显，这个分区函数创建了 4 个分区，因为此时 n=3，所以分区总数是 n+1=4。而那个 int 分区依据列表明将要分区的那个表里面一定有一列是 int 类型，是分区依据列。这个分区函数我们用的是 range left，各个分区的取值范围如表 13.1 所示。

表 13.1　分区及取值范围

分区	取值范围
1	（负无穷，500000]
2	[500001，1000000]
3	[1000001，1500000]
4	[1500001，正无穷）

如果换成 range right，则创建分区函数时代码如下：

```
create partition function MyPF1（int）
as range right
for values（500000，1000000，1500000）
```

那么各个分区的取值范围如表 13.2 所示。

表 13.2　分区及取值范围

分区	取值范围
1	（负无穷，499999]
2	[500000，999999]
3	[1000000，1499999]
4	[1500000，正无穷）

我们还可以根据日期列创建分区函数，例如：

```
create partition function MyPF2（datetime）
as   range right
for values（'2008/01/01'，  '2009/01/01'）
```

这个分区函数非常适合查询和归档某一年的数据。各个分区的取值范围如表 13.3 所示。

表 13.3　分区及取值范围

分区	取值范围
1	<=2007/12/31
2	[2008/01/01，2008/12/31]
3	>=2009/01/01

当然我们也可以根据月份分区，而分区依据列支持的数据类型非常多，参照项目的实际情况选择最能表示分区的列类型。

例如，有一张销售表（Sale），按年份划分为四张小表，分别为：第1个小表：2009-01-01之前的数据（不包含2009-01-01）；第2个小表：2009-01-01（包含2009-01-01）到2009-12-31之间的数据；第3个小表：2010-01-01（包含2010-01-01）到2010-12-31之间的数据；第4个小表：2011-01-01（包含2011-01-01）之后的数据。那么分区函数如下：

```
CREATEPARTITIONFUNCTIONpartfunSale（datetime）
ASRANGERIGHT
FORVALUES（'20090101'，'20100101'，'20110101'）
```

（3）分区方案。

对表和索引进行分区的第二步是创建分区方案。分区方案定义了一个特定的分区函数.将使用的物理存储结构（其实就是文件组），或者说是分区方案将分区函数生成的分区映射到我们定义的一组文件组。所以分区方案解决的是Where的问题，即表的各个分区在哪里存储的问题。分区方案的创建语法如下：

```
CREATE PARTITION SCHEME partition_scheme_name
AS PARTITION partition_function_name
[ ALL ] TO（{ file_group_name | [ PRIMARY ] } [，...n ]）
[ ；]
```

分区方案语法的相关解释：

① 创建分区方案时，根据分区函数的参数，定义映射表分区的文件组。必须指定足够的文件组来容纳分区数。可以指定所有分区映射到不同文件组、某些分区映射到单个文件组或所有分区映射到单个文件组。如果您希望在以后添加更多分区，还可以指定其他“未分配的”文件组。在这种情况下，SQL Server 用NEXT USED属性标记其中一个文件组。这意味着该文件组将包含下一个添加的分区。一个分区方案仅可以使用一个分区函数。但是，一个分区函数可以参与多个分区方案。

② partition_scheme_name 是分区方案的名称。分区方案名称在数据库中必须是唯一的，并且符合标识符规则。

③ partition_function_name 是使用当前分区方案的分区函数的名称。分区函数所创建的分区将映射到在分区方案中指定的文件组。partition_function_name 必须已经存在于数据库中。

④ ALL指定所有分区都映射到在file_group_name中提供的同一个文件组，或映射到主文件组（如果指定了[PRIMARY]）。如果指定了ALL，则只能指定一个file_group_name。

⑤ file_group_name | [PRIMARY] [, ...n]代表n个文件组。和分区函数中的各个分区对应。文件组必须已经存在于数据库中。如果指定了[PRIMARY]，则分区将存储于主文件组中。如果指定了ALL，则只能指定一个file_group_name。分区分配到文件组的顺序是从分区1开始，按文件组在[，...n]中列出的顺序进行分配。在[，...n]中，可以多次指定同一个文件组。如果n不足以拥有在分区函数中指定的分区数，则CREATE PARTITION SCHEME将失败，并返回错误。

⑥ 如果分区函数生成的分区数少于创建分区方案时提供的文件组数，则分区方案中第一个未分配的文件组将被标记为 NEXT USED，并且出现显示命名NEXT USED文件组的信息。如果指定了ALL，则单独的文件组将为该分区函数保持它的NEXT USED属性。如果在ALTER PARTITION FUNCTION语句中创建了一个分区，则NEXT USED文件组将再接收一个分区。若要再创建一个未分配的文件组来拥有新的分区，请使用ALTER PARTITION SCHEME。

分区方案例子1：下面的代码先创建一个分区函数，然后再创建这个分区函数使用的分区方案，这个分区方案将每个分区映射到不同文件组。代码如下：

```
create partition function MyPF1（int）
as range left
for values（500000，1000000，1500000）
go
create partition scheme MyPS1
as partition MyPF1
to（fg1，fg2，fg3，fg4）
```

文件组、分区和分区边界值范围之间的关系如表 13.4 所示。

表 13.4

文件组	分区	取值范围
fg1	1	（负无穷，500000]
fg2	2	[500001，1000000]
fg3	3	[1000001，1500000]
fg4	4	[1500001，正无穷）

分区方案例子 2：下面的代码先创建一个分区函数，然后再创建这个分区函数使用的分区方案，这个分区方案将多个分区映射到同一个文件组。代码如下：

```
create partition function MyPF2（int）
as range left
for values（500000，1000000，1500000）
go
create partition scheme MyPS2
as partition MyPF2
to （fg1，fg1，fg1，fg2）
```

文件组、分区和分区边界值范围之间的关系如表 13.5 所示，

表 13.5

文件组	分区	取值范围
fg1	1	（负无穷，500000]
fg1	2	[500001，1000000]
fg1	3	[1000001，1500000]
fg2	4	[1500001，正无穷）

分区方案例子 3：下面的代码先创建一个分区函数，然后再创建这个分区函数使用的分区方案，这个分区方案将所有分区映射到同一个文件组。代码如下：

```
create partition function MyPF3（int）
as range left
for values（500000，1000000，1500000）
go
```

```
create partition scheme MyPS3
as partition MyPF3
all to（fg1）
```

文件组、分区和分区边界值范围之间的关系如表 13.6 所示。

表 13.6

文件组	分区	取值范围
fg1	1	（负无穷，500000]
Fg1	2	[500001，1000000]
Fg1	3	[1000001，1500000]
Fg1	4	[1500001，正无穷）

分区方案例子 4：下面的代码先创建一个分区函数，然后再创建这个分区函数使用的分区方案，这个分区方案指定了"NEXT USED"文件组。代码如下：

```
create partition function MyPF4（int）
as range left
for values（500000，1000000，1500000）--4 个分区
go
create partition scheme MyPS4
as partition MyPF4
to（fg1，fg2，fg3，fg4，fg5）   --5 个文件组
```

那么文件组 fg5 将自动被标记为"NEXT USED"文件组。

分区方案例子 5：下面的代码先创建一个分区函数，然后再创建这个分区函数使用的分区方案，这个分区方案指定了"[primary]"文件组。代码如下：

```
create partition function MyPF5（datetime）
range right
for values（'2008/01/01'，'2009/01/01'）
go
create partition scheme MyPS5
as partition MyPF5
to（[primary]，fg1，fg2）
```

最后必须明白一点，一张表最多只能有 1 000 个分区。

在分区函数和分区方案创建完成后，创建分区表的准备工作已经完成。我们看一个完整的例子，代码如下：

创建分区函数：

```
create partition function MyPF(datetime)
range right
for values('2007-1-1', '2008-1-1')
go
```

创建结果如图 13.4 所示。

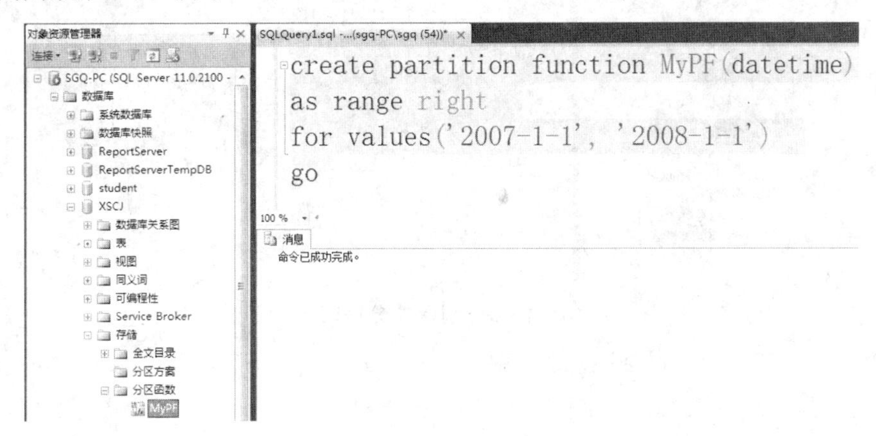

图 13.4　创建的分区函数

--创建分区方案

create partition scheme MyPS

as partition MyPF

to（fg1, fg2, fg3）/*f1,f2,f3 为 xscj 库中已有的文件组*/

go

创建结果如图 13.5 所示。

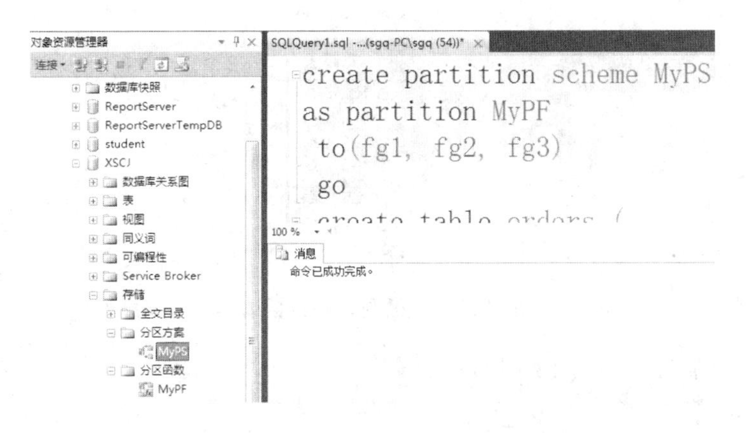

图 13.5　创建的分区方案

--创建分区表

create table orders (

OrderID int identity(1,1),

OrderDate datetime primary key,

CustID varchar(10))

on MyPS(OrderDate)

创建结果如图 13.6 所示。

至此，实例分区函数和分区方案已经创建完毕，此时分区函数和分区方案可以在数据库的“存储”中看到，如图 13.7 所示。

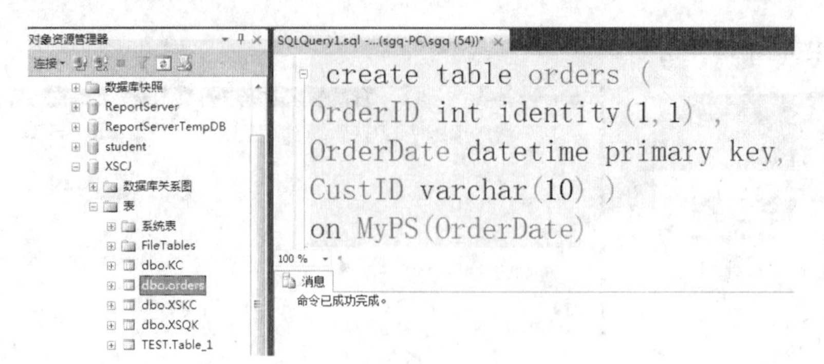

图 13.6　创建的分区表

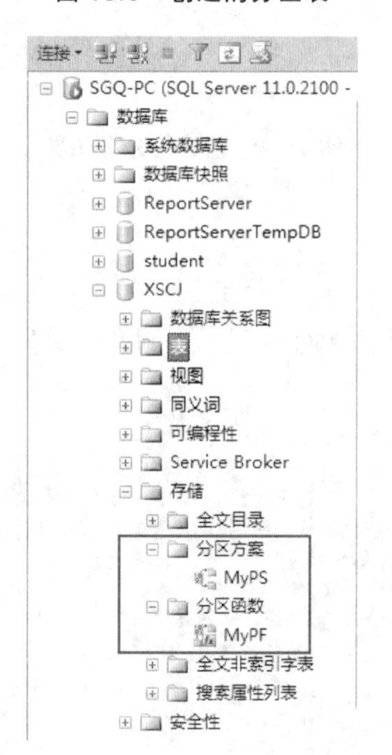

图 13.7　分区函数和分区方案

查看 orders 表属性，如图 13.8 所示。

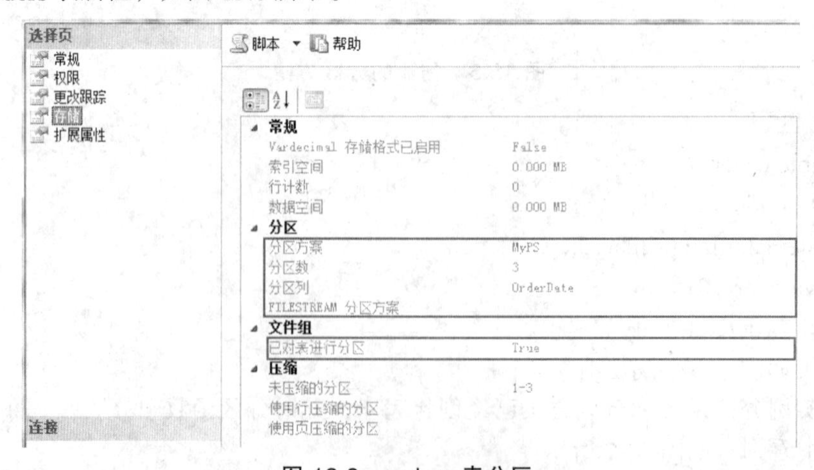

图 13.8　orders 表分区

注：这里的内容和创建普通数据表没有什么区别，唯一需要注意的是不能再创建聚集索引了。道理很简单，聚集索引可以将记录在物理上顺序存储的，而分区表是将数据分别存储在不同的表中，这两个概念是冲突的，所以在创建分区表的时候就不能再创建聚集索引了。

3. 操作分区表

向 Sale 表中添加有一些数据：

```
Insert into Sale（[Name]，[SaleTime]）
values （'李四'，'2008-12-1'），
（'王五'，'2008-12-1'），（'张三'，'2009-1-1'），
（'李四'，'2009-2-1'），
（'王五'，'2009-3-1'），
（'钱六'，'2010-4-1'），
（'赵七'，'2010-5-1'），
（'张三'，'2011-6-1'），
（'李四'，'2011-7-1'），
（'王五'，'2011-8-1'），
（'钱六'，'2012-9-1'），
（'赵七'，'2012-10-1'），
（'张三'，'2012-11-1'）
```

从 SQL 语句中可以看出，在向分区表中插入数据方法和在普遍表中插入数据的方法是完全相同的，对于程序员而言，不需要去理会这 13 条记录研究放在哪个数据表中。当然，在查询数据时，也可以不用理会数据到底是存放在哪个物理上的数据表中。如使用以下 SQL 语句进行查询：

```
select*from Sale
```

查询结果如图 13.9 所示。

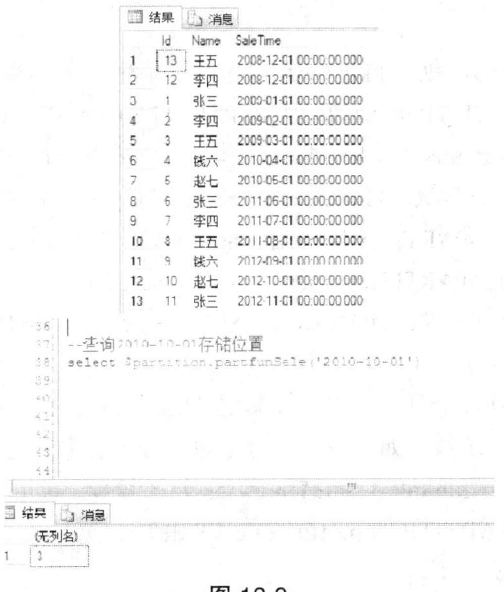

	Id	Name	SaleTime
1	13	王五	2008-12-01 00:00:00.000
2	12	李四	2008-12-01 00:00:00.000
3	1	张三	2009-01-01 00:00:00.000
4	2	李四	2009-02-01 00:00:00.000
5	3	王五	2009-03-01 00:00:00.000
6	4	钱六	2010-04-01 00:00:00.000
7	5	赵七	2010-05-01 00:00:00.000
8	6	张三	2011-06-01 00:00:00.000
9	7	李四	2011-07-01 00:00:00.000
10	8	王五	2011-08-01 00:00:00.000
11	9	钱六	2012-09-01 00:00:00.000
12	10	赵七	2012-10-01 00:00:00.000
13	11	张三	2012-11-01 00:00:00.000

图 13.9

从上面两个步骤中，我们根本就感觉不到数据是分别存放在几个不同的物理表中，因为在逻辑上这些数据都属于同一个数据表。如果想知道哪条记录是放在哪个物理上的分区表中，那么就必须使用到$PARTITION 函数，这个函数的可以调用分区函数，并返回数据所在物理分区的编号。

（1）查询分区表编号。假设想知道 2010 年 10 月 1 日的数据会放在哪个物理分区表中，可以使用以下语句来查看：

Select$partition.partfunSale（'2010-10-01'）

在以上语句中，partfunSale（ ）为分区函数名，括号中的表达式必须是日期型的数据或可以隐式转换成日期型的数据，这是因为在定义分区函数时已经确定了，查询结果如图 13.10 所示。

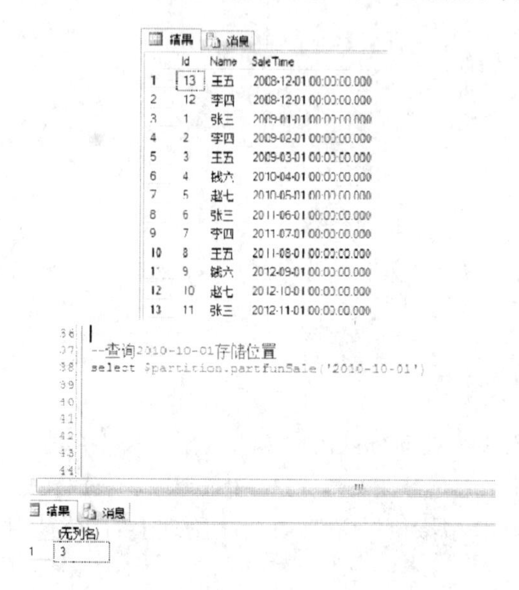

图 13.10

在该图中可以看出，分区函数返回的结果为 3，也就是说，2010 年 10 月 1 日的数据会放在第 3 个物理分区表中。

（2）查询每个分区中的数据。再进一步考虑，如果想具体知道每个物理分区表中存放了哪些记录，也可以使用$PARTITION 函数。因为$PARTITION 函数可以得到物理分区表的编号，那么只要将$PARTITION.partfunSale（SaleTime）作为 where 的条件使用即可，如以下代码所示：

Select* from Sale where$PARTITION.partfunSale（SaleTime）=1

select* from Sale where$PARTITION.partfunSale（SaleTime）=2

select* from Sale where$PARTITION.partfunSale（SaleTime）=3

select* from Sale where$PARTITION.partfunSale（SaleTime）=4

查询结果如图 13.11 所示。

从上图中我们可以看到每个分区表中的数据记录情况与我们插入时设置的情况完全一致。

（3）统计各个分区中记录数。如果要统计每个物理分区表中的记录数，可以使用如下代码：

Select $PARTITION.partfunSale（SaleTime）as 分区编号，count（id）as 记录数

From Sale group by $PARTITION.partfunSale（SaleTime）

查询结果如图 13.12 所示。

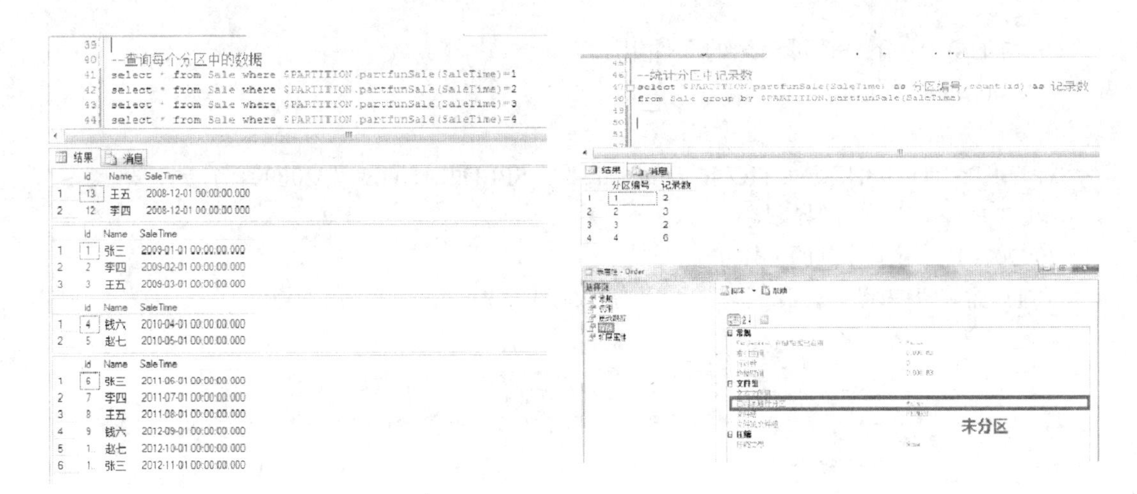

图 13.11　　　　图 13.12

4. 分区表管理

有时候在创建分区之后发现有些分区中的数据并不多，完全可以和别的分区合并，或者发现一个分区数据过多，需要重新分区，此时就需要对已有分区进行合并（删除）或者新建操作。

（1）合并（删除）分区。在创建分区时我们是通过分界值来进行的，其实合并分区也就是删除原有分区中多余分界值就可实现。合并分区代码如下：

ALTERPARTITIONFUNCTION

partfunSale（）

MERGERANGE（'20090101'）

在修改分区函数的同时，分区方案也一同被修改，我们现在可以再查看一下各分区中的记录数，如图 13.13 所示。

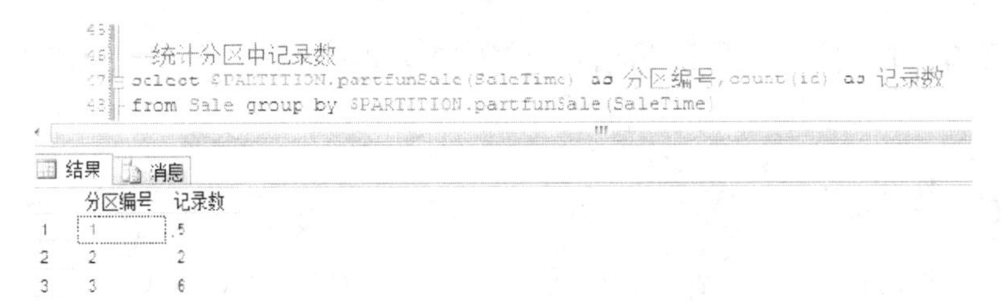

图 13.13

由图可以看出 Sale 表的分区数已经由原来的四个变为了三个。

（2）新增分区。新增一个分区并不像合并分区那么简单，它不会自动修改分区方案，新增分区时有以下两个关键步骤：为分区方案指定一个可以使用的文件组；修改分区函数。

在为分区方案指定一个可用的文件组时，该分区方案并没有立刻使用这个文件组，只是将文件组先备用着，等修改了分区函数之后，分区方案才会使用这个文件组（注意：如果分区函数没有变，分区方案中的文件组个数就不能变）。

① 修改文件组。

ALTER PARTITION SCHEME partschSale NEXT USED [Sale2008]

NEXT USED：下一个可使用的文件组。

Sale2008：文件组名。

② 修改分区函数。

ALTERPARTITIONFUNCTIONpartfunSale（ ）SPLITRANGE （'20090101'）

SPLIT RANGE：分割界限。

'20090101'：用于分割的界限值。

经过以上两步的操作，我们再来看下分区统计结果，如图 13.14 所示。

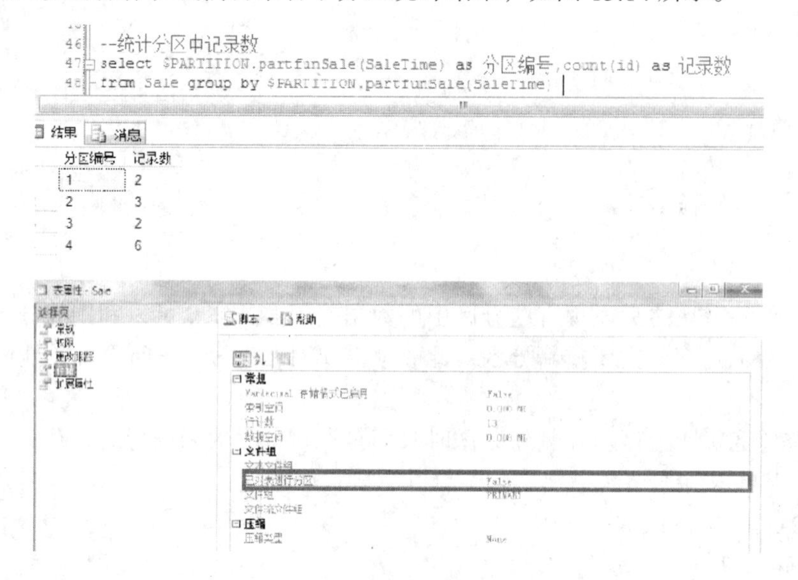

图 13.14

从上图可以看出，分区表又被分成了四个分区。

任务 13.3　SQL Server 2012 数据库备份与恢复

13.3.1　备份数据库

备份就是为数据库创建一个副本，以便在系统发生故障，灾难或误操作时还原数据库，以降低损失。

数据库备份的种类：完整备份，差异备份，事务日志备份（注意：如果首先没有执行完整备份，就无法执行差异备份和事务日志备份）。

何时备份用户数据库？创建数据库之后；创建索引之后；清理事务日志之后；执行大容量数据操作之后。

何时备份系统数据库？修改 master 数据库之后；修改 model 数据库；修改 msdb 数据库之后。

1. 界面方式备份数据库的步骤

（1）打开 SQL Server Management Studio，选择数据库，JXGL 就是我们需要备份的数据

库，如图 13.15 所示。

（2）右键单击要备份的数据库，如图 13.16 所示。

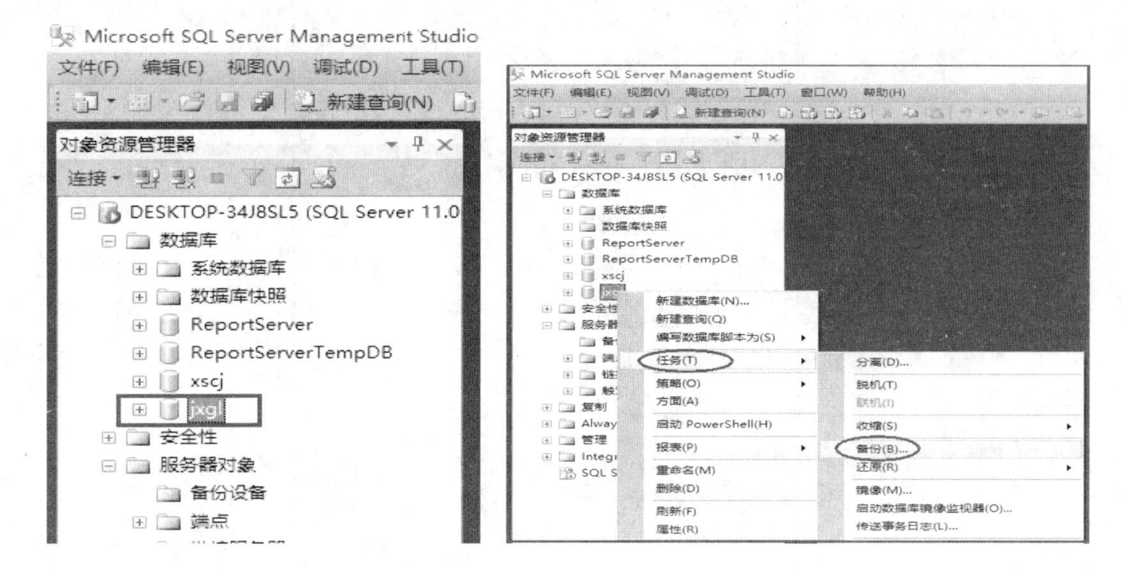

图 13.15　　　　图 13.16

（3）先点击“删除”，再点击“添加”，如图 13.17 所示。

（4）选择好备份的路径，“文件名”那个位置填写上您要备份的数据库的名字（最好在您备份的数据库的名字后面加上日期，以方便以后查找），之后连续点击“确定”按钮即可完成数据库的备份操作，如图 13.18 所示。

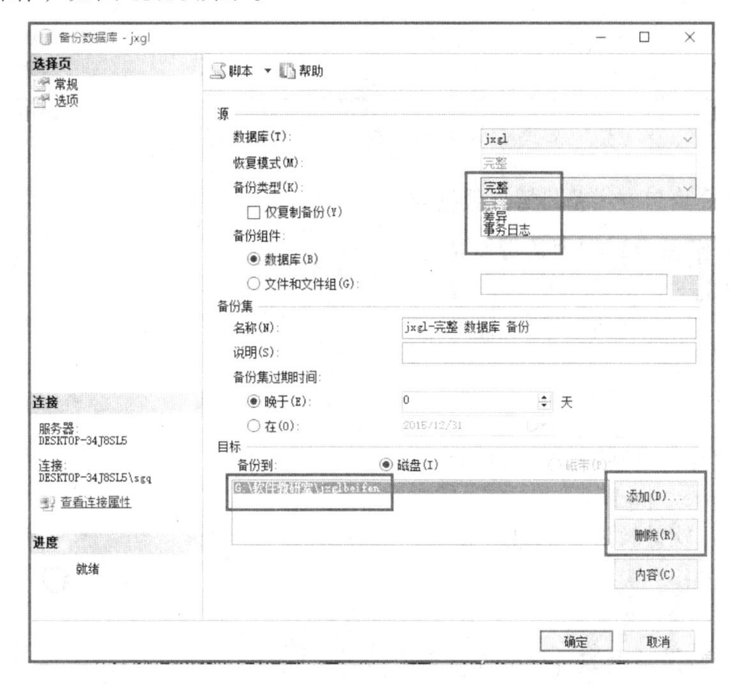

图 13.17

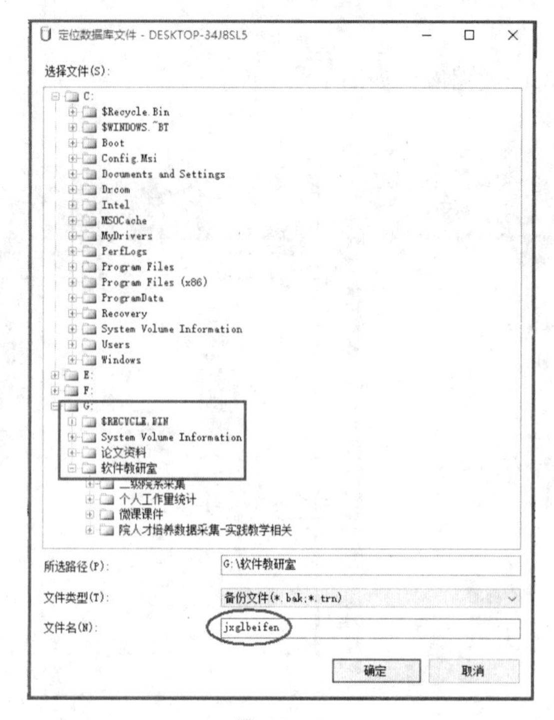

图 13.18

弹出成功完成对话框，如图 13.19 所示。

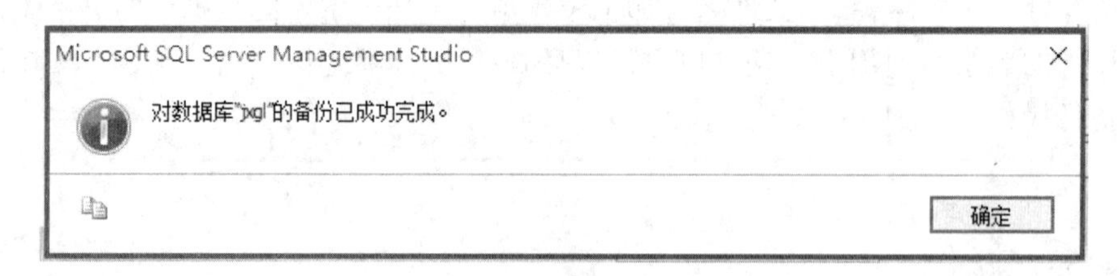

图 13.19

2. 用 SQL 命令语句方式备份用户数据库

```
--将数据库完整备份到物理备份设备
Backup database jxgl
To disk = 'E：\软件教研室\jxgl.bak'
Go

--将数据库差异备份到物理备份设备
Backup database    jxgl
To disk = 'E：\软件教研室\jxgl.bak'
With differential
Go
--验证物理备份设备上的备份文件是否有效
Restore verifyonly from disk = 'E：\软件教研室\jxgl.bak'
go
```

13.3.2 备份设备

用来存放备份数据的物理设备包括磁盘和磁带，当建立一个设备时要给设备分配一个逻辑备份名（如教学管理系统备份）和一个物理备份名（如 g：\软件教研室\jxglbeifen.bak）。

创建备份设备的步骤如下：

（1）首先打开 SQL Server Management studio。

（2）展开【服务器对象】节点，然后右键单击“备份设备”，选择【新建备份设备】命令，将打开【备份设备】窗口，如图 13.20 所示。

图 13.20

（3）单击“确定”按钮完成创建备份设备。

另外，可以直接使用系统存储过程 sp_addumpdevice 创建备份设备，举例如下：

```
use jxgl
Go
Exec sp_addumpdevice 'disk', /*备份设备类型 disk 是磁盘文件*/  '教学管理系统备份',
'g：\软件教研室\jxglbeifen.bak'
Go
Backup database jxgl to 教学管理系统  /*执行备份*/
```

🔔 **注意**：标点符号、逗号等，保证物理名称及路径存在。

如果要验证备份是否真的完成，我们自己可以来验证一下，那怎样验证呢？

首先打开 SQL Server Management Studio，展开【服务器对象】节点下的【备份设备】节点，右击刚才选择的备份设备，选择【属性】，在弹出的属性窗口中选择【媒体内容】选项，打开媒体内容界面，可以看到刚才的备份，如图 13.21 所示。

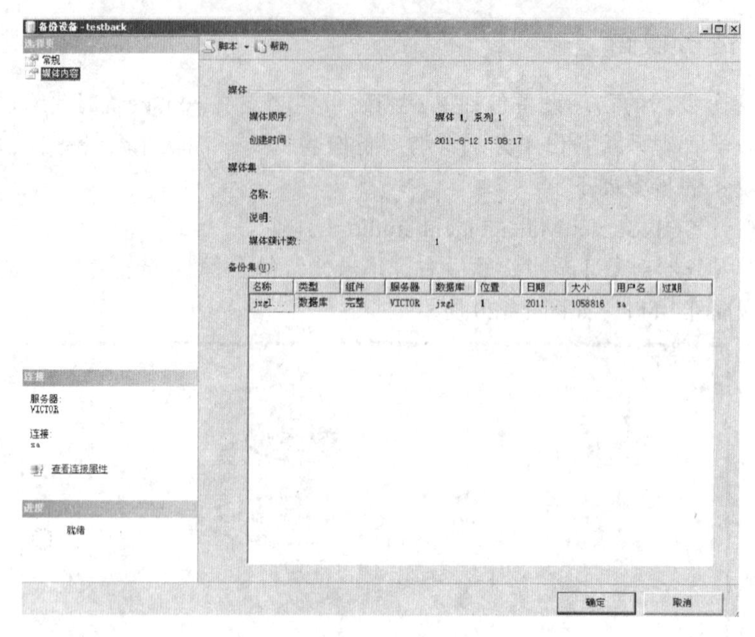

图 13.21

13.3.3　还原用户数据库

1. 界面方式“还原数据库”基本操作

（1）在如图 13.22 所示界面进行设置。

① 目标数据库。在该列表中输入要还原的数据库。您可以输入新的数据库，也可以从下拉列表中选择现有的数据库。该列表包含了服务器上除系统数据库 master 和 tempdb 之外的所有数据库。

△ **注意：**若要还原带有密码保护的备份，必须使用 RESTORE 语句。

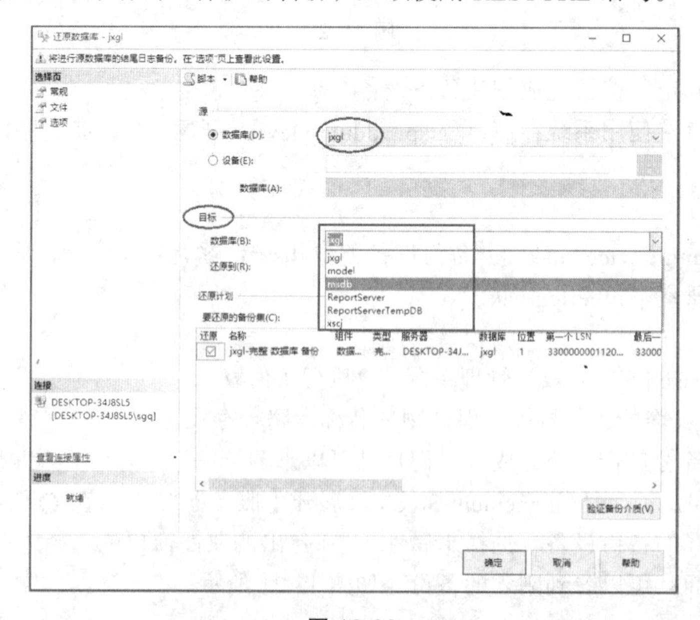

图 13.22

② 目标时间点。将数据库还原到备份的最近可用时间，或还原到特定时间点。默认为“最近状态”。若要指定特定的时间点，请单击“时间线”按钮指定日期和时间，如图 13.23 所示。

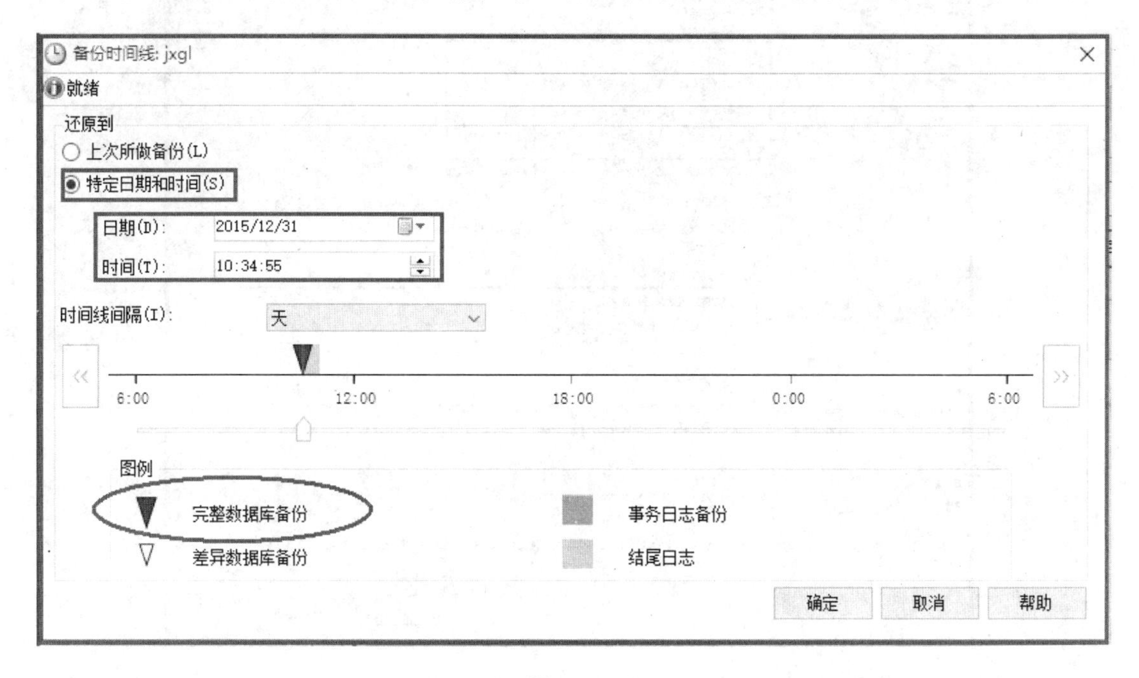

图 13.23

③ 源。“还原的源”面板中的选项可标识数据库的备份集的位置以及要还原的备份集。

- 源数据库。从该列表框中选择要还原的数据库。此列表仅包含已根据 msdb 备份历史记录进行备份的数据库。
- 源设备。选择包含要恢复的一个或多个备份的逻辑或物理备份设备（磁带或文件）。

若要选择一个或多个逻辑或物理备份设备，请单击“浏览”按钮，打开“指定备份”对话框。在此，最多可以选择属于一个介质集的 64 个设备。磁带机必须与运行 SQL Server 实例的计算机进行物理连接。备份文件可以位于本地或远程磁带设备上。

退出“指定备份”对话框时，选择的设备将在“源设备”列表中显示为只读值。

④ 备份集。“选择用于还原的备份集”网格中显示可用于指定位置的备份集。每个备份集（单个备份操作的结果）分布在介质集的所有设备上。默认情况下，会建议制定一个恢复计划，以实现基于所选必需备份集执行的还原操作目标。SQL Server Management Studio 使用 msdb 中的备份历史记录来标识还原数据库所需的备份并创建还原计划。例如，为了进行数据库还原，还原计划将选择最近的完整数据库备份，然后选择最近的后续差异数据库备份（如果有）。在完整恢复模式下，还原计划随后将选择所有后续日志备份。

若要覆盖建议的恢复计划，可以更改网格中的选择。如果备份所依赖的备份已取消选择，将自动取消对它们的选择。

（2）还原选项。

还原选项如图 13.24 所示。

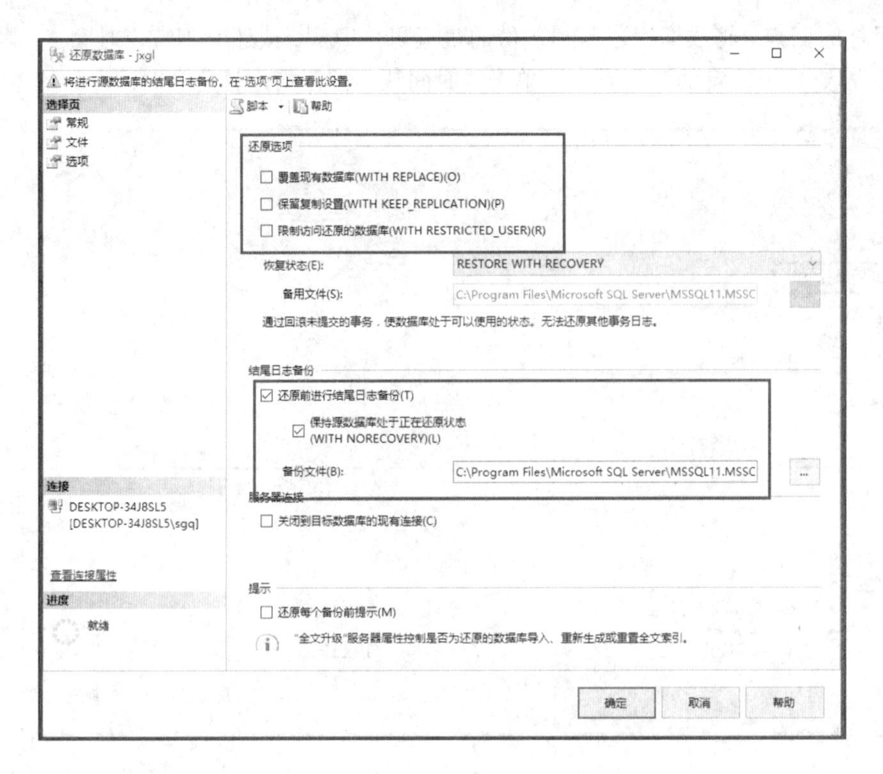

图 13.24

① 覆盖现有数据库。还原一般会防止意外使用一个数据库覆盖另一个数据库。如果 RESTORE 语句中指定的数据库已存在于当前服务器上，并且指定的数据库名称与备份集中记录的数据库名称不同，则不还原该数据库。这是一项重要的安全保护措施。

🔔 **注意：**应尽可能避免使用 REPLACE，而且在使用该选项之前必须仔细考虑。

使用 REPLACE 选项后，就会忽略还原时通常执行的几项重要安全检查。忽略的检查如下：

- 还原时使用其他数据库的备份覆盖现有数据库。

使用 REPLACE 选项后，即使指定的数据库名称与备份集中记录的数据库名称不同，还原也允许您使用备份集中任何一个数据库覆盖现有数据库。这会导致一个数据库意外覆盖另一个数据库。

- 在没有获取结尾日志备份并也没有使用 STOPAT 选项的情况下，使用完整恢复模式或大容量日志恢复模式对数据库进行还原。

使用 REPLACE 选项后，由于没有备份最近写入的日志，您会丢失提交的作业。

- 覆盖现有文件。

例如，可能会错误地覆盖错误类型的文件，如 .xls 文件或非联机状态的其他数据库正在使用的文件等。如果覆盖现有文件，则即使所还原的数据库是完整的，也有可能丢失某些数据。

② 保留复制设置。将已发布的数据库还原到创建该数据库的服务器之外的服务器时，保留复制设置。此选项只适用于在创建备份时对数据库进行了复制的情况。选择此选项等效于在 RESTORE 语句中使用 KEEP_REPLICATION 选项。仅在选择“回滚未提交的事务，使数据库处于可以使用的状态”选项（在本表的后面部分中说明）时，此选项才可用，其功能等效于使用 RECOVERY 选项还原备份。

③ 还原每个备份之前进行提示。指定在还原了每个备份之后，将显示“继续还原”对话框，询问您是否要继续还原顺序。该对话框将显示下一个介质集（如果已知）的名称以及下一个备份集的名称和说明。此选项允许您在还原了任何备份后暂停还原顺序。如果必须为不同介质集更换磁带，例如，在服务器仅具有一个磁带设备时，此选项非常有用。准备就绪后，请单击“确定”以继续。

可以通过单击“否”中断还原顺序，这样可以使数据库保持还原状态。在日后方便的时候，可以通过恢复执行“继续还原”对话框中所列出的下一个备份，继续该还原顺序。还原下一个备份的过程取决于其是否包含数据或事务日志，如下所示：

如果下一个备份是完整备份或差异备份，请再次使用“还原数据库”任务。

如果下一个备份是文件备份，请使用“还原文件和文件组”任务。

如果下一个备份是日志备份，请使用“还原事务日志”任务。

④ 限制访问还原的数据库。使还原的数据库仅供 db_owner、dbcreator 或 sysadmin 的成员使用。选择此选项等效于在 RESTORE 语句中使用 RESTRICTED_USER 选项。

⑤ 将数据库文件还原为显示一个网格，列出数据库的每个数据文件或日志文件的原始完整路径和每个文件的还原目标。可以通过为文件指定新的还原目标，移动您要还原的数据库。

如果数据库具有全文索引，升级过程将导入、重置或重新生成它们，具体取决于“全文升级选项”服务器属性的设置。如果升级选项设置为“导入”或“重新生成”，则全文索引将在升级过程中不可用。导入可能需要数小时，而重新生成所需的时间最多时可能十倍于此，具体取决于要编制索引的数据量。另请注意，如果将升级选项设置为“导入”，并且全文目录不可用，则会重新生成关联的全文索引。

（3）“还原文件和文件组”基本操作。可以指定数据库文件或文件组还原操作，如图 13.25 所示。

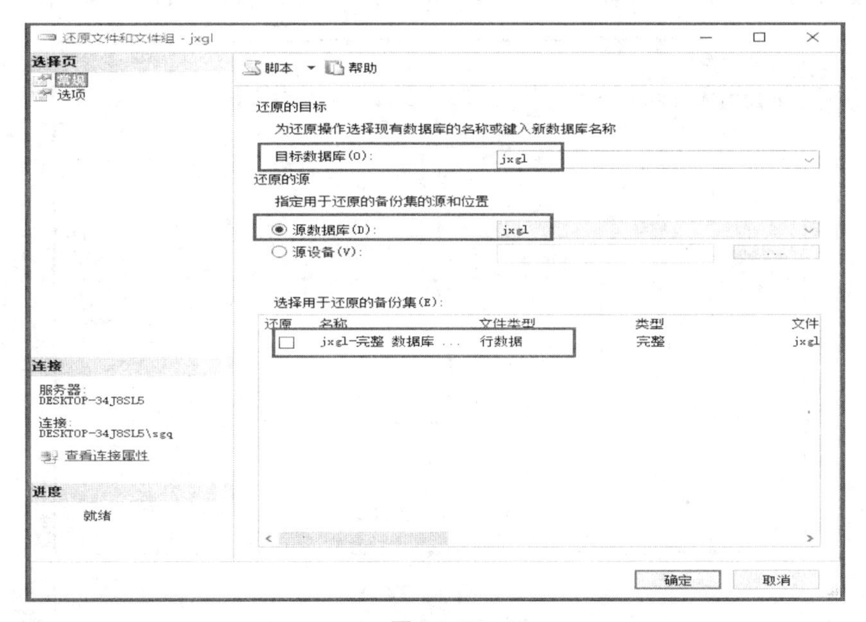

图 13.25

如果对一个数据库执行了完整备份，接着执行了差异备份，然后执行了事务日志备份，那么必须全部恢复（还原）这 3 个文件才能使数据库恢复到一致状态。

还原数据库的具体步骤如下：

右击【数据库】节点，选择【还原数据库】命令，打开【还原数据库】窗口，如图 13.26 所示。

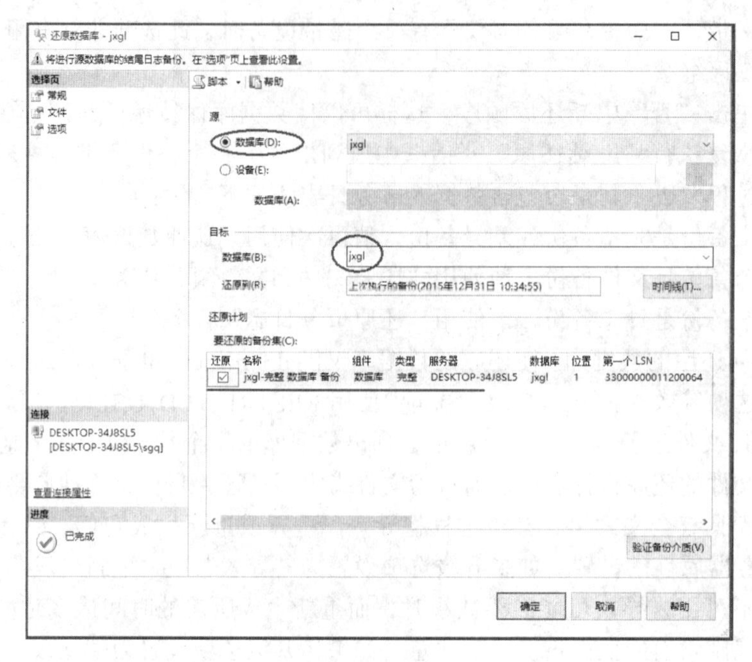

图 13.26

在【目标数据库】选项中可以下拉选择对应的数据库（一般是下拉选择），也可以自己新输入数据库名称，启用【源设备】选项，单击，打开【选择备份】窗口，如图 13.27 所示。

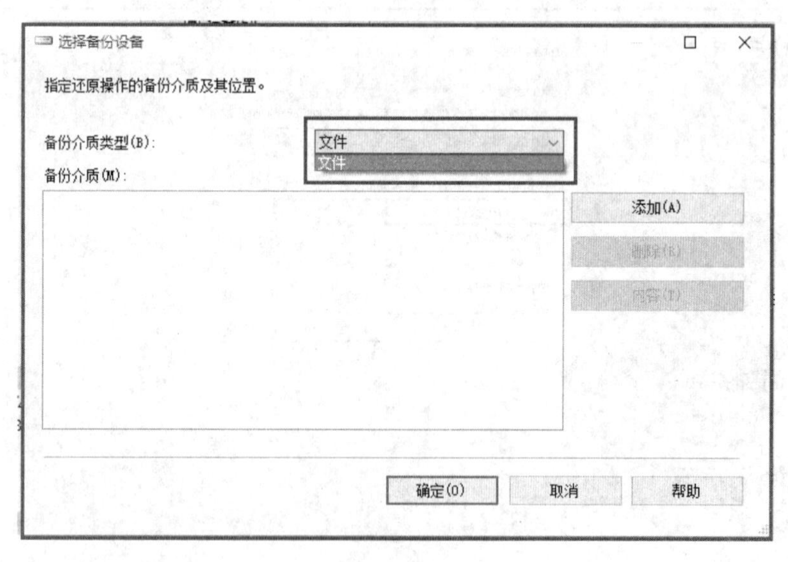

图 13.27

如果备份文件（即要还原的数据库文件）在备份设备上可以选择其备份设备，点击【添加】，并确定，并且选择【选项】，打开如图 13.28 所示的界面。

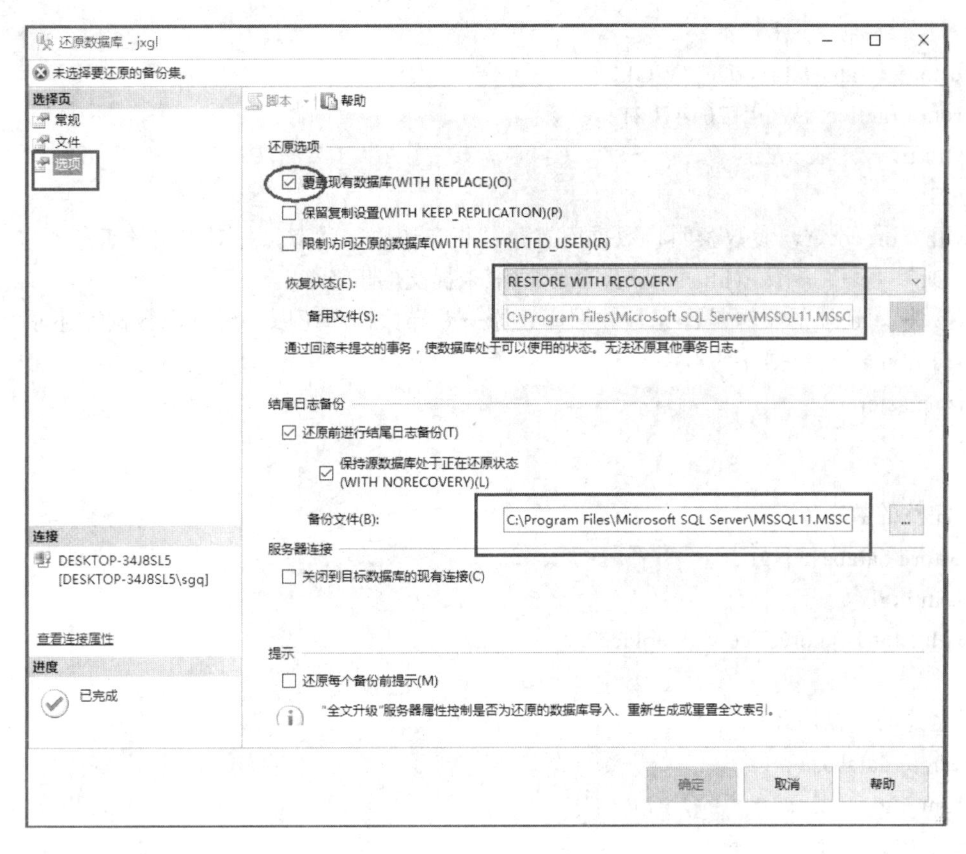

图 13.28

完成相关设置后点击“确定”还原数据库，弹出成功，如图 13.29 所示。在数据库节点刷新就可以看到还原的数据库了 。

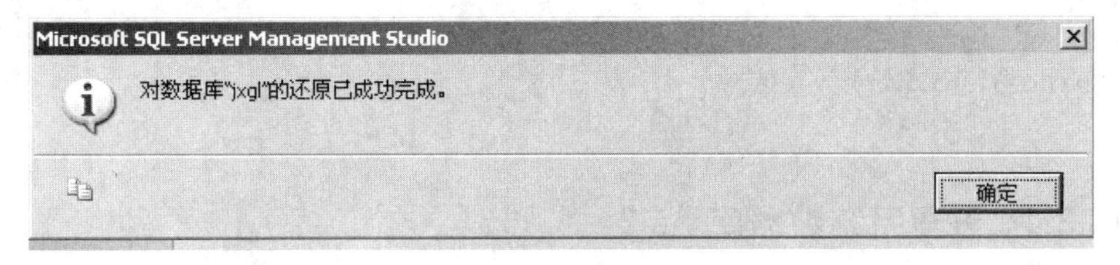

图 13.29

2. 用 Transact-SQL 语句命令实现数据库还原

```
--完整的数据库还原
restore database Practice_JWGL
from Practice_JWGL_20141021
with file=1, replace
move 'Practice_JWGL' to 'E: \DataBase\Practice_JWGL.mdf',
move 'Practice_JWGL_log' to 'E: \DataBase\Practice_JWGL_log.ldf'
go
```

with file=1 来指定选择备份文件中的第 1 个备份集。

```
--差异数据库还原
restore database Practice_JWGL
from Practice_JWGL_20141021
with file=2，recovery
go
```

with norecovery 参数表明将数据库置于“正在还原”状态，并对提交的事务不进行任何操作。如果不写，默认 with recovery 表示回滚未提交的事务。

对数据库还原的步骤是：完整数据库还原—差异数据库还原—尾日志数据库还原。

```
--打开 master 数据库
use master
go

--完整的数据库还原
restore database jxgl
from jxgl
with file=1，norecovery，replace
go
--差异的数据库还原
restore database jxgl
from jxgl
with file=2，norecovery
go
--尾日志数据库还原
restore log jxgl
from jxgl
with file=3，recovery
go
```

13.3.4 恢复系统数据库

SQL Server 维护一组系统级数据库（称为“系统数据库”），这些数据库对于服务器实例的运行至关重要。

1. 系统数据库的成员

（1）master 是记录 SQL Server 系统的所有系统级信息的数据库。若要还原任何数据库，必须运行 SQL Server 实例。只有在 master 数据库可供访问且至少部分可用时，才能启动 SQL Server 实例。可以将 master 数据库的恢复模式设置为 FULL 或 BULK_LOGGED。但是，master 数据库不支持 BACKUP LOG。

（2）msdb 是 SQL Server 代理用来安排警报和作业以及记录操作员信息的数据库。msdb 还包含历史记录表，例如备份和还原历史记录表。

如果要在恢复用户数据库时使用 msdb 数据库中的备份与还原历史记录信息，则建议对

msdb 数据库使用完整恢复模式。此外，请考虑将 msdb 事务日志放在容错存储设备上。

（3）model 用于保存在 SQL Server 实例上为所有数据库创建的模板。新创建的用户数据库与 model 数据库使用相同的恢复模式。若希望新数据库使用简单恢复模式，请将 model 的恢复模式更改为 SIMPLE。

最佳做法：推荐您根据需要只创建 model 的完整数据库备份。由于 model 小且很少更改，因此无需备份日志。

（4）tempdb 是用于保存临时或中间结果集的工作空间。服务器实例关闭时，将永久删除 tempdb 中的所有数据。

需要使用简单恢复模式，以便始终自动回收 tempdb 日志空间。不能备份 tempdb 数据库。每次启动 SQL Server 实例时都会重新创建此数据库。

（5）resource 是包含 Microsoft SQL Server 2005 或更高版本附带的所有系统对象副本的只读数据库。这是一个隐藏数据库，位于 mssqlsystemresource.mdf 文件中，该文件仅包含代码。因此，SQL Server 不能备份 Resource 数据库。恢复模式无关紧要。SQL Server 备份不能备份 Resource 数据库。

（6）如果有任何数据库在服务器实例上使用了复制，则还会有 distribution 系统数据库。此数据库存储元数据、各种复制的历史记录数据以及用于事务复制的事务。

2. 还原 master 数据库

可以通过下列两种方式之一将该数据库返回到可用状态。

（1）从当前数据库备份还原 master。如果可以启动服务器实例，则应能够从完整数据库备份还原 master。只能从对 SQL Server 2012 实例创建的备份中还原 master 数据库。

如果创建数据库备份后更改了 master 数据库，则那些更改在还原备份时将丢失。若要恢复这些更改，必须执行可以恢复已丢失更改的语句。例如，如果自执行备份后创建了一些 SQLServer 登录名，则这些登录在还原 master 数据库后会丢失。必须使用 SQL Server Management Studio 或创建登录名时使用的原始脚本来重新创建这些登录名。

重要提示：如果有些数据库已不存在，但在还原的 master 数据库备份中引用了那些数据库，则 SQL Server 可能会由于找不到那些数据库而在启动时报告错误。还原备份后应删除那些数据库。

还原 master 数据库后，SQL Server 实例将自动停止。如果需要进一步修复并希望防止多重连接到服务器，应以单用户模式启动服务器。否则，服务器会以正常方式重新启动。如果决定以单用户模式重新启动服务器，应首先停止所有 SQL Server 服务（服务器实例本身除外），并停止所有 SQL Server 实用工具（如 SQL Server 代理）。停止服务和实用工具可以防止它们尝试访问服务器实例。

（2）完全重新生成 master。如果由于 master 严重损坏而无法启动 SQL Server，则必须重新生成 master。接下来，应该还原最新的 master 完整数据库备份，因为重新生成数据库将导致所有数据丢失。

重要提示：重新生成 master 将重新生成所有系统数据库。重新生成 master、model、msdb 和 tempdb 系统数据库时，将删除这些数据库，然后在其原位置重新创建它们。如果在重新生成语句中指定了新排序规则，则将使用该排序规则设置创建系统数据库。用户对这些数据库所做的所有修改都会丢失。例如，您在 master 数据库中的用户定义对象、msdb 中的预定作业或 model 数据库中对默认数据库设置的更改都会丢失。

将 SQL Server 2012 安装介质插入到磁盘驱动器中，或者在本地服务器上，从命令提示符处将目录更改为 setup.exe 文件的位置，在服务器上的默认位置为 C：\Program Files\Microsoft SQL Server\100\Setup Bootstrap\Release。

在命令提示符窗口中，输入以下命令。方括号用来指示可选参数。不要输入括号。在使用 Windows Vista 操作系统且启用了用户账户控制（UAC）时，运行安装程序需要提升特权。

在安装程序完成系统数据库重新生成后，它将返回到命令提示符，而且不显示任何消息。请检查 Summary.txt 日志文件以验证重新生成过程是否成功完成，此文件位于 C：\Program Files\Microsoft SQL Server\110\Setup Bootstrap\Logs。

重新生成数据库后，您可能需要还原 master、model 和 msdb 数据库的最新完整备份。有关详细信息，请参阅备份和还原系统数据库的注意事项。

重要提示：如果更改了服务器排序规则，请不要还原系统数据库。否则，将使新排序规则替换为以前的排序规则设置。

如果没有备份或者还原的备份不是最新的，请重新创建所有缺失的条目。例如，重新创建用户数据库、备份设备、SQL Server 登录名、端点等缺少的所有条目。重新创建这些条目的最佳方法是运行创建它们的原始脚本。

3. 还原 model 数据库或 msdb 数据库

还原 model 或 msdb 数据库与对用户数据库执行完整的数据库还原相同。在下列情况下，需要从备份中还原 model 数据库或 msdb 数据库。

（1）重新生成了 master 数据库。

（2）model 数据库或 msdb 数据库已损坏（例如由于媒体故障）。

（3）修改了 model 数据库。在这种情况下，重新生成 maste 数据库时必须从备份还原 model 数据库，因为重新生成主控实用工具将删除并重新创建 model 数据库。

（4）如果 msdb 包含系统使用的计划或其他数据，则必须在重新生成 master 时从备份还原 msdb，因为实用工具会删除并重新创建 msdb。这将导致丢失所有计划信息以及备份和还原历史记录。如果 msdb 数据库没有还原并且无法访问，则 SQL Server 代理将无法访问或启动任何以前安排的任务。因此，如果 msdb 包含系统使用的计划或其他数据，则必须在重新生成 master 时还原 msdb。

（5）不能还原用户正在访问的数据库。如果 SQL Server 代理正在运行，它可以访问 msdb 数据库。因此，在还原 msdb 之前，请先停止 SQL Server 代理。

最佳方法：必要时，RESTORE 会断开与用户的连接，但最好预先关闭应用程序。

如果针对 msdb 使用建议的完整恢复模式，则可将数据库还原到最近日志备份的时间。

重要提示：当安装或升级 SQL Server 时，只要使用 Setup.exe 重新生成系统数据库，msdb 的恢复模式便会自动设置为 SIMPLE。

4. 重新生成 resource 数据库

（1）从 SQL Server 2012 分发介质中启动 SQLServer 安装程序（setup.exe）。

（2）在左侧导航区域中单击“维护”，然后单击“修复”。

（3）安装程序支持规则和文件例程将运行，以确保您的系统上安装了必备组件，并且计算机能够通过安装程序验证规则。单击“确定”或“安装”以继续操作。

（4）在“选择实例”页上，选择要修复的实例，然后单击“下一步”。

（5）将运行修复规则以验证修复操作。若要继续，请单击“下一步”。

（6）在“准备修复”页上，单击“修复”。“完成”页指示修复操作已完成。

重新生成操作完成后，请检查 SQL Server 日志中是否存在任何错误。默认的日志位置是 C：\Program Files\Microsoft SQL Server\110\Setup Bootstrap\Logs。若要查找包含重新生成过程的结果的日志文件，请从命令提示符处将目录更改到“Logs”文件夹，然后运行 findstr /s RebuildDatabase summary*.*。此搜索将引导您找到包含系统数据库重新生成结果的所有日志文件。打开日志文件，检查其中有无相关错误消息。

任务 13.4　回到工作场景

如果将一个表中的所有数据全部存储在一个文件组上，势必会造成数据库响应性能的下降，并且会造成管理困难。如何将一个表中的所有数据以及索引分散存储到各个文件组上，实现有效地对数据库中的数据进行合理管理。这就要用到 SQL Server 的分区技术。

当 master 不可用时怎么办？如何恢复 master 数据库？

任务 13.5　案例训练营

1. 对 xscj 数据库进行分离或备份操作。

2. 将原有的数据库删除，再用分离或备份的数据库还原数据库。

3. 对 xscj 数据库进行导入和导出操作。

（1）将学号为 10701001 的学生成绩导出到文件 studentScore.csv，要求包含学生学号、姓名、课程名、成绩。

（2）将高等数学课程的成绩导出到 mathScore.csv，要求包含课程号、课程名、学生姓名和成绩。

（3）将 mathScore.csv 文件数据导入到新建数据库 MathScore 中。

参考文献

[1] 王军 牛志玲．SQL Server2012 编程入门经典[M]．4 版．北京：清华大学出版社，2014.

[2] 陈会安．SQL Server 2012 数据库设计与开发实务[M]．北京：清华大学出版社，2013.

[3] 卫琳，等．SQL Server 2012 数据库应用与开发教程[M]．3 版．北京：清华大学出版社，2014.

[4] 郑阿奇，等．SQL Server 2012 数据库教程[M]．3 版．北京：人民邮电出版社，2015.

[5] 曹仰杰．SQL Server 2012 管理高级教程[M]．2 版．北京：清华大学出版社，2013.

[6] [美] ITZIK BEN-GAN，等．SQL Server 2012 T-SQL 基础教程[M]．北京：人民邮电出版社，2013.

[7] 詹英，林苏映．数据库技术与应用-SQL Server 2012 教程[M]．2 版．北京：清华大学出版社，2014.

[8] 王浩．零基础学 SQL Server 2008[M]．北京：机械工业出版社，2012.

[9] 王征．SQL Server 2008 中文关系数据库基础与实践教程[M]．北京：电子工业出版社，2012.